15
20
21
14
19
22
16
17
18
13
23
32
24
12
25
11
31
26
9
10
33
27
28
7
8
6
29
5
30
2
3
1
4

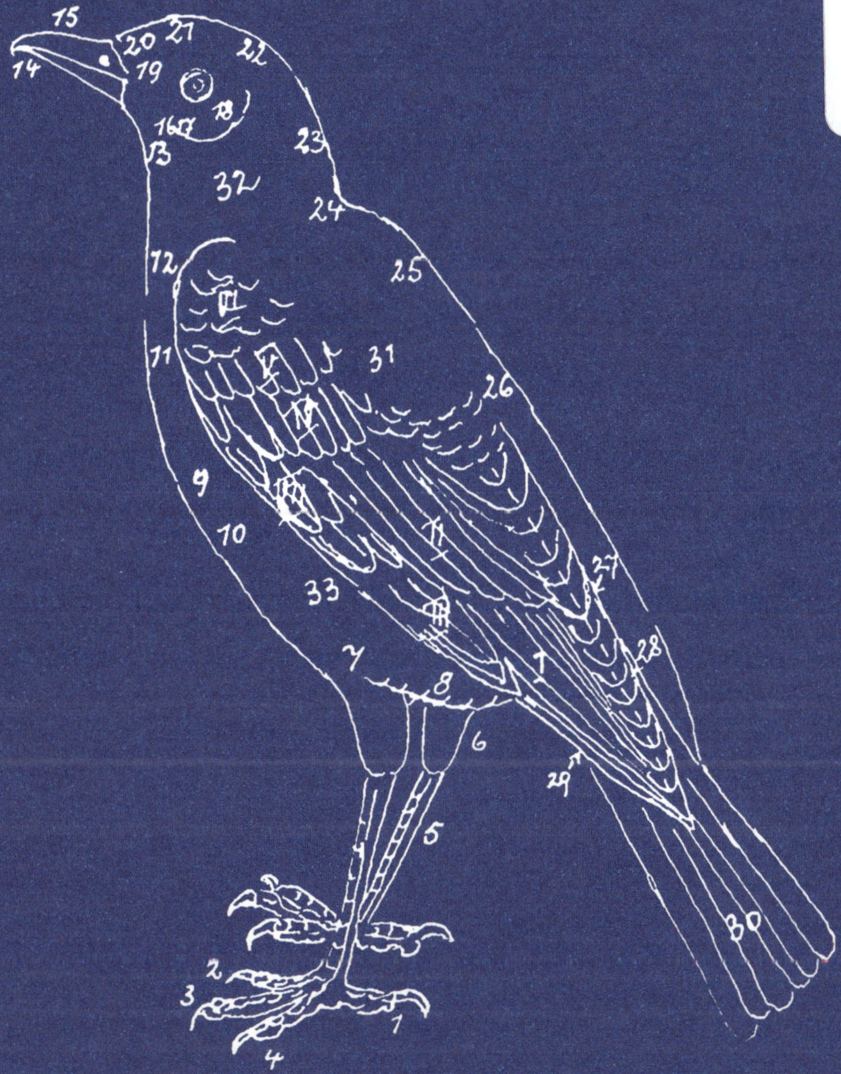

DAS VOGEL-ALBUM

von Karl Wenzel.

Das Vogel-Album von Karl Wenzel

Einführung von Christiane Habermalz

Es gibt manchmal antiquarische Funde, die auf besondere Weise etwas in uns anrühren. Für das Vogel-Album von Karl Wenzel trifft das gleich in mehrfacher Hinsicht zu. Es ist ein sehr persönliches Vogelbuch und es existierte nur als ein einziges Exemplar. Der Autor hat das über 500 Seiten dicke Werk für seine Enkeltochter Renate während der Zeit der Berlin-Blockade zwischen 1948 und 1950 eigenhändig geschrieben und mit Hunderten selbstgezeichneten Abbildungen versehen. Er wollte seiner Enkelin etwas hinterlassen, was ihm sehr am Herzen lag: Seine Begeisterung, sein Wissen und seine Liebe zur Natur und zu den Vögeln. Vogelbestimmungsbücher waren in der in Trümmern liegenden Stadt nur schwer zu bekommen, also musste er, wenn er ihr die Vogelwelt nahebringen wollte, selbst eines für sie anfertigen. Unter welchen Schwierigkeiten das geschah, beschreibt er selbst in seiner Widmung an Renate, in der er ihr mit dem „versprochenen Buche" viel Freude wünscht und ihr nahelegt, es in Ehren zu halten: Während der Abriegelung Westberlins durch die Sowjetische Besatzungsmacht konnte die Bevölkerung nur über die Luft mit Flugzeugen der Alliierten mit Nahrungsmitteln, Medikamenten und Heizkohle versorgt werden. Alle Verbrauchsgüter waren knapp. Es mangelte an Papier, an Tinte oder Tusche, an Farbstiften und an Zeichenfedern. Die unglaubliche Mühe, die es Karl Wenzel gekostet hat, unter diesen Bedingungen ein Vogel-Album für scinc Enkcltochter herzustellen, setzt eine enge persönliche Beziehung voraus. Und den Wunsch, dass Renate mittels dieses Buches „rechte Freude an Gottes Natur und ihren Geschöpfen" haben möge, wie er in seiner Widmung an die Enkelin schreibt. Das Staunen, die Ehrfurcht, die Begeisterung für die Natur an die nächste Generation weiterzugeben, war Karl Wenzel ein großes Anliegen und jede Anstrengung wert. Schon darin liegt eine Botschaft, die bis heute Gültigkeit hat. Denn die Naturvergessenheit ist größer denn je: Erst kürzlich hat eine Umfrage unter Gymnasiasten in Bayern ergeben, dass die Schüler im Schnitt nur fünf Singvogelarten richtig benennen können. Viele der Oberschüler konnten gerade einmal Amsel, Rotkehlchen und Blaumeise auseinanderhalten.

Als Vorlage dienten Wenzel die „Vögel Mitteleuropas" von Otto Fehringer, ein zwischen 1921 und 1931 erschienener dreibändiger Vogelführer im Taschenbuchformat, der in Deutschland damals unter Naturfreunden sehr beliebt war – nicht nur wegen seiner anschaulichen und wenig wissenschaftlichen Sprache, sondern auch aufgrund der wunderbaren, großformatigen Farbtafeln von Walter Heubach und Erwin Aichele, beide zu ihrer Zeit bekannte

Vogelmaler. Weil seine eigene Sammlung wissenschaftlicher Bücher im Krieg verloren gegangen war, musste sich Karl Wenzel, wie er schreibt, diese drei Bände von Verwandten seines gefallenen Sohnes zurückleihen, denen er sie selbst vor dem Krieg geschenkt hatte.

Die Farbtafeln des „Fehringer" hat Wenzel per Hand mit Tusche, Feder und Buntstiften in das Vogel-Album kopiert. 245 Abbildungen – eine akribische Fleißarbeit, die Respekt abnötigt. Auch Fehringers Texte hat er zum großen Teil übernommen, es jedoch nicht dabei belassen, sondern sie mit eigenen Beobachtungen und Erinnerungen ergänzt. „An einem Vormittag im Januar 1942 habe ich, bei 28 Grad Kälte, in Reinerz in Schlesien, auf dem Wege zum Ausflugsort Schmelze, die Gimpel (Dompfaffen) auf den Telefondrähten an der Chaussee inmitten hoher dunkler Fichten und Tannenwälder sitzen sehen.", lautet zum Beispiel ein Eintrag. Diese persönlichen Anmerkungen, in denen er für seine Enkelin beschreibt, in welchen Situationen seines Lebens er bestimmten Vögeln begegnet ist, lassen auch einige Rückschlüsse auf seine Biografie zu. Sie und die besondere Entstehungsgeschichte des Buches machen das Vogel-Album zu einem zeithistorischen Dokument. Ein Leben, lückenhaft erzählt anhand von besonderen Naturerlebnissen – dazwischen liegt all das, was nicht erwähnt oder nur angedeutet wird: zwei Weltkriege, ein gefallener Sohn, der Verlust der Heimat.

Dass das Vogel-Album überhaupt gefunden wurde und jetzt auch einer größeren Leserschaft zugänglich gemacht werden kann, ist einem Tauschhandel unter Antiquaren zu verdanken. Joachim Ratz, Inhaber eines antiquarischen Buchhandels in Dätzingen nahe Stuttgart, lebte in den 1990er-Jahren eine Zeit lang in Paris. Dort stieß er beim Stöbern bei einem Bouquinisten – einem der zahlreichen traditionellen Buchhändler am Ufer der Seine – auf einige Karikaturen aus der Jugendstilzeit. Er vermittelte die Grafiken für gutes Geld an das Wilhelm-Busch-Museum in Hannover. Zum Dank schenkte der Bouquinist ihm einige Bücher, die aus Haushaltsauflösungen stammten. Darunter war auch das Vogel-Album von Karl Wenzel. Wie es hierher gelangt war – hatte Renate oder einer ihrer Nachkommen zuletzt in Paris gelebt? – war ebenso unbekannt wie die Identität des Autors. Doch Ratz war sofort klar, dass er eine Rarität in den Händen hielt. Keine, die man zu Geld machen konnte, aber ein Werk, das allein deswegen etwas Besonderes darstellte, weil sich der Autor unter schwierigen Lebensumständen unendlich viel Mühe gemacht hatte, um seiner Enkeltochter etwas mitzugeben, was ihm wichtig war. Der Materialmangel lässt sich dem originalen Vogel-Album noch ansehen. Die eng beschriebenen Seiten bestehen aus Karo-Papier unterschiedlicher Qualität, Wenzels präzise Handschrift ist an einigen Stellen verlaufen. Dazu im Widerspruch steht der solide Einband mit Lederrücken und Goldprägung.

Bouquinisten am Quai de Conti, Paris. Fotografie von Eugène Atget (1857–1927)

Wer Karl Wenzel war, lässt sich leider auch nach weitergehenden Recherchen nicht beantworten. Er war kein Ornithologe, wohl eher Naturfreund und Jäger. Die wenigen biografischen Hinweise lassen sich aus den persönlichen Anmerkungen und Vogelbeobachtungen ablesen, die er im Vogel-Album hinterlassen hat – und die sozusagen eine ornithologische Spur seines Lebens zeichnen. Geboren wurde er um 1880 in Bunzlau in Schlesien, denn bei der Fertigstellung des Vogel-Albums 1950 war er fast 70 Jahre alt. Er lebte nach dem Krieg in Westberlin, wahrscheinlich in Neukölln in der Oderstraße 51, direkt neben dem Tempelhofer Flughafen. Von dort muss er beim Schreiben des Vogel-Albums während der Luftbrücke die im Minutentakt startenden und landenden

Rosinenbomber aus nächster Nähe erlebt haben. Dass er dort wohnte, legt ein Eintrag über den Sperber auf Seite 313 nahe: „An einem Juniabend 1949, als ich aus dem Fenster Oderstraße 51 sah, habe ich deutlich einen Sperber, die mir schon öfter begegnet sind, gesehen", schreibt er. Und fügt hinzu: „Daher haben auch die vielen Spatzen schon abgenommen".

Ein Hinweis auf die schlesische Herkunft Wenzels findet sich etwa 70 Seiten später beim Eintrag „Höckerschwan". Hier beschreibt er eine fast slapstickartige Szene, die die erstaunliche Wehrhaftigkeit der Schwäne illustrieren soll: In seiner Heimatstadt Bunzlau in Schlesien habe auf dem Promenadenteich ein hölzernes Schwanenhaus gestanden, schreibt er, das von einem Stadtgärtner betreut wurde. Dieser hatte sich mit seinem Sohn in einem Kahn aufgemacht, um verlassene Eier aus dem Nest zu nehmen. „Die Schwäne kamen angeflogen, der Gärtner musste flüchten, sein Junge war auf das Dach des Schwanenhauses geklettert und wehrte sie mit langen Weidenruten ab. Ein anderer Schwan sprang in den Kahn und warf ihn um. Der Gärtner war untergetaucht zum Ufer geschwommen und hatte die Mütze verloren. Der Schwan drückte die Mütze dauernd unter Wasser. Später ist dann der Gärtner auf einem anderen Kahn mit einem anderen Mann zur Insel gefahren und hat den in seiner Angst schreienden Jungen geholt, sie hatten alle Hände voll zu tun, um sich der Schwäne zu erwehren."

Auch an vielen anderen Stellen taucht Bunzlau (das heutige Bolesławiec in Polen) auf, etwa beim Kapitel über die Falken: „Bei Beginn der Dämmerung eines Abends Mitte August 1930 kam ich vom Legen einer Angelschnur im Bober in der Nähe der Tillendorfer Heide bei Bunzlau in Schlesien," schreibt Wenzel. „Ich ging um die Ecke eines lichten Auwaldes, da sah ich auf einem kleinen gemähten Wiesenstück in einer Entfernung von etwa 50-60 Metern einen Vogel in der Größe von ca. einer Dohle, oben und unten stahlgrau, auf und nieder flattern. Mein Freund, in dessen Begleitung ich war, fragte mich, was ist das für ein Vogel? Als wir näherkamen, sah ich, dass ein Rotfußfalk einen Jungfasan (er war noch warm) geschlagen hatte. Der Falk war ganz vertraut und

hatte in nächster Nähe auf einem Baum aufgehakt." Noch heute kann man den Zeilen den Stolz und die Freude über die seltene Beobachtung anmerken.

Weitere Anmerkungen zu Vogelbeobachtungen ergeben das Bild eines Lebens, das sich wohl zwischen Niederschlesien, Westpreußen, Brandenburg und Berlin abgespielt hat. Erwähnt wird etwa eine Nachtigallsichtung bei einem Besuch in der Villa der Schwiegereltern in Böslershöhe bei Graudenz (heute Grudziądz in Polen), im Jahr 1911. Über den Habicht schreibt er, dass es viele dieser Vögel bei Bad Wilsnack in der Prignitz gegeben habe, wo sie sich vor allem am Geflügel schadhaft gehalten hätten: „Einmal habe ich einen Habicht, als ich im Auto zusammen mit Herrn Spielhagen (dem Fabrikanten des Bullrich-Salzes) im Walde angefahren kam, an der Kröpfstelle überrascht. Obgleich die Habichte erlegt wurden, war immer wieder Nachschub da".

Dass Wenzel nicht nur Naturliebhaber, sondern auch Jäger war, belegen zahlreiche Beobachtungen, die er auf der Jagd gemacht hat. Sein Urteil über die Weihen entspricht der damaligen (und in Jägerkreisen zum Teil noch heute verbreiteten) Sichtweise: Sie seien eine „Geißel für die Kleinvogelwelt", und wo man Kleinvögel und Wassergeflügel schützen will, dürfe man diese kühnen Räuber nicht hochkommen lassen. „Es ist ihnen aber schwer beizukommen, da sie als gewandte Vögel es vortrefflich verstehen, sich außer Schußentfernung zu halten", schreibt er über die Rohrweihe. Manches klingt aus heutiger Sicht fast humoristisch, etwa wenn er

von der großen Wachsamkeit der Großtrappen erzählt, die richtiggehend „Posten" aufstellen und jeden Jäger sofort entdecken würden, der sich ihnen zu nähern versucht – selbst wenn dieser sich als Frau mit Kiepe auf dem Rücken verkleidet.

Das Vogel-Album ist aber auch aus einem anderen Grund lesenswert. Denn die Texte Fehringers, ergänzt um die Beobachtungen Wenzels, ergeben eine Momentaufnahme der Vogelwelt vor 80 bis 100 Jahren. Wenn Karl Wenzel beschreibt, wie er im August 1937 in den Kronen einiger Ebereschen im Volkspark Rehberge bei Berlin gleich 30 Pirole auf einmal beobachten konnte, dann stimmt das wehmütig angesichts unserer heute nahezu leergeräumten Natur. Oder wenn man liest, dass die Großtrappe in den 1930er-Jahren „in den Kultursteppen Mittel- und Ostdeutschland noch regelmäßiger Brutvogel" war, und die Zwergtrappe, die heute nur noch in letzten Beständen in Russland und auf der Iberischen Halbinsel vorkommt, von Wenzel auf der Jagd in Marwitz bei Berlin angetroffen wurde. Bemerkenswert sind auch seine Beobachtungen von Blauracken bei Bad Wilsnack in der Prignitz, eine Art, die in Deutschland im 19. Jahrhundert noch regelmäßig gebrütet hat – mittlerweile ist sie in Mitteleuropa längst ausgestorben.

Das Vogel-Album zeigt aber auch, wie sehr – und anders als heute – die Natur noch Teil des alltäglichen Lebens der Menschen war. Vögel, Amphibien, Insekten waren noch allgegenwärtig, Naturbeobachtung spielte eine größere Rolle, weil die Tiere und Pflanzen einfach noch in viel größerer Vielfalt und Anzahl vorhanden waren. In dieser Hinsicht ist das Buch auch kulturhistorisch interessant. Da sind die alten volkstümlichen Namen, die oft schon auf einer genaue Artbeobachtung beruhen. „Grauschlüpfer" für Grasmücken etwa ist eine wunderbar anschauliche Bezeichnung, die das Verhalten der kleinen, unscheinbaren und wendigen Vögel, die sich schnell und geschickt durch dichtes Buschwerk bewegen, sehr treffend beschreibt. Oder wer weiß heute noch, dass der Ziegenmelker sehr nachvollziehbar auch „Nachtschatten" oder „Tagschläfer" genannt wurde? Dass der Kiebitz, aufgrund seines auffälligen Balztanzes auf der Wiese auch den Namen „Feldpfau" trug?

Wenzel hat sich zudem die Mühe gemacht, für seine Enkeltochter die lateinischen und griechischen Artnamen wortgetreu zu übersetzen. So erfährt man etwa, dass die Pfeifente, lat. *Anus penelope*, nach der Gemahlin des Odysseus benannt wurde, die von ihren Eltern nach einem Orakelspruch ins Meer geworfen, aber von Enten gerettet wurde.

Viele kleine Beschreibungen erzählen von der noch selbstverständlichen Nähe der Menschen zur Natur. Etwa davon, dass die Nester der Beutelmeise so eng und fest verfilzt waren, dass sie in Russland als Kinderpantoffeln getragen wurden; oder man liest, dass Saatkrähen im Gegensatz zu Rabenkrähen gut essbar sind. In den Texten finden sich zudem viele sehr treffende Verhaltensbeschreibungen der Vögel, wie sie heute in der Fachliteratur nicht mehr üblich sind. In der Ornithologie spielte ab den 1920er-Jahren unter dem Einfluss von Wissenschaftlern wie Oskar Heinroth und später Konrad Lorenz die klassische deskriptive Verhaltensforschung eine viele größere Rolle als heute. Heinroth hatte gemeinsam mit seiner Frau in seiner Wohnung am Berliner Aquarium zwischen 1904 und 1932 sämtliche Vogelarten Mitteleuropas mit der Hand aufgezogen. Die daraus gewonnenen, bahnbrechenden Erkenntnisse über das Brutverhalten der einzelnen Arten und ihre Besonderheiten veröffentlichte er in einem vierbändigen Werk und legte damit den Grundstein für die Verhaltensforschung. Wissenschaftler erstellten damals regelrechte Charakterstudien der einzelnen Arten. Auch

Otto Fehringer, den man heute eher als populärwissenschaftlichen Schreiber bezeichnen würde, der auch Handbücher über Käfighaltung von Vögeln und über Haustiere wie Katzen und Pferde schrieb, war da ganz Kind seiner Zeit. Seine äußerst bildhaften Darstellungen lassen die Vögel sehr lebendig werden. Der Baumpieper sei ein angenehmer Vogel, schreibt er, der wie ein Seiltänzer in den Bäumen die Äste der Länge nach entlanglaufe. Und von der Krickente heißt es, dass diese nur sehr ungern tauche, bei Gefahr jedoch „den Kopf nur bis zu den Augen aus dem Wasser herausstreckt", sodass sie sehr schwer zu entdecken sei. Der Ruf des Brachvogels sei „bezaubernd", vor allem in den frühen Morgenstunden. Von der Schleiereule lesen wir, dass sie mit ihrem seidenglänzenden Gefieder zu unseren schönsten Vögeln gehört – „schade, dass ihre laute kreischende Stimme so hässlich klingt. Von den Jungen hört man ein lautes Schnarchen, das dem eines schlafenden Menschen täuschend ähnlich ist".

Dass tatsächlich schon in den 20er- und 30er-Jahren des letzten Jahrhunderts aufgrund der veränderten Landnutzung die Artenvielfalt und die Individuenzahl in der Vogelwelt seit Jahrzehnten rückläufig war – und man sich der ökologischen Zusammenhänge und Gründe dafür bereits durchaus bewusst war –, auch dafür liefert das Vogel-Album Hinweise. So sei der Rotmilan „bei uns schon selten geworden", schreibt Wenzel. Nahezu prophetisch liest sich der Eintrag über das Rebhuhn, ein ursprünglich weit verbreitetes und beliebtes Jagdwild: Zwischen den Weltkriegen, schreiben Fehringer/Wenzel, hätten diese Hühner rapide abgenommen, „man gab der intensiven Bewirtschaftung der Felder und vor allem dem künstlichen Dünger die Schuld." Heute ist das Rebhuhn mit einem Rückgang von über 90 Prozent in den letzten 30 Jahren aus unseren Feldfluren nahezu vollständig verschwunden.

So ist das Vogel-Album mehr als nur das Vermächtnis eines Großvaters an seine Enkelin. Es ist ein nostalgischer Rückblick auf eine Zeit, in der die Natur noch voller Vögel war. Und ein Buch, das das Wissen um die Schönheit und Vielfalt der Vogelwelt für die Nachwelt bewahren wollte. Nichts haben wir heute nötiger als das.

Dir liebe Renate
von
Opa Wenzel

Ostern 1950

Höret: v. Hermann Löns

Es gibt nichts Totes auf der Welt
+ hat alles sein Verstand
es lebt das öde Felsenriff
es lebt der dürre Sand

Lass Deine Augen offen sein
geschlossen Deinen Mund
so werden Dir +
geheime Dinge kund

Dann weisst Du was der Rabe ruft
und was die Eule singt
aus jeder Wesen Stimme Dir +
ein lieber Gruss erklingt

Liebe Renate!

Ich gebe Dir dieses Buch damit Du rechte Freude an Gottes Natur und ihren Geschöpfen haben sollst. Jede Gegend hat ihre eigenen Vögel und jeder Raum ist ausgenützt.

Derselbe Vogel kann sehr verschieden aussehen. Nach meiner Meinung erkennt mann die Vögel am besten an ihrer Figur, ihrem Flug, Flugbild und der Stimme. Der gleiche Vogel kann zu verschiedenen Zeiten anders aussehen, sie haben ein Jugend-, ein Alters-, ein Sommer- und ein Winterkleid. Die Kleider werden bei der Mauser gewechselt. Manche Arten haben eine Sommermauser und eine Kleingefiedermauser im Winter, z.B. Stelzen, Pieper, Steinrötel u.a. Andere haben eine Wintermauser mit Kleingefiedermauser im Sommer, wie z.B. die Nachtschwalbe u.a. — An der Stimme erkennt man die verschiedenen Arten durch fleißige Naturbeobachtung; eine gute Hilfe sind auch Schallplatten, die aber z.Zt. schwer zu haben sind.

Die Übersetzungen der lateinischen und griechischen Tiernamen habe ich, soweit es mir möglich war, beigeschrieben.

Bei meinen fast 70 Jahren will mein Körper nicht mehr Alles hergeben. Jeden Tag kann ich nicht mehr gleichmäßig gut arbeiten, bin auch oft sehr übermüdet, auch manch andere Schwierigkeiten hatte ich zu überwinden. Bedenke stets, daß Schwierigkeiten dazu da sind, durch Fleiß, festen Willen und Ausdauer überwunden zu werden; was Andere können, muß man selbst auch können. Z.B. gab es bei Beginn des Buches kein ordentliches Papier, keine gute Tinte oder Tusche, keine einigermaßen brauchbare Farben, keine Stahl- oder Zeichenfedern u. manches andere. — Bei den Abbildungen ist auf die Größe der Vögel keine Rücksicht genommen. - Schreibfehler bitte ich zu entschuldigen.

Ich hoffe, daß ich Dir mit diesem Dir versprochenen Buche eine rechte Freude mache, halte es in Ehren, es hat mir viel Mühe gemacht. Viel Freude wünscht Dir

Opa Wenzel.

Singvögel.

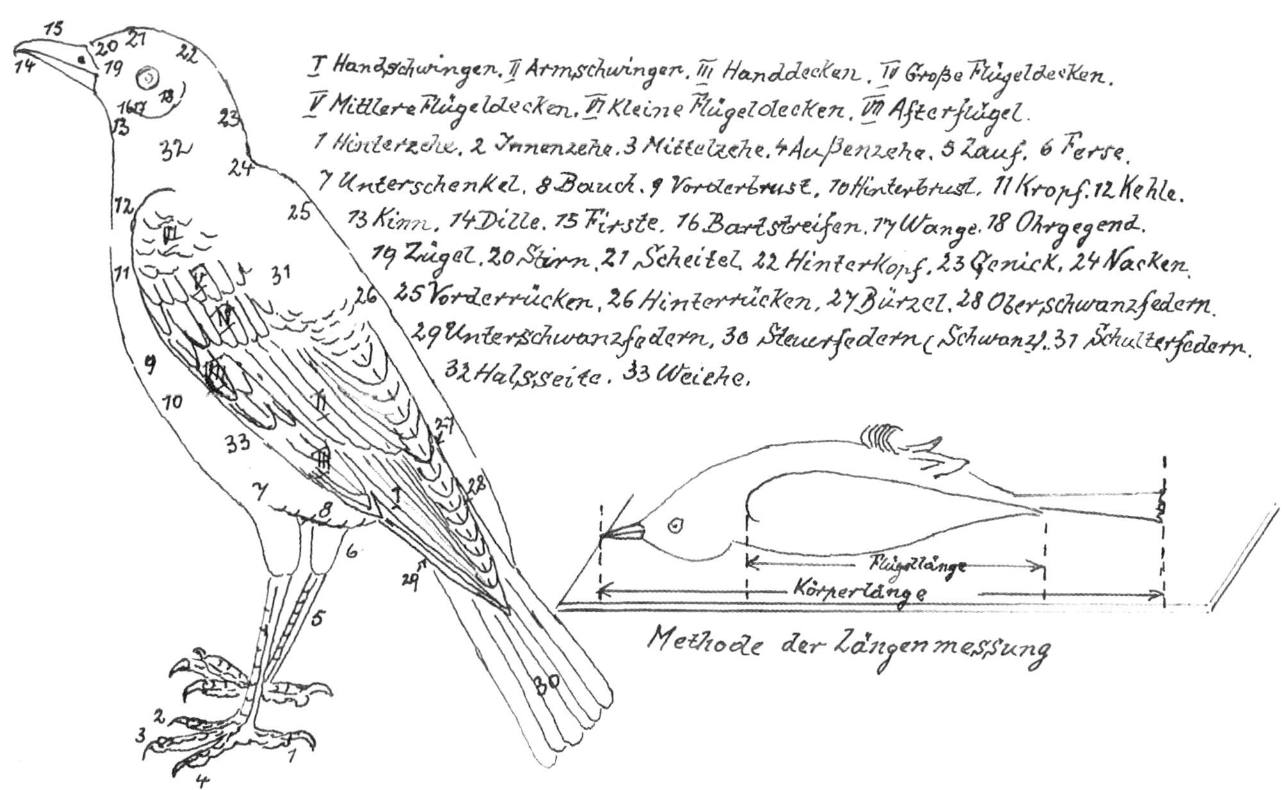

I Handschwingen. II Armschwingen. III Handdecken. IV Große Flügeldecken.
V Mittlere Flügeldecken. VI Kleine Flügeldecken. VII Afterflügel.
1 Hinterzehe. 2 Innenzehe. 3 Mittelzehe. 4 Außenzehe. 5 Lauf. 6 Ferse.
7 Unterschenkel. 8 Bauch. 9 Vorderbrust. 10 Hinterbrust. 11 Kropf. 12 Kehle.
13 Kinn. 14 Dille. 15 Firste. 16 Bartstreifen. 17 Wange. 18 Ohrgegend.
19 Zügel. 20 Stirn. 21 Scheitel. 22 Hinterkopf. 23 Genick. 24 Nacken.
25 Vorderrücken. 26 Hinterrücken. 27 Bürzel. 28 Oberschwanzfedern.
29 Unterschwanzfedern. 30 Steuerfedern (Schwanz). 31 Schulterfedern.
32 Halsseite. 33 Weiche.
Flügellänge
Körperlänge
Methode der Längenmessung

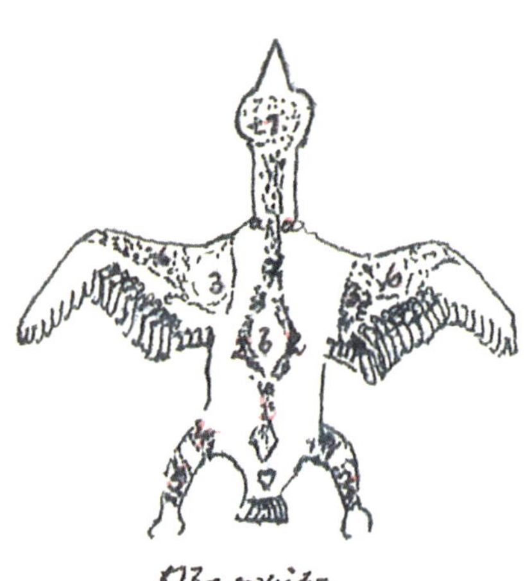

Oberseite

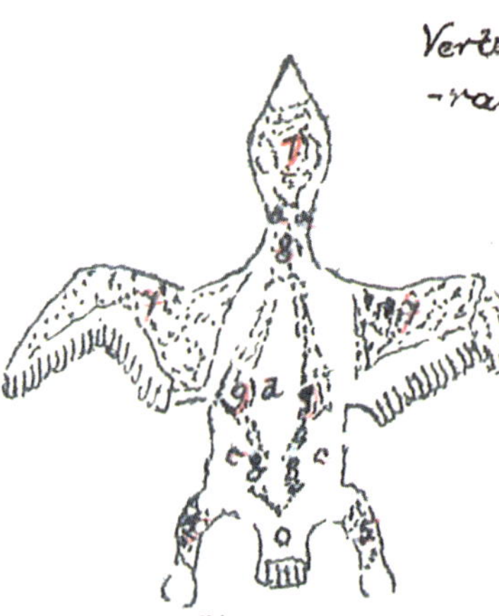

Unterseite

Verteilung der Feder-Fluren und -raine auf dem Vogelkörper
1. Kopfflur, 2 Spinalflur,
3 Schulterflur 4 Oberschenkelflur
5 Unterschenkelflur 6 Obere Flügelflur
7 Untere Flügelflur 8 Unterflur
9 Seitenflur a Halsseitenrain
b Spinalrain c Rumpfseitenrain
d Unterrain.

Die großen Federn (Konturfedern) stehen nicht gleichmäßig auf der ganzen Oberfläche verteilt, sondern sind in bestimmten Längsreihen angeordnet, den sogenannten Federfluren. Die federfreien Stellen zwischen diesen Federfluren nennt man Raine.

Bei den Nestjungen der Raubvögel findet sich abweichend von den Singvögeln ein ausgesprochenes dichtes Dunenkleid. Dieses schützt die Jungen gegen Kälte. Nach einiger Zeit wird dieses Dunenkleid von heranwachsenden Federn durchbrochen, die bald die Dunen überdecken

Erdsänger:
Luscinia, lat. Nachtigall auch Sängerin der Trauer: luges-cinia
(von lugëre = trauern und canëre = singen gedeutet, megarhynchos
ausgriech. megas = groß und rhynchos = die Schnauze der
Schnabel = Großschnabel.
Die Nachtigall 16-17 cm Fl. 8,4 cm
Luscinia megarrhynchos (Brehm)
Der Sprosser 18 cm Fl. 8,8 cm
Lusciana luciana

Die Gruppenmerkmale der Erdsänger:

Lauf vorn Hornschiene. Eine Mauser, Junge gefleckt. Leben meist am Boden, auf dem sie sich hochbeinig fortbewegen (hüpfen) Den Schwanz bewegen sie meist in typischer Weise. (Zugvögel).

Die Nachtigall habe ich an einem frühen Junimorgen des Jahres 1911, an der Villa meiner Schwiegereltern in Böslershöhe bei Graudenz, in nächster Nähe der Weichsel, auf einer Auffahrtsrampe, an einer mit Weiden bestockten Böschung auf höchstens 3 Schritt Entfernung gesehen und auch gehört. An einem Sommersonntag nachmittags gegen 16 Uhr im Jahre 1948 habe ich die Nachtigall, an einem Seitenwege des Friedhofes in Wilmersdorf in der Nähe einer mit vorjährigen Grase verwachsenen Heiderosenhecke, in der sie vermutlich ihr Nest hatte gesehen.

Ganz seltenes Bild (Kopie): Eine schlagende Nachtigall.

Diese erstaunliche Aufnahme ist mit einem Elektronen-Blitzlicht gemacht, das Beleuchtungszeiten von einer 10/1000 Sekunde gestattet, und sich selbst auslöst.

Die Nachtigall. Vorkommen: Größter Teil von Mitteleuropa, ganz West- und Südeuropa, Mittelmeerinseln, Marokko, Algier, Tunis, Kleinasien und Cypern. Im Nordosten Deutschlands wird sie durch den Sprosser vertreten, im Übergangsgebiet brüten beide nebeneinander. Die Nachtigall liebt feuchte Gegenden mit reichlichem Pflanzenwuchs. Man findet sie in lichten Auwäldern mit viel Unterwuchs, in Feldgehölzen in Gärten und Parkanlagen, wo das Laub liegen bleibt. Sie bleibt ihrem Brutplatz viele Jahre hindurch treu, bis tiefgreifende Veränderungen sie vertreiben. Sie kommt in Deutschland meist Mitte April an und zieht im August September weg. Ihr Nest ist gewöhnlich auf der Erde oder nicht weit über derselben und besteht aus dürren Blättern. Innen ist es mit Wurzeln und Haaren ausgepolstert. Die 5 Eier erscheinen braun (20,5 x 15,5). Man findet sie im Mai. Bei uns brütet sie in der Regel nur einmal, weiter im Süden 2 bisweilen dreimal. Die Jungen sind gefleckt und sehen den jungen Rotkehlchen sehr ähnlich. Die Nachtigall ist nicht scheu und läßt sich aus nächster Nähe beobachten. Auf dem Boden bewegt sie sich aufrecht in kleineren und größeren Sprüngen, macht öfters Halt, wobei sie mit dem Schwanz in die Höhe schnellt und den Leib auf und abbewegt. Die Flügel trägt sie nachlässig herabhängend, bis irgendeine Beobachtung sie veranlaßt, mit den Flügeln zu schlagen und mit dem Schwanz zu wippen. Ihr Flug ist leicht und schnell auf größere Strecken in Bogenlinien auf kleinere Entfernungen und im Gebüsch flatternd. Ihre Nahrung besteht aus allerlei Insekten, die sie auf dem Boden oder im Buschwerk aufliest. Ihr Gesang gehört mit dem Sprosserschlag zum erhabensten was uns die Natur an Vogelgesängen bietet. Katze, Igel und Wiesel sind die gefährlichsten Feinde ihrer Brut. Der Lockton lautet wihd karrr.

Der Sprosser. Vorkommen: Nordostdeutschland, Galizien, Siebenbürgen der größte Teil von Rußland, Südwestsibirien. Der Sprosser ist etwas größer als die Nachtigall, unterscheidet sich von ihr in der Färbung nur wenig. Oberseite und Schwanz sind dunkler, die Kropfgegend erscheint graubraun gewölkt. Die erste Schwinge ist beim Sprosser kürzer als die Handdecken, bei der Nachtigall länger (s. Waldlaubsänger). Die Weiden- und Erlendickichte der Flußniederungen sind ihm der liebste Aufenthalt. Sonst wählt er die gleichen Örtlichkeiten wie die Nachtigall zur Brutzeit, zieht aber ebene Gegenden entschieden vor. Er stimmt mit der Nachtigall in der Lebensweise sehr überein. Seine Eier sind etwas größer (21,8 x 16,3). In seinem Betragen unterscheidet er sich von der Nachtigall durch etwas aufrechtere Körperhaltung und durch eine andere Art, mit dem Schwanz zu wippen. In der Erregung breitet er den Schwanz fächerartig aus und schnellt ihn nach rechts und links oder aufwärts. Auf der Erde hüpft er in großen Sprüngen hochbeinig dahin, wobei er bei jeder Gelegenheit schwanzfächernd und wippend stehen bleibt. Sein Schlag ist von dem der Nachtigall sehr verschieden ihm aber durchaus gleichwertig. Es fehlen die langgezogenen Touren. Außerdem hat er ein anderes Tempo ähnlich dem der Singdrossel. Es sind glockenreine, kurze, oft tiefe, sehr laute Strophen. Es ist ein müßiger Streit, wem der Vorzug gebührt, der Nachtigall oder dem Sprosser. Jeder Gesang ist in seiner Art vollkommen. Die Lockstimme ist wie bei der Nachtigall, nur etwas schärfer.

Erdsänger
♂
juv.
Das Rothkelchen 13-14 cm Fl. 7,3 cm
Erithacus rubecula
rubecula, zu lat. ruber = rot Rubecula ein Diminutivbildung,
soviel wie Rötchen, Rötlein
♀
♂
Das weißsternige Blaukehlchen ca 14 cm Fl. 7,6 cm
Luscinia svecica cyanecula (Wolf)
Luscinia, s. Nachtigall, Svecius, a, um, schwedisch Blauchen
cyaneus = blau, substantivisch gebraucht wie Blauchen
Blauvögelein.
crithacus, ein schon bei Plinius vorkommender Name eines nicht näher bestimmbaren Vogels

Das Rotkehlchen. Vorkommen: Europa, südliches Westsibirien. Nach Deutschland kommt es im März zurück und verschwindet im September und Oktober. In Süddeutschland überwintert es schon sehr zahlreich und läßt an wärmeren Tagen seine lieblichen Weisen erschallen. Der Lieblingsaufenthalt ist der Wald mit dichtem undurchdringlichen Unterholz. In manchen Gegenden wird es Park und Gartenvogel. Sein Nest baut es auf den Boden oder doch nicht weit über demselben in alte Baumstränke unter Baumwurzeln an Wegböschungen immer so, daß es von oben gedeckt ist. Anderenfalls wird es überwölbt, so daß es einen seitlichen Eingang hat. Es besteht aus Moos und Flechten und ist innen mit Würzelchen, Tier- und Pflanzenwolle und Federn ausgepolstert. Das Rotkelchen macht 2 Bruten. Die 5-6 Eier sind gelblich rahmfarben mit rotbraunen Flecken und Punkten (19,4 x 14,8). In Haltung und Bewegung ähnelt es der Nachtigall. Es macht große Sprünge, bleibt hochbeinig stehen, macht dazu drollige Bücklinge, schnellt den Schwanz in die Höhe und läßt dazu seinen schnalzenden Lockton hören, den man mit der Zunge oder durch Zusammenschlagen zweier Kieselsteine leicht nachahmen kann. Mit seinen großen runden Augen betrachtet es den Menschen aus nächster Nähe. Es treibt sich meist nahe dem Boden herum, wo es seine Nahrung aufliest, allerlei Insekten kleine Regenwürmer und Nacktschnecken. Im Herbst und Winter geht es an Beeren. Besonders liebt es die Früchte des Spindelbaumes. In den abwechslungsreichen, getragenen Strophen treten scharfe s-Laute hervor. Die glockenreinen Töne haben oft metallischen Klang. Jedes Pärchen hat sein Brutrevier und ist gegen andere sehr zänkisch. In Gefangenschaft erfreut es uns bei guter Pflege jahrelang durch sein zutrauliches Wesen und seinen feierlichen Gesang, den es gerne abends bei Lampenlicht erschallen läßt.

Das weißsternige Blaukehlchen. Vorkommen: Mitteleuropa. Das Blaukehlchen bewohnt zur Brutzeit Sumpfniederungen, Flußufer mit Weidendickichten, Auwälder und ist deshalb an bestimmte Örtlichkeiten gebunden, wo es häufig vorkommt, während es an anderen Plätzen fehlt. Es kommt früh im Jahr, meist im März und verläßt uns wieder im August und September. Während des Zuges sieht man es auch in Krautäckern. Es brütet im dichten Ufergebüsch und setzt sein Nest zwischen Grasbüschel ins Gestrüpp der Weiden und an Böschungen. Es ist immer gut versteckt und schwer zu finden. Es ist ein ziemlich umfangreicher Bau aus trockenen Blättern, Würzelchen, Halmen und ist mit Wolle und Haaren gepolstert. Es enthält 5-6 Eier, die auf bläulich grünem Grunde braunrötlich gewölkt und gefleckt sind. Form und Farbe sind sehr verschieden (18 91 × 14,24). Die Jungen sind dunkelbraun mit hellen Tropfenflecken. Sie verlassen das Nest frühzeitig und verbergen sich meisterhaft im Ufergebüsch. Es scheint meist nur eine Brut stattzufinden. Das Blaukehlchen ist ein flinkes munteres Vögelchen das auf dem Boden so schnell dahinschnurrt, daß es wie ein rollender Federball aussieht. dabei setzt es die Beine voreinander. Zwischenhinein hüpft es aber auch wie Rothkelchen und Nachtigall. Es trägt sich aufrecht, steht hochbeinig da und spreizt seinen Schwanz fächerartig auswärts und schnellt ihn in die Höhe, wobei es oft seinen Lockton fid fid tak tak hören läßt. Sein Flug ist äußerst geschickt im Gebüsch, auf größere Strecken hin in größseren und kleineren Bogen. Es macht auch einen netten Balzflug, der schräg aufwärts und flatternd und schwebend abwärts geht, wobei es einen Gesang erschallen läßt. Diesen trägt es auch frei auf einem Zweig sitzend vor, während

Erdsänger.
Luscinia, s. Nachtigall
svécia, s. weißsterniges Blaukelchen
Phonicurus, griech. phoonós = blutrot und ura der Schwanz = Rotschwanz.
♂u. juv.
Das rotsternige Blaukehlchen ca 14 cm
Fl 8 cm
Luscinia svécia
♂
♀
Phoenicurus phonicurus
Der Gartenrotschwanz ca 14 cm Fl 8 cm

(Fortsetzung weißsterniges Blaukehlchen) es sich sonst den Blicken entzieht. Meist wird der Gesang durch mehrere gleichhohe helle, einzeln ausgestoßene Pfeiflaute eingeleitet, an die sich dann die eigentliche Strophe anreiht. Die Pausen sind ausgefüllt durch ein fortdauerndes Schnurren, so daß man zur Ansicht kam, der Vogel sänge zweistimmig. In den lauten Tönen erkennt man öfter Anklänge an Lieder anderer Vögel, bisweilen trifft man sogar recht gute Spötter. Man hört oft täuschend ähnlich das pickelnick, des Distelfinken, den Ruf der Kohlmeise, das pickwerwick der Wachtel, die Strophe des Goldammers, der Rauchschwalbe, das Quaken der Frösche und andere Laute aus Sumpf und Moor. Aber alles nicht besonders laut und gleichförmig, wodurch der Spötter sich sofort zu erkennen gibt. Beim Gesang bewegen sich die Kehlfedern so auseinander, daß der weiße Fleck oft weithin leuchtet, auch bei solchen, bei denen in der Ruhe die Kehle einheitlich blau erscheint. Man machte früher aus diesen eine besondere Art. Sobald man aber die Federn auseinanderbläst erscheint der weiße Stern, der also nur durch die blauen Federränder verdeckt war. Da die Blaukehlchen sich viel auf feuchtem Untergrund bewegen, so sind ihre zarten dünnen Füße sehr empfindlich gegen Trockenheit. Sie eignen sich deswegen nicht gut als Käfigvögel. Das Blau kommt in der Gefangenschaft nie mehr so schön wieder wie es war.

<u>Das rotsternige Blaukehlchen.</u> Schwedisches oder Tundra-Blaukehlchen, Vorkommen: Schweden, Lappland, Nordrußland und die Tundren Westsibiriens. In der Größe gleicht es dem vorigen. Zur Zugzeit läßt es sich in Deutschland an allen möglichen Örtlichkeiten sehen und gelangt öfter in die Hände der Liebhaber. In seinen Lebensgewohnheiten ähnelt es sehr dem weißsternigen.

Der Gartenrotschwanz. Vorkommen: Europa und Teile Westasiens. Er kommt schon oft Ende März zusammen mit dem Fitislaubvogel und verläßt uns von August an bis Oktober. Der Gartenrotschwanz bewohnt Parkanlagen, Baumgärten, Alleen und lichte Wälder, aber keine reinen Nadelwälder. Sein Lieblingsaufenthalt sind alte Kopfweiden. Er nistet in Baumhöhlen, ausgefaulten Balkenköpfen, Holzstößen, Mauerlöchern und nimmt auch gerne künstliche Nisthöhlen an. Das Nest besteht aus Moos und Halmen und ist mit Haaren und Federn weich und warm ausgefüttert. Es enthält oft schon Ende April 5-7 schöne glatte, glänzende, blaugrüne Eier (18,28 X 13,89) Die zweite Brut ist im Juni. Die Jungen ähneln denen des Rothkehlchens, sind aber, ebenso wie die Alten, an den zitternden Schwanzbewegungen sofort erkenntlich. Nach der Mauser ist das schöne Gefieder nur angedeutet, da weiße Federränder die leuchtenden Farben etwas verdecken. Nach Abnutzung der Ränder tritt gegen das Frühjahr die prächtige Färbung hervor. Er trägt sich sehr aufrecht und hat einen leichten und schnellen Flug. Seine Nahrung besteht aus fliegenden und kriechenden Insekten. Sein Lockton, den man leicht nachpfeifen kann, ist stärker als der der Laubvögel und klingt wie hüit, ihm werden noch einige tick tick angehängt. Der Gesang wird meist mit drei Silben eingeleitet: einer langen und zwei kurzen, denen dann ~~dann~~ oft ganz überraschend schöne Tongebilde folgen, die manchmal dem Gesange anderer Sänger, so des Fitis, des Trauerfliegenschnäppers u.a. entlehnt sind. Seine hübsche Erscheinung und sein netter Gesang empfehlen ihn als Stubenvogel. Er verlangt aber eine sehr gute Pflege. Wie bei den meisten Erdsängern muß man auch bei diesem das Hauptaugenmerk auf Reinhalten der Füße richten.

Erdsänger.

Der Hausrotschwanz ♂ u ♀ ca 15-16 cm Fl. 88 mm
Phoenicúrus ochrúros gibraltariénsis

Phoenicurus, s. bei Gartenrotschwanz
ochruros, aus griech. ochros = ockerfarben, ura = Schwanz
gibraltariensis, lat. der aus Gibraltar stammende.

Grauschlüpfer. (Grasmücken.)

Der Gartengrauschlüpfer, Grasmücke
Gartengrasmücke ca 15 cm Fl. 8 cm
Sýlvia bórin
Sýlvia Name der Grasmücken im Zoologischen System Linnés

Der Hausrotschwanz. Vorkommen: Größter Teil von Europa, in den letzten Jahrzenten erst nach Dänemark und Schweden vorgedrungen, südwestliches Russland. Er kommt in Deutschland oft schon früh im März an und verläßt uns spät im Oktober. In Südwestdeutschland überwintern bisweilen einige wenige. Er bewohnt die Ebenen und die Gebirge bis zur Schneegrenze. Felsengebirge scheinen seine eigentliche Heimat zu sein. Er bewohnt aber auch die Großstädte, deren Häuser ihm das Felsengebirge ersetzen, ebenso wie den Schwalben. Im Gebirge nistet er stets in Felsenlöchern und Ritzen, in den Städten und Dörfern an Häusern und Dächern, an Balken von Gartenhäuschen und dergleichen Plätzen, immer jedoch muß von oben Deckung da sein. Das Nest ist ein Haufen von Wurzeln, Halmen und Laubmoos und ist innen mit Haaren und Federn warm ausgepolstert. Es enthält oft schon Mitte April 5-6 reinweiße Eier (19,4 x 14,3). Die zweite Brut mit 4-5 Eiern findet man im Juni. Die Jungen gleichen den Weibchen, sind nur etwas dunkler geschuppt. Der Hausrotschwanz ist ein gewandter und hurtiger Vogel im Flug und auf dem Boden. Er hält sich sehr aufrecht und macht die gleichen zitternden Schwanzbewegungen und Komplimente wie der Gartenrotschwanz. Er ist nicht scheu, weiß aber doch den nötigen Abstand zu wahren. Seine Nahrung besteht aus fliegenden und kriechenden Insekten. Im Herbst hält er sich gerne an die schwarzen Hollunderbeeren, die dann bei schlechter Witterung seine Hauptnahrung sind. Sein Lockton ist ein hohes fid, dem einige kurze teck teck angehängt sind. Der Gesang hat mit dem des Gartenrotschwanzes keine Ähnlichkeit. Er hat in jeder Strophe neben wenigen klaren Tönen harte, gepreßte, gezwungene Laute, die in der Nähe nicht besonders angenehm klingen, im ersten Frühjahr aber und in der Großstadt gerne gehört werden.

Der Gartengrauschlüpfer, Grasmücke, Gartengrasmücke. Vorkommen: Mitteleuropa. Er bewohnt Waldränder mit viel Unterholz, Gebüsche, Parkanlagen mit Vorliebe buschreiche Gärten und Friedhöfe, kommt verhältnismäßig spät zurück, selten vor Anfang Mai und verläßt uns von August ab bis manchmal Oktober. Sein Nest baut er meist nicht sehr hoch in Himberen, Bromberen und dergleichen niedere Büsche. Das Nest ist ein lockerer Bau aus Halmen, halbkugelförmig, oft etwas nachlässig gefestigt. Die 4–6 Eier sind bräunlich, meist etwas heller als die des Schwarzkopfes (20x14,7). Meist findet nur eine Brut statt. Die Jungen unterscheiden sich von den Alten nur wenig, die Unterseite ist gelblicher. Der Gartengrauschlüpfer ist in ständiger Bewegung, um das Gebüsch nach Insekten zu untersuchen. Er hält sich beim Schlüpfen meist wagerecht etwas geduckt. Auf kleinen Strecken schießt er schnell dahin, über große Flächen fliegt er in Bogenlinien. Beim Neste flattert er wie flügellahm vor dem Verfolger auf dem Boden umher, diesen so vom Nistplatz fortlockend. Die Nahrung besteht aus allerhand Insekten, die im Gebüsch von den Blättern und Blüten abgelesen werden. Sobald aber die Zeit der Beeren gekommen ist, leben die Gartengrauschlüpfer größtenteils von diesen. Kirschen naschen sie sehr gerne ebenso Hollunderbeeren, im Süden Trauben und Feigen. Er ist volltönend, aber nicht deutlich in Vorgesang und Schlußstrophe geschieden, mehr einheitlich, aber nicht von gleicher Stärke. Der Vogel singt auch beim Durchschlüpfen des Gebüsches. Der Locktön ist, wie bei allen Grauschlüpfern ein schmatzendes täck, täck, täck. Im Zimmer verlangt er eine ganz besonders aufmerksame Pflege, besonders zur Zeit der Wintermauser. Feigen sind ihm sehr zuträglich.

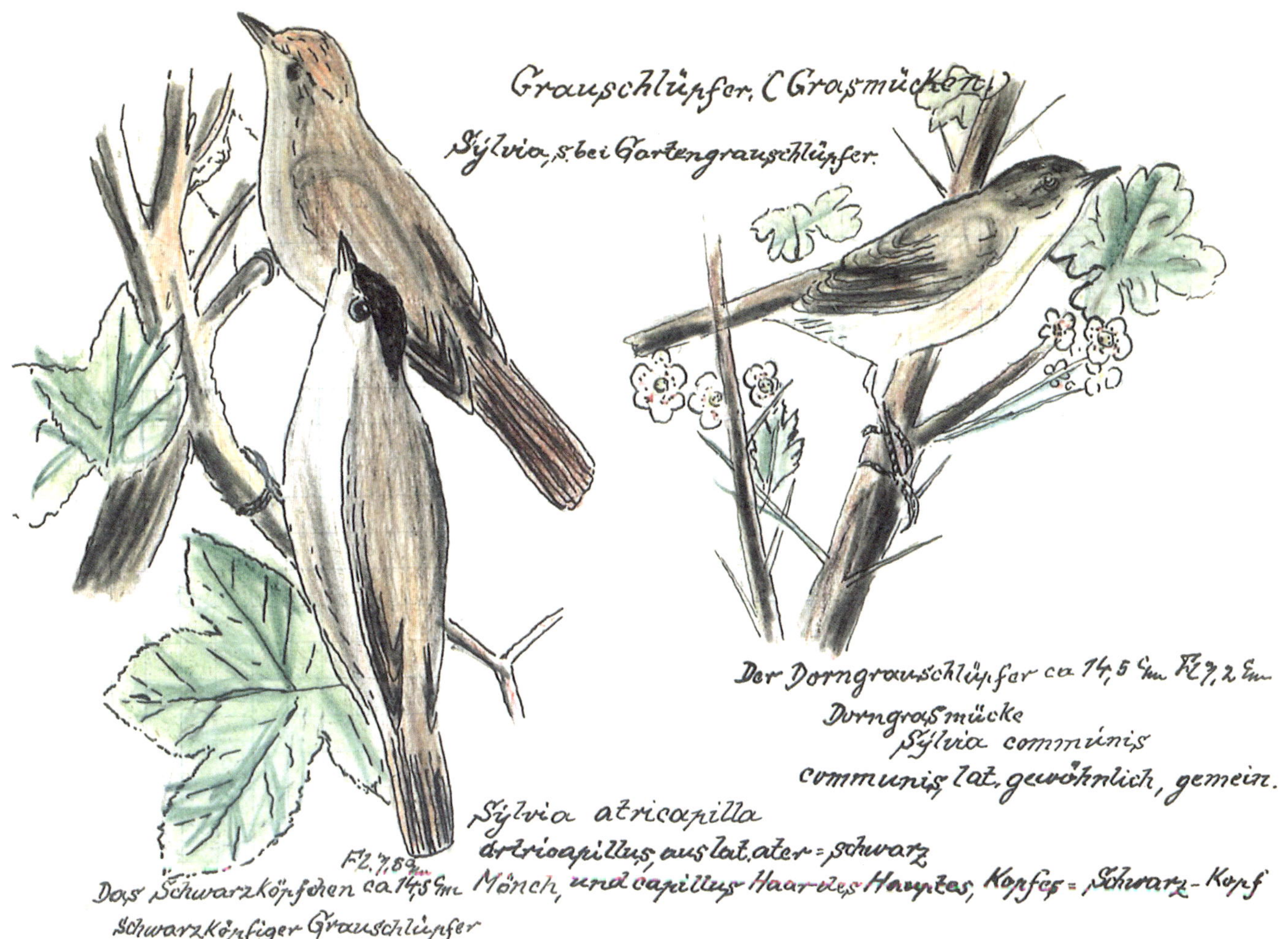
Grauschlüpfer. (Grasmücken)
Sylvia, s. bei Gartengrauschlüpfer.
Der Dorngrauschlüpfer ca 14,5 cm Fl. 7,2 cm
Dorngrasmücke
Sylvia communis
communis, lat. gewöhnlich, gemein.
Sylvia atricapilla
artricapillus, aus lat. ater = schwarz
Fl. 7,8 cm
Das Schwarzköpfchen ca. 14,5 cm
Mönch, und capillus Haar des Hauptes, Kopfes = Schwarz-Kopf
Schwarzköpfiger Grauschlüpfer

Die Gruppenmerkmale der Grauschlüpfer (Grasmücken):
Lauf vorne getäfelt. Junge den Alten ähnlich. 2 Mausern. Sie bewegen sich in gebückter Haltung schlüpfend durch das Gebüsch (gra = smigge = Grauschlüpfer). Die Nester sind im niederen Gebüsch. Alle Arten lieben süße Früchte und Beeren. (Zugvögel).

Schwarzkopf, Mönch, schwarzköpfiger Grauschlüpfer. Vorkommen: Europa Vorderasien, Nordafrika. Der Schwarzkopf bewohnt alle möglichen Wälder, wenn viel Unterholz vorhanden ist, Parkanlagen Gärten und Friedhöfe. Er kommt Anfang April zurück und verläßt uns vom September ab. Man trifft oft noch im Oktober Schwarzköpfe an den schwarzen Hollunderbeeren. Das Nest findet man in niedrigen Büschen, nicht weit vom Boden entfernt. Es besteht aus Grashälmchen, Würzelchen und ist mit Pferdehaaren ausgepolstert. Die 4-6 Eier sind bräunlich bis rötlich (19x14,5). Es finden zwei Bruten statt. Die Jungen sehen vor der Mauser den alten Weibchen ähnlich, sind aber unten gelblicher. Nach der Mauser haben die jungen Männchen schwarze die Weibchen braune Kopfplatten. Junge Männchen behalten manchmal noch bis ins zweite Jahr eine dunkelbraune Kopfplatte. Der Gesang besteht aus einem lang dauernden, grauschlüpferartigen leisen Vorgesang, in dem man oft Anklänge an bekannte Vogelstimmen erkennen kann und einer lauten flötenden Schlußstrophe, dem sogen. Überschlag. In ständiger Bewegung durchschlüpft er das Gebüsch und singt dabei sehr fleißig. Nur beim lauten Überschlag sitzt er ruhig. Es gibt unter ihnen Stümper und ganz hervorragende Sänger, letztere namentlich in Gebirgsgegenden. Während die schlechten Sänger als Überschlag fast nur noch ein gleichförmiges didldidldidl didl hervorbringen, hört man von anderen Tongebilde von prachtvoller Modulation und Ausdauer. Der Lockton ist ähnlich dem des Gartengrauschlüpfers, nur etwas tiefer. Der Flug ist im Gebüsch flatternd, auf weite Strecken hin in Wellenlinien. Seine Nahrung besteht in allerlei Insekten, die er im Gebüsch abliest. Mit Vorliebe verzehrt er auch Beeren und Früchte. Wegen seines hervorragenden Gesanges ist er ein geschätzter dabei ausdauernder Käfigvogel.

Der Dorn-Grauschlüpfer, Dorngrasmücke. Vorkommen: Europa. Er bewohnt die Hecken der Feldwege, Weidendickichte, Gärten, Friedhöfe mit Vorliebe verwachsene Dornsträucher. Er kommt in der ersten Hälfte des Aprils zurück und verläßt uns vom August an. Das Nest findet man nicht weit über dem Boden oder auf denselben im Gestrüpp dichter Dornsträucher, in Brennesseln, in altem Gras und in Kornäckern, die mit Unkraut überwuchert sind. Es ist besser versteckt als das der anderen Grasmücken und auch dichter und dauerhafter gebaut. Es besteht aus Halmen Würzelchen und bildet einen tiefen Napf, der mit Wolle und Gespinsten, auch mit Pferdehaaren ausgepolstert ist. Die 4-6 Eier sind sehr verschieden, meist sind sie hellgrün mit braunen und grauen Punkten und Flecken (18,1 x 13,8). Es finden zwei Bruten statt. Die Jungen sehen den etwas weniger lebhaft gefärbten Weibchen sehr ähnlich. Der Dorngrauschlüpfer ist ein lebhafter, anmutiger, behender Vogel. Sein Flug ist schnell, öfter fliegt er mit erhobenem Schwanze ruckweise gleichsam hüpfend dahin. Meist treibt er sich aber innerhalb der Gebüsche herum. Er nährt sich von allerhand Insekten. Später hält er sich mit Vorliebe an Beeren. Er hat einen angenehmen Gesang, der aus einem dahinsprudelnden Piano besteht, dem ein etwas rauheres Forte angehängt wird, um oft mit den Locktönen wäd wäd beendet zu werden. Zum Forte aber erhebt er sich oft in schwankendem Fluge einige Meter senkrecht in die Höhe, stürzt dann wieder in einen Busch, um hier den Gesang zu beenden. Von unseren Grauschlüpfern hat nur noch die Sperbergrasmücke einen Balzflug. Auch tak tak tak ist ein Lockton des Dorn-Grauschlüpfers.

Grauschlüpfer. (Grasmücken)
Sylvia s. bei Gartengrauschlüpfer.
Der Zaun-Grauschlüpfer ca 12,5 cm Fl 6,6 cm
Zaungrasmücke
Sylvia cúrruca
curruca, ae, f. lat. antiker Name eines kleinen Vogels, der fremde Jungen für seine erziehen soll.
Der Sperbergrauschlüpfer ca 16,5 cm Fl 8,7 cm
Sperbergrasmücke
Sylvia nisória. nisoria Adj.
zu lat. nisus = der Sperber = gesperbert.

Die Sperber-Grasmücke, Sperber-Grauschlüpfer: Vorkommen: Mittel- und Osteuropa. Er bewohnt Gärten, Parkanlagen, Waldungen mit Unterholz und alle Örtlichkeiten, wie sie der Dorngrauschlüpfer liebt, bevorzugt aber die Ebenen. Er kommt Anfang Mai zurück und verläßt uns schon im August wieder. Er nistet wie die anderen Grauschlüpfer gerne in niederen Sträuchern, liebt aber besonders Dornbüsche zur Anlage des Nestes, das dem der Gartengrasmücke ähnelt, aber umfangreicher ist. Im Juni findet man die 5 Eier der einzigen Brut (21 X 14,5). Sie sind leicht von denen der anderen Grauschlüpfer zu unterscheiden. Auf grauweißem Grunde sind blaßgraue und bräunliche Flecken. Die Jungen sind vor der Mauser von den Alten verschieden, indem die Mondflecken nur in den Weichen angedeutet sind. Der Sperber-Grauschlüpfer ist äußerst gewandt im Durchkriechen des Gebüsches und läßt sich selten außerhalb desselben beobachten. Sein Flug ist auf weite Strecken auf- und abwogend. Sein Brutrevier ist klein, er verläßt es selten und verteidigt es gegen andere Vögel, mit denen er sich gerne herumzankt. Die Nahrung besteht aus Insekten und Beeren, wie bei ihren Verwandten. Der Gesang ähnelt dem des Gartengrauschlüpfers, doch verrät er sich bald durch ein errr, das von einem rotrückigen Würger oder einem Haussperling stammen könnte. Auch hat er das tscheck tscheck als Angstgeschrei, wenn sich ein Feind dem Neste nähert, genau so wie diesen Laut der rotrückige Würger ausstößt. Der Gesang wird sitzend vorgetragen. Wie der Dorngrauschlüpfer, so verfügt auch er über einen Balzflug. Er bewohnt die gleichen Hecken (oft an Bahndämmen) wie der rotrückige Würger und man findet diese beiden Vögel oft nahe beieinander in Gegenden, wo der Sperber-Grauschlüpfer vorkommt, ebenso wie an anderen Plätzen der Dorngrauschlüpfer mit dem rotrücken Würger zusammenwohnt.

Der Zaun-Grauschlüpfer, Zaungrasmücke. Vorkommen: Europa, Westasien. Er bewohnt lichte Wälder mit Unterholz, Gärten, Anlagen, Friedhöfe, Feldhölzer und Dornbüsche. Er kommt Mitte April zurück und verläßt uns im August und September. Das Nest wird kunstlos aus Hälmchen und Würzelchen in Büsche, oft nahe über dem Boden, oft auch in die untersten Zweige von Bäumen gebaut. Es ist flach, oft durchsichtig und ohne viel Sorgfalt hingesetzt. Die 5-6 Eier sind weiß mit grauen Punkten und gelbbraunen Flecken (16,5 x 12,5). Die Zaun-Grauschlüpfer sind gegen Störung ihrer Brut sehr empfindlich und fangen mehrere Nester an, bis ihnen ein Platz paßt. Sie machen meist nur eine Brut. Die Jungen die sehr frühzeitig das Nest verlassen sehen den Alten sehr ähnlich. Der Flug ist gewandt und schnell, weithin in Bogenlinien. Sie durchschlüpfen hurtig das dichteste Gebüsch immer mit dem Aufsuchen ihrer Nahrung beschäftigt. Allerlei kleine Insekten, Blattläuse, kleine Räupchen dienen ihnen als Futter. In vorgerückter Jahreszeit halten sie sich gerne an Beeren. Der Lockton ist mit dem der anderen Grauschlüpfer ähnlich. Der Gesang besteht in einem sehr leisen Piano und einer eintönigen Schlußstrophe die wie lüllüllüllüllüllüll klingt. Meist vernimmt man nur dieses Geklapper, dem er auch seine anderen Namen, Müllerchen und Klappergrasmücke verdankt. Müllerchen wird es aber auch vielleicht wegen seines Gefieders genannt, das wie mit Mehl bestäubt erscheint. Den anmutigen Zeisgesang vernimmt man nur aus nächster Nähe. In diesem sind einige z-ähnlich Laute charakteristisch.

Grauschlüpfer, Grasmücken

sylvia Name der Grasmücken im Zoologischen System Linnés. hortensis lat. Adject. zu hortus der Garten.

Der Orpheus-Grauschlüpfer auch Orpheusgrasmücke genannt. ca 15 cm Fl. 8,1 cm. Sylvia hortinsis.

Laubsänger

Der Gelbspötter ca 14 cm Fl 7,9 cm
Hippolais icterina
Hippolais, antiker Vogelname; ohne Wesenbezeichnung von Linné für den Gelbspötter übernommen. icterinus, a, um, lat. gelbsüchtig. – Gelbroter Rachen. Der Gelb-spötter schreit manchmal gellend und überschlagend.

<u>Die Gruppenmerkmale der Laubsänger.</u>

Dünner Schnabel mit schmaler flacher Basis, nur beim Gelbspötter ist die Schnabelbasis breit und flach. Leben im Gezweig der Bäume und Büsche, bauen aber auf oder unmittelbar über dem Boden, nur der Gelbspötter baut höher sein Nest.

Der Orpheus-Grauschlüpfer, Orpheusgrasmücke. Vorkommen: Südeuropa, in Südwestdeutschland vereinzelt. Der Orpheus= oder Sänger-Grauschlüpfer bewohnt Gärten, Wälder mit viel Unterholz, Gestrüpp und bevorzugt hügeliges Gelände. Er kommt Anfang Mai und reist Ende August und September in die Winterquartiere. Das Nest baut er in dichtes Buschwerk, auch auf niedere Bäume aus Halmen, Stengeln und Wurzeln ziemlich fest. Die 4-5 weißlichen Eier (19 x 14,5) haben braune und schwarze Flecken und Punkte. Die Jungen ähneln dem Weibchen, das in allen Farben matter ist als das Männchen. Die Nahrung ist wie die der anderen Grauschlüpfer. Im Süden gehen sie gerne an Feigen. Sie sind äußerst gewandt im Gebüsch. Ihr Flug ist in Bogenlinien. Der Gesang ist der herrlichste von allen Grauschlüpfergesängen. Am meisten ähnelt der Gesang dem der grauen Grasmücke doch bringt der Orpheus-Grauschlüpfer Gesangteile anderer Vögel oft in der bunten Abwechslung eines Sumpfrohrsängers, aber alles in seinem kräftigen, klangvollen Organ. ——— [Orpheus in der griech. Sage: berühmter Sänger, Sohn der Kaliope, er bezauberte durch seinen Gesang selbst Tiere, Bäume, Steine. er ging in die Unterwelt um seine Gattin Eurydike zu holen. Orpheus galt als Stifter geheimnisvoller Gebräuche (Orphische Mysterien) und der Gemeinschaft der Orphiker.

(Manches Mal schreit er gellend überschlagend.)

Der Gelbspötter. Vorkommen: Mittel- und Osteuropa. Der Gelbspötter bewohnt lichte Waldungen, meist Laubwälder, mit Vorliebe aber Parkanlagen, Gärten und Friedhöfe. Er kommt als einer der spätesten erst Anfang Mai zurück und verläßt uns wieder im August. Er nistet auf Bäumen und Sträuchern meist über Mannshöhe und setzt sein Nest mit Vorliebe auf Flieder, Hollunder und Birken selten über 5 m vom Boden. in ruhigen Gegenden, wie z. B. in den Rheinauwäldern findet man die Nester oft nur 1 m über dem Boden. Es ist ein kunstvoller Bau und besteht aus Hälmchen, Bast, Pflanzenwolle. Innen ist es mit Haaren ausgelegt, außen ist es fast immer von weißer Farbe, weil er gern Birkenrinde in die glatten Nestwände mit hinein verwebt. Der Nestrand ist oben etwas eingezogen, so daß eine tiefe Nestmulde entsteht. Mit der Unterlage ist das Nest fest verbunden. Ende Mai enthält es gewöhnlich 5 Eier schön rosarot mit schwarzen Punkten und Flecken (18,5 X 13,5). Gegen Störungen der Brut ist der Spötter sehr empfindlich. Die Jungen sehen den Alten sehr ähnlich. Nur sind alle Farben nicht so rein. Der Gelbspötter treibt sich meist in den Kronen der Bäume und Büsche herum und kommt fast nie auf den Boden. Er läßt sich leicht beobachten. Im Gezweig ist er äußerst geschickt. Sein Flug ist auf weitere Strecken in Wellenlinien. Er nährt sich von allerlei Insekten, die er in den Büschen abliest, und geht an die frühreifen Früchte, besonders Kirschen und Johannisbeeren, im Süden gern an die Feigen. Das Männchen läßt nach der Ankunft seinen wechselvollen Gesang hören, der ganz einzigartig klingt. Er trägt ihn aufrecht sitzend vor und reißt dabei seinen rotgelben Rachen weit auf.

Fortsetzung Seite

Forsetzung der Gelbspötter. Er wiederholt jedes Motiv einige Male und bringt Anklänge an manche anderen guten Sänger. Oft hört man die Warnrufe der Amsel, das Zetern der Kohlmeise seltener das pickwerwick der Wachtel, und andere Vogelstimmen täuschend vorgetragen. Der Lockruf ist sehr bezeichnend und deutlich deterviď.

Der Fitis-Laubsänger. Vorkommen: Fast ganz Europa. Dieser Laubsänger bewohnt Laubwälder mit viel Unterholz, junge Kiefernpflanzungen, Parkanlagen, Auwälder und Gärten. Er kommt im April und verläßt uns im September. Er nistet meist am Boden, womöglich in Kleinen Vertiefungen und baut ein lockeres, fast Kugeliges Nest mit Kleinem seitlichen Einschlupfloch. Das Nest besteht aus Grashalmen, trockenen Blättern und Moos. Innen ist es reichlich mit Federn ausgepolstert. Es enthält 5-7 gelblichweiße, mit rötlichen Punkten und Flecken übersäte Eier (15,3X12,4). Meist finden zwei Bruten statt. Die Jungen gleichen den Alten sehr. Der Fitis ist ein gewandter Vogel, der wenig scheu ist und ungeniert vor dem Beobachter sein Wesen treibt. In den Baumkronen bewegt er sich äußerst behende, flattert geschickt von Zweig zu Zweig und fliegt ohne Scheu auch über weite Strecken. Seine Nahrung besteht in fliegenden und kriechenden Insekten. Er schnappt sicher nach allerlei Fliegen, fliegt ihnen auch nach und tut es darin den echten Fliegenschnäppern gleich. Er hat einen angenehmen Locktun, der wie hüid Klingt und leicht nachzupfeifen ist. Sein Gesang ist einer der besten der Laubsänger und sehr wohlKlingend. Er besteht aus flötenden, sanft abfallenden Tönen mit etwas schwermütigen Klang. Man Kann das sich stets gleichbleibende Liedchen sofort erkennen. Es erinnert an das Anfangsmotiv aus der Oberonouvertüre. Auch an schönen Herbsttagen hört man die angenehme Strophe, die von manchen Rotkelchen täuschend nachgeahmt wird. Jedoch ist

Fortsetzung Fitis-Laubsänger. beim Rothkelchen die nächste Strophe wieder ganz anders, während beim Fitis dasselbe Liedchen immer gleichmäßig wiederkehrt.

Der Weiden-Laubsänger (Zilpzap). Vorkommen: Fast ganz Europa. In Südeuropa ist er teilweise Standvogel. Bei uns verweilt er von März bis Oktober. Er bewohnt gerne Wälder mit Unterholz, Fichtenschonungen, Parkanlagen, Friedhöfe und Gärten; an Weiden allein ist er nicht gebunden. Er nistet nicht weit über dem Boden und setzt sein lockeres Nest in dichtes Gebüsch. Es besteht aus dürren Blättern, Moos und Halmen und ist mit Haaren und Federn ausgepolstert. Es ist oben überdeckt, so daß es kugelig aussieht und hat eine ziemlich große seitliche nach oben gerichtete Eingangsöffnung, durch die man die Eier liegen sehen kann. Die 6-7 Eier sind weiß mit dunklen Punkten (15,5 X 12). Es finden zwei Bruten statt, von denen die zweite oft weit in den August hineinreicht. Die Jungen sehen den Alten fast gleich, die Farben sind etwas matter. Der Weidenlaubsänger lebt meist in den Zweigen und Büschen seines Wohngebietes und hat ein kleines Revier, in dem er sich stets herumtreibt, und aus dem er andere seiner Art verjagt. Er ist in steter Bewegung, flattert geschickt durchs Gebüsch und macht sich durch sein auffallendes Wippen mit dem Schwanze nach unten leicht kenntlich. Seine Nahrung besteht aus Insekten, die er hüpfend und flatternd im Gebüsch ergattert. Im Herbst vertilgt er eifrig die lästigen Schnaken, die er im Fluge fängt. Er geht auch an Hollunderbeeren. Vom Frühjahr bis Herbst hört man seinen fröhlichen Lockton üit und seinen anspruchslosen aber fleißigen Gesang, der ihm den Namen Zilpzap oder Zipfzapf eingebracht hat. Er besteht aus einer Reihe fast gleich hoher Töne, die wie zilp zap zilp zap zilp zap usw. klingen oder auch wie dilm delm dilm delm. Viele derartiger Töne bilden eine Strophe, dann kommt eine Pause und die Sache beginnt von neuem. In der Nähe hört

Laubsänger.
Phylloscopus aus griech. phyllon = das Blatt und skopos = der Späher =
Blattspäher. Trochilus, schon ein antiker Vogelname.
Der Fitis-Laubsänger 12 cm Fl.: 6,8 cm
Phylloscopus tróchilus
collybita von griech.
Kollybistes der Geldwechsler
des Gesanges wegen angewendet
auf den Weidenlaubsänger.
Der Weidenlaubsänger (Zilpzalp)
Ca 11 cm Fl.: 5,8 cm.
Phylloscopus collybita

Laubsänger.
sibilatrix, icis, zischend, pfeifend.
Unterscheidende Merkmale an den Flügeln
von
Nachtigall
grosser Waldlaubsäng.
Fitis
Weidenlaubsäng.
Der Waldlaubsänger Ca 13 cm Fl: 7,5 cm
Phylloscopus sibilatrix

Fortsetzung Weiden-Laubsänger (Zilpzalp) man, daß diese Pause von leisen Tönen ausgefüllt ist, die tschrütschrr klingen. Was dem Sänger an Kunstfertigkeit abgeht, ersetzt er durch Fleiß. Als Verkünder des Frühlings und als einer der wenigen Herbstsänger hört man ihn sehr gerne. Er singt noch an schönen Oktobertagen fast ebenso fleißig wie im Frühling.

Der Wald-Laubsänger. Vorkommen: Fast ganz Europa, den Süden ausgenommen. Er bewohnt am liebsten Waldungen und zieht reine Buchenwaldungen allen andern vor. Unterholz braucht nicht vorhanden zu sein. Er kommt im April und verläßt uns im August und September. Er nistet auf dem Boden, und das Nest ist der Umgebung so angepaßt, daß es schwer aufzufinden wäre, wenn es der ab- und zufliegende Vogel nicht selbst verriete. Es besteht aus Laub, Moos, Halmen, je nach dem Standort und ist oben überwölbt. Der seitliche Eingang ist sehr weit. Innen ist es mit Hälmchen und Haaren ausgelegt. Im Mai findet man darin 5-7 Eier, die auf weißlichem Grunde mit rotbraunen Punkten dicht bedeckt sind (15,9 X 12,4). Die Jungen sind etwas blasser als die alten Vögel. Der Waldlaubsänger ist ein munterer Vogel, der aber etwas scheuer ist als seine Verwandten. Er treibt sich am liebsten in den Kronen der Bäume herum und fliegt oder flattert hier von Zweig zu Zweig. Auf größere Strecken geschieht sein Flug in regellosen Wellenlinien. Beim Durchflattern der Bäume sucht er seine Nahrung, die in allerhand fliegenden Insekten, Räupchen und dergleichen besteht. Sein Lockton ist ein hohes djü, das man leicht nachpfeifen kann und womit man ihn bequem herbeilockt. Diesen Lockton stößt er zusammenhängend öfter hintereinander aus, was sich wie ein melancholischer Gesang ausnimmt. Außerdem besitzt er auch noch einen eigenartigen anderen Gesang, der wie ein Schwirren klingt: sib sib sib sib sibsirrrrr. Davon hat er den Namen Sibilatrix und auch noch den deutschen Namen Waldschwirrvogel. In der Hauptgesangszeit macht er auch einen Balzflug wobei er seine Strophe hören läßt. Dieser ist aber nicht so

Fortsetung Waldlaub-Sänger: regelmäßig wie beim Baumpieper, fällt auch nicht so auf, weil er sich innerhalb der Baumkronen abspielt.

Das Gelbköpfige oder Winter-Goldhähnchen. Männchen und Weibchen fast gleich. Vorkommen: Fast ganz Europa, nördlich soweit der Nadelwald reicht, im Süden außer Spanien bis zum Mittelmeer, Kleinasien und Kaukasus. Dieses Goldhähnchen ist Stand- und Strichvogel, teilweise auch Zugvogel. In der Brutzeit bewohnt das gelbköpfige Goldhähnchen nur Nadel- besonders Kiefernwälder, Parkanlagen und Friedhöfe mit Nadelbäumen. Es nistet auf Nadelbäumen und baut sein Nest freischwebend in die Enden herabhängender Zweige hinein. Selten sitzt es auf einem Zweig auf, sondern es ist meist mit den Wänden ins Gezweig verflochten. Es ist deshalb sehr schwer aufzufinden, zumal es meist hoch steht. Es besteht aus Moos, Spinnweben und Flechten und ist ziemlich dickwandig; der obere Rand ist zusammengezogen, so daß nur eine kleine Einschlupföffnung oben übrig bleibt. Innen ist es mit Federn und Haaren weich ausgefüttert. Es enthält 8–11 mattgelbe oder blaßrahmfarbene Eier, die dunkel gewölkt sind und am stumpfen Pol einen Fleckenkranz haben (13,6 x 10,3). Es finden zwei Bruten statt. Den Jungen fehlt jede Kopfzeichnung. Die gelbköpfigen Goldhähnchen sind muntere bewegliche Tierchen, die ganzen Tag behende ihrer Nahrung nachgehen. Die Nahrung besteht aus kleinen Insekten und deren Eiern. Zur Zug- und Strichzeit findet man sie allenthalben, auch in reinen Laubwäldern und Gärten. Sie treiben sich dann immer in kleinen Gesellschaften herum und schließen sich auch gerne den Meisenflügen an, besonders den kleineren Arten, wie z. B. der Haubenmeise und der Schwanzmeise. Ihr Lockton ist ein scharfes sisih, oder sisis srisrisri. Der Gesang ist ein angenehmes leise wisperndes Liedchen, das dem der Heckenbraunelle entfernt ähnelt. Es sind einige aneinandergereihte Trillerchen,

Goldhähnchen.
Männchen u. Weibchen fast gleich.
regulus, lat. Diminutiv von rex = Kleiner König
ignicapillus, a, um, lat. Adj. aus ignis das Feuer und capillus das Haupthaar = feuerköpfig.
Das Weibchen hat nur gelbe Schopffedern.
Das Winter Goldhähnchen ca 9,5 cm Fl 5,5 cm
Regulus regulus
Das feuerköpfige oder Sommer Goldhähnchen
ca 9 cm Fl 5,4 cm
Regulus ignicapilla

Die Gruppenmerkmale der Goldhähnchen:
Dünner pfriemenförmiger Schnabel, an den Nasenlöchern ein steifes borstiges Gebilde. Lange weitstrahlige Scheitelfedern können zu einem Häubchen gestellt werden. Kleinste Vögel, ähneln den Laubsängern, aber auch den Meisen.

Die Goldhähnchen habe ich im Glatzer-Bergland bei Bad Reinerz gesehen.

Fortsetzung gelbköpfige oder Winter-Goldhähnchen. mit einem abwärts gehenden stärkeren Schlußton. So schwer es ist, mit dem Auge dieses Goldhähnchen von dem Sommer Goldhähnchen zu unterscheiden, so leicht ist es am Liedchen zu erkennen. Es singt noch im Hochsommer, wenn die anderen Sänger verstummt sind und belebt den Hochwald mit seinem dünnen Liedchen aufs angenehmste.

Das feuerköpfige oder Sommer-Goldhähnchen. Das Weibchen hat nur gelbe Scheitelfedern. Vorkommen: Mittelmeerländer, Österreich, Ungarn, Frankreich und Deutschland. Dieses Goldhähnchen wegen des Artenmerkmals auch Augenstreif-Goldhähnchen genannt, ist Zugvogel, kommt meist schon im März oder April und verläßt uns im September oder Oktober. Nur selten überwintern einige. Was man im Winter antrifft, sind meist die gelbköpfigen Verwandten. Es bewohnt gleich dem vorigen Nadel- besonders Fichtenwälder. Man sieht sie öfters vor den Zweigen rütteln, um Insekten zu fangen. Auch sind sie nicht so gesellig wie die gelbköpfigen. Der Lockton ist etwas schärfer als der des gelbköpfigen, jedoch wäre es auch kein sicheres Unterscheidungsmerkmal. Sobald man aber den Gesang hört, ist diese Art einwandfrei festzustellen. Dieser besteht aus einer Reihe von hintereinander gereihten, fast gleich hohen sisisi-Lauten, die in der Mitte am stärksten sind. Sobald man einmal das Ohr auf diese Feinheiten eingestellt hat, wird man diese beiden Arten leicht unterscheiden können. Die Eier sind rötlich. Sonst wie Wintergoldhähnchen.

Der Zaunkönig. Vorkommen: Europa. Er bewohnt Mischwälder, Hecken und dichte Gärten, besonders wenn Wasser in der Nähe ist. Er ist bei uns Standvogel, im Norden jedoch Zugvogel. Er nistet an Böschungen und Wurzelwerk, unter Felsen, in Reisighaufen und Holzstößen, im dichten Efeu, an Mauern oder auch frei im Gebüsch, in jungen Fichten und dergleichen. Er baut ein ziemlich großes fast kugelförmiges Nest, meist aus Moos oder Farnkraut mit seitlichem Einschlupfloch. Innen ist es mit Federn ausgepolstert. Außer seinem Brutnest baut er auch noch Spielnester, die weniger sorgfältig und auch nicht so versteckt angebracht sind. Die 6, selten 7 Eier sind glanzlos weiß mit braunen Punkten und Flecken, bisweilen auch ganz weiß (16,5 x 12,5). Die Jungen sehen den Alten sehr ähnlich sind nur am Kopf und Hals dunkler. Der Zaunkönig ist ein kecker fröhlicher Geselle, der mit unglaublicher Geschicklichkeit das dichteste Gestrüpp durchkriecht und seine Nahrung aus den verborgensten Ritzen zu finden weiß. Er hält sich mit Vorliebe auf dem Boden oder in dessen Nähe auf und kriecht auch gern in Mauslöcher. Er trägt seinen Schwanz fast immer aufrecht, sein Gefieder locker und macht Bücklinge. Er ernährt sich von allerhand Insekten, denen er in allen möglichen Schlupfwinkeln nachkriecht und so findet er auch im Winter seinen Tisch gedeckt. Er kommt dann in die Scheunen und auf die Böden und holt sich hier die überwinternden Puppen und Spinnen. Sein Lockton ist ein tscherr-tscherr und zick zick zick, sein Gesang (Schlag) ein fröhliches Lied, das er selbst im Winter mit solch schmetternder Stimme vorträgt, daß man erstaunt ist einen so kleinen Sänger zu finden. Der Gesang hat Ähnlichkeit mit der Strophe der früher in Mode gewesenen Landkanarien und hat Triller und Roller.

Zaunschlüpfer

Der Zaunkönig Ca 9,5 cm Fl 4,9 cm

Troglodytes, troglodytes, von griech.
troglodytai = Höhlenbewohner.

Die Gruppenmerkmale der
Zaunschlüpfer
Erste Schwinge gut entwickelt
aber kurz. Freie Nasenlöcher
mit Häutchen bedeckt.
Flügel kurz und rund.
Sehr bewegliche kleine
Gesellen, die den Schwanz
immer aufrecht tragen.
Meist Standvögel.

Rohrsänger
acroceephalus, Spitzköpfig; aus griech. akros = spitz und Kephale = Kopf.
arundinaceus lat. Adj. zu arundo = Rohr, Schilf.
Der große Rohrsänger ca 20 cm Fl 9,8 cm
Acrocéphalus arundinaceus
ca 13 cm groß
Der Teichrohrsänger
auch Kleiner Rohrsänger
und Kleiner Rohrspatz
Acrocéphalus strépera
strepera, von lat. strepere, schnattern, gebildet.

Die Gruppenmerkmale der Rohrsänger:

Pfriemenförmiger Schnabel hinten flach, vorn höher als breit. Schwanz abgerundet oder gestuft. Die kräftigen Füße haben breite Sohlen und befähigen die Rohrsänger zum Klettern an den glatten aufrechten Rohrstengeln.

Rohrsängermännchen sieht der Fütterung
seiner Familie, durch sein Weibchen, zu.

Der Teich-Rohrsänger auch kleiner Rohrsänger und Kleiner Rohrspatz genannt

Vorkommen: Mittel- und Südeuropa. Er bewohnt die gleichen Gegenden wie der große R. ist aber überall in größer Anzahl anzutreffen. In zusammenhängenden Rohrdickichten wird man ihn immer finden, ebenfalls so an den mit Rohr bestandenen Flußufern. Er kommt Ende April oder Anfang Mai an und verläßt uns Ende August und im September. In seinen Lebensgewohnheiten ist dieser Vogel ein getreues Abbild des großen Rohrsängers aber alles kleiner und zierlicher. Er nistet im Rohr und befestigt sein Nest zwischen 3-4 Schilfstengeln, so daß diese durch den Nestrand hindurchgewachsen erscheinen. Das Nestmatrial ist Gras, Schilfblätter, Würzelchen, nach innen zu Rispen und Gespinst. Es bildet einen tiefen Napf, hat einen dicken Boden und gleicht äußerlich mit seiner länglichen Form einem umgekehrten Zuckerhut. Es enthält 4-5 Eier, die auf grünlichem Grunde mit braunen Flecken bedeckt sind (18,2 × 13,6) Die Jungen gleichen den Alten sehr. Der Teichrohrsänger klettert und hüpft mit großer Gewandheit im Rohr herum, wobei er den Kopf meist etwas einzieht. Wenn er etwas Auffallendes bemerkt, dann spreizt er den Schwanz fächerartig und verschwindet im Dickicht. Seine Nahrung besteht aus allerhand Wasserinsekten. Der Lockton ist tschätsch und scharr. Sein Gesang ähnelt dem des großen Rohrsängers, ist aber zusammenhängender, etwas abwechselungsreicher und viel weniger laut. Er klingt wie tiritiritirieftirr tirr tirr zeck zeck zeck trett trett trett tschark tschark tschark zipp zipp zipp zerrzerrzerr räck räck räck usw., so daß man von einem Geleier sprechen kann. Er singt ganz unermüdlich, er scheint seine sämtlichen Lebensgewohnheiten mit Gesang zu begleiten. Man wird aber nicht müde, ihm zuzuhören.

Der große Rohrsänger. Vorkommen: Mittel- und Südeuropa. Der große Rohrsänger, ~~auch gr. Rohrspatz~~, auch große Rohrspatz und fälschlich auch Rohrdrossel genannt, bewohnt Rohrdickichte an Flüssen und Seen. Er ist Zugvogel, kommt Ende April oder Anfang Mai an und verläßt uns schon wieder im August. Er nistet im Rohr und baut ein kunstvolles Nest ca. 1 m über dem Wasserspiegel an an einige Rohrstengel so, daß die Rohre durch die Wandungen des Nestes hindurchgehen. Es besteht aus Schilfblättern und Grashalmen, Binsen- und Grasrispen und ist innen mit feineren Halmen, Rohrrispen und Spinngeweben, manchmal mit Haaren ausgepolstet. Es bildet einen tiefen Napf. Erst wenn das Rohr zu einer beträchtlichen Höhe aufgeschossen ist, beginnt er mit dem Bau des Nestes, sodaß dieses selten vor Ende Mai fertig ist. Die 4-6 Eier sind hellbläulich oder grünlichweiß mit dunklen Punkten und hellgrauen Schalenflecken (22,56 x 16,24). Die Jungen sind unten etwas bräunlicher. Der große Rohrsänger ist ein lebhafter Vogel, der den ganzen Tag kletternd und hüpfend sein Rohrgebiet nach Nahrung durchsucht. Er fliegt ruckweise, läßt den ausgebreiteten Schwanz etwas hängen und schnurrt mit den Flügeln. Über weite Strecken fliegt er selten, dann aber in unregelmäßigen Bogen. Auf dem Boden, den er nur selten aufsucht, bewegt er sich schrittweise im Grase jedoch hüpfend. Seine Nahrung besteht aus allerlei Wasserinsekten. Sein Lockton ist ein tack und karr, sein Gesang so bezeichnend, daß er mit keinem anderen verwechselt werden kann. Er beginnt mit Karre Karre Kiet Kiet Kiet, ist sehr laut, knarrend und wird mit großer Ausdauer vorgetragen. Zwischen den einzelnen Tönen ist meist eine ganz kurze Pause, was dem Gesang einen etwas harten Charakter gibt. Im Mai hört man ihn oft ganze Nächte hindurch singen. Er heißt auch des Gesanges wegen Karrekiet.

Rohrsänger.
Acrocephalus palustris.
Locustella fluviatilis.
Der Sumpfrohrsänger. Ca 14 cm Fl. 6,6 cm
Der Flußrohrsänger. Ca 15 cm Fl. 7,7 cm

Der Sumpfrohrsänger. – Acrocéphalus palústris acrocephalus, spitzköpfig; aus griech.
ákros = spitz und kephalé = Kopf.

Der Flußrohrsänger. – Locustélla fluviátilis. locustella, zu lat. locusta = die Heuschrecke
fluviatilis, e, lat. Adj. zu lat. fluvius = der Fluß.

Der Sumpf-Rohrsänger: Vorkommen: Große Teile von Mittel- und Südeuropa, Nordwestafrika und Südwestasien. Der Sumpf-Rohrsänger bewohnt fast nie eigentliche Sumpfgebiete, sondern die Ufer der Flüsse und Seen, wenn diese mit Weidengebüsch, Nesseln und der sonstigen üppigen Vegetation der Flußniederungen dicht bewachsen sind. Er nistet aber auch weit weg vom Wasser in buschreichen Gärten, Erlenbrüchen und sehr oft in Getreidefeldern, so daß in manchen Gegenden der Name Getreidesänger besser passen würde. Er kommt Anfang bis Mitte Mai und verläßt uns Ende August und im September. Er brütet nahe am Boden in Weidenbüschen, an Getreidehalmen und im Gestrüpp, besonders gern in Brennesseln. Das Nest ist nach Rohrsängerart befestigt, so daß die Stengel durch die Wände des Nestes hindurchgehen. Es ist ein kunstvoller Bau, aus Gräsern, Bastfasern glatt und sauber gewebt und innen mit Pflanzenwolle, Gespinsten und Pferdehaaren ausgelegt. Der Nestboden ist dick. Die 4-5 Eier sind glanzlos bläulich oder grünlichweiß mit grauen Schalenflecken und dunklen oft konzentrischen Flecken (18,83 X 13,67). Es findet nur eine Brut statt. Die Jungen gleichen den Alten. Dieser Vogel durchkriecht ~~mit größ. Kriecht~~ mit größter Gewandheit seinen Bezirk, kommt auch ab und zu einmal an den Stengeln in die Höhe um Umschau zu halten und läßt sich dabei bequem beobachten. Er hält sich nicht so versteckt wie die anderen Rohrsänger, fliegt auch gern einmal über freie Strecken in gewandtem schnellen Fluge. Seine Nahrung sind allerlei kleine Insekten, die er sitzend und fliegend erbeutet. Sein Lockton ist tschätsch und kärr. Sein Gesang ist ganz hervorragend, unter allen Rohrsängern weitaus der beste. Er besteht aus klangschönen abwechslungsreichen Tönen, die lose aneinandergereiht und vielfach mit Teilen aus Gesängen anderer Vögel verwoben sind, die er oft ganz meisterhaft und täuschend wiedergibt.

Fortsetung: Sumpf-Rohrsänger. Der Gesang ist viel angenehmer und zarter als der des Gelbspötters. Er ist ein fleißiger Sänger, der oft ganze Nächte hindurch, sich hören läßt.

Der Fluß-Rohrsänger. Vorkommen: Östliches Mitteleuropa, Galizien, Polen, Österreich Ungarn, östliches Deutschland, im Westen vereinzelt. Der Fluß-Rohrsänger bewohnt die bebuschten Ufer, Erlenbrüche und bisweilen das Unterholz lichter Buchenwälder. Er kommt von Mitte April bis Mitte Mai je nach seiner Haimat und verläßt sie wieder im August. Er nistet am Boden oder doch in dessen nächster Nähe. Das Nest steht im Buschwerk oder im Gras im dichtesten Sumpfdickicht oder auch über dürrem Laub, aber immer wohl versteckt. Es besteht aus breiten Grashalmen und Stengeln und ist innen mit Hälmchen und Haaren oft sehr glatt ausgelegt. Die 4-5 (selten 6) Eier sind meist weiß, schwach glänzend mit feinen graubraunen Punkten dicht besetzt, die am stumpfen Ende oft einen schwachen Kranz bilden. Die Eier sind jedoch sehr variabel (20,07x15,12). Die Jungen ähneln den Alten. Der Fluß-Rohrsänger, der sicherlich oft übersehen wird lebt sehr versteckt und vermeidet es über größere Strecken zu fliegen, zieht es vielmehr vor, sich im dichtesten Pflanzengewirr zu verbergen. Sein Flug ist gerade und schnurrend. Sein Gang ist schrittweise, auf den Stengeln läuft er der Länge nach. Den Kopf senkrecht nach oben gestreckt, läßt er seinen merkwürdigen Gesang hören, der dem des Heuschrecken-Rohrsängers ähnelt, aber nicht immer sirrrr sondern wie serrrr klingt.

Braunellen.
Prunella moduláris
Die Heckenbraunelle ca 15 cm Fl 6,9 cm
Die Alpenbraunelle ca 18 cm Fl 10,5 cm
Prunélla colláris

prunella, deutsch Braunelle. Die Ableitung des Wortes ist nicht ganz klar vielleicht von lat. purnus = der Pflaumenbaum französisch prunelle = der Schlehdorn, latinisiert, woraus dem Klange des Wortes und der Farbe des Vogels folgend Braunelle wurde.

modularis, lat. Adj. zu lat. modulari = taktmäßig singen.

collaris, lat. Adj. zu collum der Hals = mit einem Halsband versehen.

Die Gruppenmerkmale der Braunellen.

Schnabel hart, an der Wurzel breit, Freie Nasenlöcher von einem Häutchen bedeckt. Lauf vorn getäfelt. Erste Schwinge kurz. Treiben sich meist auf dem Boden herum oder in dessen Nähe. Nahrung Sämereien, Insekten.

Die Heckenbraunelle. Männchen und Weibchen fast gleich. Vorkommen: Europa. Die Braunelle lebt in Laub- und Nadelwäldern, besonders gerne im Gebirge. Sie verlangt reichliches Unterholz und meidet offene Kiefern- und Buchenwälder. Gerne siedelt sie sich in Gärten, Hecken und in großen Friedhöfen an. Sie kommt bei uns schon Mitte März, spätestens aber Anfang April und verläßt uns im September und Oktober. Im südwestlichen Deutschland überwinterte sie schon häufig. Sie nistet in Büschen und jungen Fichten, Hecken und Reisighaufen, meist nahe am Boden bis zu Mannshöhe. Das Nest ist ein schöner Napf aus grünem Moos, Stengeln und Zweigen, innen mit Hälmchen, Tier und Pflanzenhaaren sauber ausgelegt. Oft ist das Nest von schöner Farbenwirkung. Es enthält 4-5 einfarbig grünlich-blaue, wenig glänzende Eier (19,5 x 14,4). Die Jungen sind bräunlich mit schwarzbraunen Flecken. Es finden 2 Bruten statt. Die Braunelle ist ein versteckt lebender einsamer Vogel, der meistens übersehen wird. Sie hüpft geduckt in kleinen Sprüngen über den Boden hin, wobei sie den Schwanz oft etwas erhoben trägt. Sie treibt sich meist in der Nähe des Bodens herum. Ihr Flug ist schnell und leicht, fast ganz gerade, auf kleinere Strecken etwas schnurrend. Beim Gesang macht das Männchen eine Ausnahme von seiner sonst versteckten Lebensweise und setzt sich frei hin, mit Vorliebe auf die Spitze eines kleinen Nadelbaumes. Das anspruchslose Lied hat einige Ähnlichkeit mit dem des Zaunkönigs, nur fehlt jeder Takt. Es ist ziemlich hoch, gleichmäßig und besteht aus schnell wechselnden Trillern und Pfeiftönen. Der Lockton ist ein durchdringendes scharfes tsi tsi. Die Braunelle ist nicht scheu, stürzt aber bei Störungen von ihrem erhabenen Sitz senkrecht herab ins Gebüsch und macht sich unsichtbar. Ihre

Fortsetzung: Heckenbraunelle. Nahrung besteht aus Insekten und Sämereien. Sie hülst aber die Sämereien nicht aus wie die Körnerfresser, sondern verschluckt sie ganz. Für Mohnsamen hat sie eine besondere Vorliebe. Der gemischten Kost bezw. der Aufnahme von Körnern entspricht auch der den eigentlichen Insektenfressern fehlende Kropf und Muskelmagen.

Die Alpenbraunelle. Männchen und Weibchen sind fast gleich. Vorkommen: Alpen, Karpathen, Riesengebirge und die anderen Hochgebirge Mittel und Südeuropas. Sie brütet über der Baumgrenze und begibt sich im Winter in die Täler. Die Alpenbraunelle ist nirgends häufig, sie bewohnt die Steinhalden und kurzgrasigen Triften. Sie ist mehr Stand als Strichvogel, denn sie steigt im Winter nur zu Tal. Sie nistet in Felslöchern und im niedrigen Gestrüpp der Alpenpflanzen. Ihr Nest ist halbkugelig aus Moos und Halmen erbaut und mit Haaren, Wolle und Federn ausgepolstert. Die 4-5 Eier sind blaß blaugrün wie die der Heckenbraunelle nur größer (23,4 X 16,6). Die Jungen sind bräunlich mit braunschwarzen Längsflecken und ähneln bis auf die Größe der Heckenbraunelle. Sie machen zwei Bruten. Die Alpenbraunelle bewegt sich meistens auf dem Boden, wo sie ~~sich~~ zwischen dem Geröll sich geschickt zu bewegen weiß und einen lerchenartigen Eindruck macht. Sie geht nicht gern auf Büsche oder Bäume, ihr Gang ist hüpfend, sehr schnell dahinrollend ähnlich wie beim Blaukehlchen. Sie wippt mit dem Schwanze und macht Knickse wie ein Rotschwänzchen. Ihr Flug ist schnell und beschreibt Bogenlinien. Die Nahrung besteht aus Insekten, Schnecken und Grassämereien. Der Gesang ist abwechslungsreicher und lauter als der der Heckenbraunelle und besteht aus flötenden und trillernden Tönen, die sehr an Feldlerche, Haubenlerche, Bluthänfling und Zaunkönig erinnern.

Wiesenschmätzer.

Das Braunkehlchen ca 13 cm Fl 7,6 cm
Pratincola rubetra
pratum lat. die Wiese

ca 12 cm
Fl 6,6 cm

Das Schwarzkehlchen ♂ u. ♀ Pratincola torquata
torquatus, a, um lat. mit einer Halskette versehen.

Die Gruppenmerkmale der Wiesenschmätzer

Schnabelrücken scharf, Schnabelwurzel breit mit starken Borsten.
Kurze runde Flügel, Kurzer Schwanz mit schmalen Federn.
Bewohnt fruchtbare Gegenden, sitzt gern frei.

<u>Das Braunkehlchen.</u> Das Weibchen ist unscheinbarer heller. Vorkommen: Fast ganz Europa. Das Braunkehlchen oder der braunkehlige Wiesenschmätzer bewohnt hauptsächlich ebene Wiesen mit Wassergräben, einzelnen Bäumen oder Büschen. Im Süden brüten sie oberhalb der Baumgrenze. In der Zugzeit trifft man sie allenthalben auf den Äckern Sie kommen von Mitte April ab und verlassen uns Ende August und im September. Sie nisten im Gras der Wiesen. Das Nest steht auf dem Boden gut versteckt. Es besteht aus Gras, Wurzelfasern, Moos und ist mit Pferdehaaren ausgelegt. Es enthält 5-6 tiefblaugrüne Eier mit wenigen hellrostfarbenen Pünktchen, die oft nur am stumpfen Ende angedeutet sind (18,72 x 14,41). Meist findet nur eine Brut statt. Die Jungen ähneln dem Weibchen, sind aber oben rotbraun mit schwarzen Längsflecken und gelblichen Schaftstrichen. Die Unterseite ist rahmfarbig. Sie haben große Ähnlichkeit mit den Jungen des Schwarzkehlchens. Das Braunkehlchen ist ein munterer zutraulicher Vogel. Er sitzt mit Vorliebe aufrecht auf einer Staude, der Spitze eines Baumes oder auf Telegraphendrähten. Auf dem Boden hüpft er in raschen Sprüngen dahin, bleibt von Zeit zu Zeit stehen und macht Verbeugungen. Sein Flug ist rasch und gewandt. Wenn es von einem Lieblingsplatz, von der Spitze eines Baumes zu einem andern fliegen will, so stürzt es sich senkrecht herab, fliegt dicht über dem Boden hin und erhebt sich wieder steil zum neuen Sitz. Auch beim Fangen von Insekten, ihrer Hauptnahrung, zeigen sie ihre große Gewandheit im Flug. Der Lockton ist ein sanftes tiü, ähnlich dem Gimpellockton nur kürzer. Meist wird noch ein Schmatzen angehängt. Der Gesang ist flötend, es sind meist kurze Strophen, die man abgesehen von den rauhen Tönen mit dem Munde nachpfeifen kann. Die Strophen fallen stets in der Tonhöhe. Bisweilen trifft man auch Spötter.

Das Schwarzkehlchen. Vorkommen: Europa und Nordwestafrika. In Deutschland im Westen häufiger als in östlichen Gegenden. Während der braunkehlige Wiesenschmätzer mehr die Ebenen bevorzugt, liebt der schwarzkehlige gebirgige Gegenden, ohne aber in der Ebene zu fehlen. Hügel mit Steingeröll und Brombeerbüschen, Bergwiesen, junge Nadelholzschonungen, Eisenbahnböschungen mit Hecken bilden seinen Lieblingsaufenthalt. Es kommt schon sehr zeitig im Frühjahr an, oft schon früh im März und verschwindet wieder im September, um teilweise schon im südöstlichen Europa zu überwintern. Eine Form überwintert auf den Britischen Inseln. Das Schwarzkehlchen brütet, wie sein Verwandter, auf dem Boden. Auch sein Nest ist schwer zu finden, denn es steht meist im Gras in kleinen Vertiefungen unter niederem Strauchwerk und dergleichen schwer sichtbaren Plätzen. Es ist aus Grashalmen, Moos und Würzelchen gebaut und mit Pferdehaaren ausgefüttert, wie das Nest des Braunkelchens. Die 5-6 bläulich-grünen Eier sind viel heller als die des Braunkehlchens und haben rot-braune blasse Wölkchen und Punkte (17,94 X 14,14). Es finden meist zwei Bruten statt. Die erste ist oft schon zeitig im April. Die Jungen sehen denen des Braunkehlchens sehr ähnlich, haben aber an der Schwanzwurzel nichts Weißes. Das Schwarzkehlchen ist ein munterer Vogel, der sich durch sein Betragen und seinen Lockton bald bemerkbar macht. Er sitzt gern frei auf der Spitze eines Nadelbaumes, wippt mit dem Schwanze nach unten, wobei er ihn außerdem noch fächerartig ausbreitet. Dabei läßt es immer sein Schmatzen hören. Auf dem Boden hüpft es schnell dahin. Sein Flug ist leicht und gewandt, auf große Strecken flache Bogen bildend. Seine Nahrung sind allerlei Kerbtiere, die er auch geschickt im Fluge erhaschen kann, wobei er oft hoch senkrecht in die Luft steigt. Sein Lockton ist ein hohes fid oder ist ist, dem ein tiefes schmatzendes rauhes tack tack

(Fortsetzung Schwarzkehlchen) angehängt ist und erinnert an den Lockton des Hausrotschwanzes. Der Gesang hat Ähnlichkeit mit dem des Braunkehlchens, enthält aber mehr krächzende Laute ähnlich wie der Gesang des Hausrotschwanzes, die Strophen sind noch kürzer als beim Braunkehlchen und Hausrotschwanz.

Der graue Steinschmätzer. Vorkommen: Fast ganz Europa und Westasien.

Der Steinschmätzer bewohnt offene Gegenden mit Felsen und Steinhaufen, Steinbrüche, Kiesgruben, Weinberge. Er bewohnt die Ebenen und die Gebirge. Im Süden Europas geht er bis zur Baumgrenze. Er fehlt in Deutschland nirgends an den ihm zusagenden Örtlichkeiten. Er kommt Anfang April um uns Ende August und im September zu verlassen. Das Nest steht in allen möglichen Höhlungen in Felsenritzen und Weinbergsmauern in Holzstößen unter Eisenbahnschwellen und Erdschollen in Kaninchenlöchern und Uferschwalbenröhren. Meist ist es schwer zu den Nestern zu gelangen, obgleich die ängstlichen Vögel durch ihr Gebahren die Niststelle verraten. Von oben ist das Nest immer geschützt. Es ist ein lockeres Gefüge aus Halmen, Würzelchen, Gras und ist innen mit Haaren und Federn ausgelegt. Es enthält meist sechs hellblaue, oft sehr blasse Eier mit kleinen dunkelblauen Punkten (20,76 x 15,55). Die Jungen sind hellgraubraun mit hellen Flecken und dunklen Endsäumen. Es finden meist 2 Bruten statt. Der Steinschmätzer ist ein kräftiger, gewandter Vogel, der sein Wesen offen treibt, aber bei Gefahren sich sofort verkriecht. Groß ist seine Raubvogelfurcht. Er hüpft in kurzen Sprüngen sehr schnell dahin, hält dann ganz aufrecht still, macht einige Bücklinge, wobei er mit dem Schwanze langsam auf und abschlägt. Beim Flug fällt vor allem der weiße Fleck der Schwanzfedern auf. Der Flug ist gerade, bei kleineren Entfernungen senkt

Fortsetzung der graue Steinschmätzer. er sich erst, um beim Ziel wieder anzusteigen, wie man es noch beim Raubwürger, Braunkehlchen, Schwarzkehlchen und anderen beobachtet. Sein Lockton ist ein giw, dem meistens ein schmatzendes töck töck angehängt ist. Der Gesang ist ein Gemengsel von allen möglichen Tönen mit dem Lockton vermischt bisweilen mit Anklängen an andere Vogelstimmen. Er trägt ihn in aufrechter Haltung von einer Scholle oder einem anderen erhöhten Gegenstand aus vor. Er macht auch oft einen Balzflug, wobei er ca. 10 m schräg in die Luft steigt und meist zum gleichen Platze singend in merkwürdigen Schwenkungen wieder zurück-flattert. Seine Nahrung besteht aus allerlei Insekten, die er auf dem Boden hüpfend zwischen den Steinen auf liest oder im Fluge wegfängt. Gern benützt er auch die Telegraphenstangen längs des steinigen Schienenweges.

Steinschmätzer.

Saxicola oenánthe
saxicola von lat. saxum = der Fels, der Stein
und colěrě = bewohnen. oenathe, grisch oinánthe =
die Trageknospe des Weinstocks.

Der graue Steinschmätzer ♂♀ ca 15 cm Fl 9,7 cm

Die Gruppenmerkmale der Steinschmätzer:

Hohe dünne Füße, Schnabel hinten breiter als hoch, vorn etwas zusammengedrückt, Schnabelrücken geht etwas in die Stirn hinein. Ovale Nasenlöcher. Lange Flügel, kurzer Schwanz. Bewohnen gern steinige Einöden, Weinberge und Eisenbahn=linien.

Steindrosseln.
Walddrosseln.
♀
♂
Die Steindrossel ca. 22 cm Fl 12,1 cm
Monticola saxátilis.
Die Misteldrossel ca. 27 cm Fl 15,2 cm
Túrdus viscivórus

monticola, von lat. mons der Berg und cōlerē bewohnen, Bergbewohner.
saxatilis, lat. Adj. zu saxum = der Fels der Stein.

turdus, lat. die Drossel.
viscivorus, aus lat. viscum = die Mistel und vorare = verschlingen.

Die Gruppenmerkmale der Walddrosseln:
Kräftiger pfriemförmiger Schnabel dessen Rücken sanft abwärts gebogen ist. Die Schilder des Laufes bilden vorn im Alter eine fast zusammenhängende Schiene. Die Schwungfedern enden eckig.

Die Blaudrossel ca 23 cm FL 12,6
Monticola solitarius
monticola, von lat. mons = der Berg und colĕrĕ = bewohnen, Bergbewohnerin
solitarius, a, um, lat. einsam abgesondert.

Die Gruppenmerkmale der Steindrosseln:

Drosselartiges Aussehen, erinnern aber an Steinschmätzer und Rotschwänze. Kleine Nasenlöcher oben mit Häutchen bedeckt. Große Augen, lange Flügel, grader Schwanz, Nisten in Gesteinshöhlen. Lieben warme Gebirgsgegenden, Kahle Felsen und Ruinen.

Der Steinrötel. Vorkommen: Mittel- und Südeuropa, West- und Mittelasien, Nordwestafrika. In den Alpen jetzt noch Brutvogel, früher auch am Rhein, im Harz, im Moseltal und in der Südpfalz. Erst in neuerer Zeit verschwunden. Der Steinrötel bewohnt schroffe Felswände, steinige Weinberge, Steinhalden. ~~Im~~ Wald fehlt er vollkommen. Er kommt im April und verschwindet im August und September. Er nistet in Felslöchern und Ritzen oder zwischen Felsblöcken. Das Nest ist ein lockerer Bau aus Stengeln und Wurzeln mit Hälmchen ausgefüttert. Es enthält 4-5 blaugrüne dünnschalige Eier. Ab und zu haben sie am stumpfen Ende kleine rotbraune Punkte (25,96 X 19,5). Die Nestjungen gleichen in ihrem gefleckten Gefieder den jungen Gartenrotschwänzen. Die Steinrötel machen zwei Mausern durch. Eine vollständige im Spätsommer, wobei die Männchen ein Winterkleid anlegen, das dem des Weibchen sehr ähnlich ist. Am Ende des Winters findet dann eine Mauser des Kleingefieders statt, wobei das Hochzeitskleid angelegt wird. Der Vogel ist kräftig und beweglich, hüpft auf dem Boden meist in großen Sprüngen und zuckt dabei mit Flügel und Schwanz, hierin an den Steinschmätzer erinnernd. Der Schwanz macht zitternde Bewegungen wie bei den Rotschwänzen. Der Flug ist rasch. Das Männchen macht im Frühjahr schöne Balzflüge, wobei es seinen herrlichen Gesang ertönen läßt. Der Lockton ist ein schmatzendes tack tack. Außerdem ein hohes tiol, kürzer als bei der Nachtigall. Der Gesang ist flötend, volltönend, abwechslungsreich und sehr angenehm z.T. starähnlich. Er wird nie so laut wie der der Amsel oder der Singdrossel, weshalb sich die Steinrötel viel besser als Zimmergenossen eignen als letztere. An Nachahmungen ist der Gesang sehr reich. Er ist ein angenehmer und beliebter Stubenvogel, der bei anspruchsloser Pflege ungemein zahm und zutraulich wird.

Die Blaudrossel. Vorkommen: Süd- und Mitteleuropa bis ins Alpengebiet, Nordwestafrika Westasien. Die Blaudrossel bewohnt Felsgebirge, altes Gemäuer und Schluchten im Gebirge. Sie ist nur bedingt Zugvogel denn in manchen Strichen Südeuropas und in Nordwestafrika ist sie Standvogel. Sie brütet in Felsritzen, Mauerspalten oder Löchern von Kirchtürmen und Ruinen. Das Nest ist ähnlich dem des Steinrötels aus Wurzeln, Moos Halmen Blättern gebaut und mit Hälmchen, Pflanzenwolle selten mit Federn ausgelegt. Es enthält 4-6 blaugrünliche Eier die mit braunroten Punkten und kleinen Flecken versehen sind (27,57 x 19,91). Die Jungen ähneln dem Weibchen, jedoch haben die männlichen etwas blau. Es findet in der Regel nur eine Brut statt. Die Blaudrosseln sind gewandte und muntere Vögel die auf dem Boden und im Flug gleich geschickt sind. Mit lautem Gesang stürzt sich das Männchen oft aus beträchtlicher Höhe im Balzflug herab, um dann ebenso steil in die Höhe zu steigen. In ihrer felsigen Heimat finden beide Steindrossel reichlich Nahrung an den zahlreichen Spinnen und anderen Insekten des geklüfteten Gesteins. Der Lockton ist wie beim Steinrötel ein tiefes tack tack. Der Gesang ist volltönend und melodisch, etwas abgesetzter wie bei dem Steinrötel und etwas lauter. Oft werden die gleichen Strophen wiederholt. Der Gesang erinnert in manchen Strophen an die Misteldrossel. Sie ist als Zimmervogel sehr geschätzt. Sowohl Steinrötel als Blaudrossel stellen an das Futter keinerlei Ansprüche. Das einfachste Drosselfutter genügt ihnen vollauf. Beeren und Obst naschen sie gerne. Sitzstangen aus gebrannten Ton oder doch Steine zum Auffußen sind für die Gesundhaltung ihrer Füße empfehlenswert. Sie leben in ihrer südlichen Heimat recht einsam, was ihnen den Namen „Einsamer Spatz" eingetragen hat.

Die Misteldrossel. Vorkommen Europa, westliches Asien. Die Misteldrossel bewohnt Wälder, mit Vorliebe hohe Nadel- und Buchenwälder. Sie ist bei uns Zugvogel, kommt oft schon im Februar, gewöhnlich jedoch im März zurück und verläßt uns im Oktober. Einige überwintern oder streichen nur herum. Sie bewohnt zur Brutzeit nur die Hochwälder und nistet in Fichten, Kiefern und auf Laubbäumen, meist in einer Höhe von 10 m und darüber höher als Amsel und Drossel. Das Nest ist größer als ein Amselnest und besteht aus Moos, Reisern, Erdklumpen und Bastfasern, die öfter außen unordentlich gehäuft sind, innen ist es mit trockenem Grase sauber ausgelegt. Es enthält 4-5 blaßgelblich, grünlich, oder bläulichgraue mit rotbraunen Flecken versehene Eier (29,5 X 22,2). Die Jungen sehen den Alten ähnlich, sind aber eigentlich schöner als diese, haben rostgelbe Tropfenflecken und schwärzliche Schaftstriche. Diese Drossel ist scheu und flüchtig und läßt sich nur sehr schwer beobachten. Auf dem Boden hüpft sie in großen Sprüngen und hält immer wieder aufrecht stehend inne um zu sichern, wobei sie gerne kleine Erhöhungen des Bodens

(Misteldrossel)
ersteigt. Ihr Flug ist gradlinig und macht einen schwerfälligen Eindruck. Auf weite Entfernungen erkennt man große Bogenlinien. Sie fliegen weit nach Nahrung wie die Stare und suchen oft entfernte Waldblößen und Wiesen auf, während die Singdrosseln und Amseln ihre Nahrung dem Nestrevier entnehmen. Beim Abfliegen und während des Fluges lassen sie oft ihren Lockton hören, der wie schnärr klingt und ihr den Namen Schnärre eingetragen hat. Ihr Gesang ist melodisch und klangvoll, er hat noch am meisten Ähnlichkeit mit dem der Amsel, aber die vier bis sechs verschiedenen Strophen folgen mit anderen Pausen und erschallen in raschem Tempo klar und rein. Sie nähren sich von Regenwürmern, Schnecken, Insekten, Mistelbeeren und allerhand anderen Früchten. Sie ist mutig und kühn gegen Angreifer, Häher und selbst Raubvögel.

Walddrosseln
turdus, lat. die Drossel
philomelos, aus griech. philos = Freund
und melos = Gesang: Freund des
Gesanges, gesangliebend.
Singdrossel
ca. 22 cm Fl. 11,8 cm
Turdus philomelos (Brehm)

Die Ringdrossel ca 27 cm Fl 14,1 cm

Turdus, lat. die Drossel.
torquatus, a, um, lat mit einer Halskette versehen.
alpestris, e, lat zu den Alpen gehörend.

Im Mai 1929 ging ich, nach Besichtigung einer sehr guten, Silberfuchs- und Nerzfarm, in der Nähe des tschechoslowakischen Städtchen Neustadt unter der Tafelfichte (Isergebirge), bei einbrechender Dunkelheit, allein einen Waldweg entlang, nach der deutschen Grenze zu. In der Nähe floß ein kleiner Gebirgsbach, hier traf ich eine Ringdrossel die neben mir ganz vertraut den Weg entlang lief. Von dem dortigen Revierverwalter (Oberförster) mit dem ich gesprochen hatte war ein ganz hervorragender Wild- und Vogelschutz aufgezogen worden.
(Die Drossel sang während sie lief.)

Die Singdrossel. (Früher Turdus musicus) turdus lat. die Drossel. musicus, a, um, musikalisch musikverständig.

Vorkommen: Fast ganz Europa und das nordwestliche Asien. Die Singdrossel bewohnt Wälder wenn genügend Unterholz vorhanden ist hat aber auch in den Parkanlagen und Gärten der Städte erheblich zugenommen. Sie kommt bei uns schon Anfang März an und verläßt uns im September und Oktober. Einige bleiben bei uns im Winter besonders im südwestlichen Deutschland. Sie nistet in jungen Fichten und anderen Bäumen, meist über Manneshöhe. Das Nest steht dicht am Stamm und ist ein großer Bau aus Moos oder dürrem Gras ziemlich ~~dick~~ dünnwandig gewebt. Der tiefe Napf ist mit Holzmulm, der mit Speichel vermengt ist glatt ausgestrichen. Diese Kruste ist sehr dünn aber ungemein fest. Sie fühlt sich solange das Nest in Benutzung ist, stets feucht an. Die 5-6 glatten Eier sind tief grünblau mit schwarzen Flecken (27 x 20,2). Die Jungen gleichen den Alten. Es finden zwei Bruten statt. Die Singdrossel ist ein kräftiger und gewandter Vogel, sie hüpft in schnellen, weiten Sprüngen und fliegt selten über weite Strecken, sondern verbirgt sich lieber im Gebüsch. Der Flug ist flachbogig. Sie ruckt mit den Flügeln, wenn ihr was verdächtiges auffällt und bleibt aufrecht stehen. Sie trägt sich immer glatt und erscheint deshalb sehr schlank. Sie sucht ihre Nahrung auf dem Boden und nährt sich von Würmern, Schnekken und Larven Im Herbst geht sie gerne an Beeren und Früchte im Süden mit Vorliebe an die Weinbeeren Ihr Lockton ist ein kurzes zipp, das ihr auch den Namen Zippe eingetragen hat, ein tak tak und tix tix, ähnlich dem der Amsel, aber flacher ferner noch ein durchdringendes zieh oder tsi. Ihr Gesang ist einer der herrlichsten des deutschen Waldes, weithin hörbar und besonders des Abends bei Einbruch der Nacht von eigenartiger Wirkung. Er besteht aus volltönigen kurzen Rufen, die einigemale wiederholt mit kurzen Pausen einander folgen, und ist ein typisches Beispiel des Vogelgesanges den man als „Schlag" bezeichnet. Manchmal hört man das Krü Krü Krü des Schwarzspechtes geschickt in den Gesang eingeflochten. Die Singdrossel ist ein sehr beliebter Stubenvogel. Besonders zur Herbstzeit ist sie angenehm, wenn sie ihr Lied leise einstudiert.

Die Ringdrossel. Das Weibchen hat einen weniger stark ausgeprägten mehr weißlich-bräunlichen Ring, der bei der helleren Gesamtfärbung umso weniger auffällt. Vorkommen: Eine Form in Nordeuropa: Turdus torquatus torquatus L. eine zweite, dieser sehr ähnliche Form in Mittel- und Südeuropa: Turdus torquatus alpestris (Brehm). Die nördliche Form zieht bei uns regelmäßig durch. Die Alpenform, die im Riesengebirge, Erzgebirge, in den Sudeten und den Alpen zu Hause ist, verläßt uns im September und Oktober und kommt Mitte März bis April wieder zurück. Ihr Aufenthalt sind im Norden die Regionen des Krüppelholzes und im Süden Wälder hoher Gebirge, besonders Nadelwälder. Je nach dem Baumwuchs ihres Aufenthaltortes nistet sie bald am Boden, bald auf Nadelbäumen. Das Nest ist ein schöner Bau aus Moos, Stengeln, Halmen, Wurzeln und Flechten, dickwandig mit Erde durchsetzt und mit feinen Grashalmen ausgepolstert. Die 4-5 Eier sind grünlichblau mit rotbraunen Flecken (30·32 x 21,54 nördliche und 30,74 x 22,13 südliche Form). Es findet nur eine Brut statt. Die Jungen haben keinen Ringkragen und sind auf dem Rücken rostgelb gefleckt, die Unterseite ist hellbraun mit dichten schwarzen Flecken. Die Ringdrossel ist ein stiller einsamer Vogel der wenig scheu ist. Auf dem Boden bewegt sie sich in großen Sprüngen, wobei sie öfter mit Flügeln und Schwanz zuckt, ähnlich wie es die Amseln tun. Ihr Flug ist schnell und ruckweise. Ihre Nahrung besteht aus Regenwürmern, Schnecken, Insekten und deren Larven, Beeren wie bei anderen Drosseln. Ihre Lockstimme ist ein Schirken griek und ein tiefes tak tak. Ihr Gesang ist leiser als der Amselgesang, weniger zusammenhängend, dem der Singdrossel ähnlich, aber etwas melancholischer. Er ist im ganzen recht angenehm.

turdus, lat. die Drossel; musicus, a, um, musikalisch. pilaris, e, lat. pilus = mit Haarborsten versehen.

Die Weindrossel, Rotdrossel. (Früher: Turdus iliacus.) Vorkommen: Nördliches Europa, nordwestliches Sibirien. Bei uns nur im nordöstlichen Deutschland. Aber auf dem Zuge beobachtet man oft große Scharen dieser Vögel im März und April und im Oktober. Sie bewohnt die ausgedehnten Wälder des Nordens, die niederen Buschwerke von Erlen und Birken. Sie nistet in niedrigen Bäumen, bisweilen sogar auf dem Boden selbst, mit Vorliebe nahe am Stamm eines jungen Baumes. Das Nest besteht aus Stengeln und Gras, mit Erde und Lehm durchsetzt, und mit feinen Grashalmen ausgepolstert. Die 4–5 Eier sind bläulich grün, dicht braunrot gewölkt. Es sind die kleinsten europäischen Drosseleier (25,8 x 18,7). Die Jungen gleichen den der Singdrossel, haben nur den weißlichen Augenbrauenstreifen. Diese Drossel hat in ihrem Betragen viel Ähnlichkeit mit der Singdrossel, ist aber weniger scheu als diese. Wenn sie auf ihren Wanderzügen beisammen sind, hört man ihren zwitschernden, schwatzenden, schleifenden Gesang, in dem man ab und zu angenehme, abwärts gehende lautere Pfeiftöne eingeflochten vernimmt. Es macht dann beinahe den Eindruck, wie wenn eine Schar Zeisige sich unterhält. In ihrer Heimat sollen sie am Brutorte auch noch einen lauteren Gesang vernehmen lassen? Ihr Lockton ist ein langgezogenes durchdringendes ziieh oder zirrr, dem meist ein tiefes dak vorangeht.

Die Wachholderdrossel. Vorkommen: Nordeuropa, Nordasien, Polen Ostpreussen und Bayern. Sie bewohnt Wälder und Gehölze, im Norden auch die Tundren. Vom Februar an bis in den April kehrt sie in ihre nordische Heimat zurück. Im Oktober und November ziehen sie südwärts in Süddeutschland überwintern, schon viele die meisten in Südeuropa. Sie nisten meist kolonieweise in allerlei Nadel- und Laubbäumen meist ziemlich hoch in den Tundren jedoch auch auf dem Boden. Das Nest ist groß besteht aus Laub, Moos, Gras und ist mit Erde verkittet und mit Grashalmen ausgepolstert. Die 4–6 Eier sind oft dunkelgrün mit rotbraunen Flecken, oft aber von Amseleiern kaum zu unterscheiden (28,4 x 21). Die Jungen ähneln den Alten, haben aber auf der Brust Flecken wie die Singdrosseln. Diese Drosseln bewahren ihren Geselligskeitsbetrieb das ganze Leben hindurch. Wenn in einer Brutkolonie eine Störung eintritt dann gerät diese in Aufruhr und gemeinsam wird der Feind zu vertreiben versucht. Dabei rufen sie laut tschäck tschäck. Auch haben sie den Lockton ziech. Im Herbst fielen sie früher und fallen sie und die Rotdrosseln heute noch scharenweise den Dohnsteigen zum Opfer. Ihr Gesang ist ein munteres Geplauder den sie meistens im Fliegen hören läßt. Am Brutort führt sie auch Balzflüge aus. Ihre Nahrung besteht in Würmern, Larven Schnecken und Beeren. Im Zimmer wurden sie früher öfter als Lockvögel für die Vogelherde (Drosselherde) gehalten, wie es heute noch in Italien der Fall ist. Dort kommen sie meist erst im Dezember als letzte geschätzteste Zugvögel.

Bei den Dohnensteigen werden an Reihen, ziemlich gleichmäßig nahe stehender Bäume Weidenruten in verschiedenen Formen angebracht, in diese werden Pferdehaare als Schlingen eingeknüpft und Ebereschen so aufgehängt daß die Drossel um die Beeren abzureißen den Kopf durch die Schlinge stecken muß, diese zieht sich dann zu und der Vogel ist gefangen.

Diese Drosseln wurden früher in Delikatessläden als Krametvögel verkauft. – An Vogelherden wird mit Schlagnetzen gearbeitet.

Walddrosseln
turdus, lat die Drossel.
merula, lat, Amsel, Merle
♀
♂
Die Amsel. Ca 25 cm Fl 12,9 cm
Túrdus mérula

Die Amsel. Vorkommen: Ganz Europa. Die Amsel liebt den gemischten Wald besonders in der Nähe von Wiesen und Wasser in Ebenen oder Gebirgen. Sie hat sich in den letzten Jahrzenten mitten in Großstädten, selbst in ganz kleinen Gärten und Höfen angesiedelt. Sie ist Zug- Strich- und Standvogel. In Deutschland über-wintern die meisten, während der Zug der nordischen im März und Oktober stattfindet. Im Walde findet man das Nest auf Fichten und anderen Bäumen, in der Stadt auf allen möglichen Gartenbäumen, in Gartenhäuschen und in den Efeuwänden an den Gebäuden. Es besteht aus Wurzeln, Moos, Halmen, Blättern und ist mit Schlamm oder Erde durchsetzt und mit Hälmchen ausgelegt.

Die 4-6 Eier sind grünlich mit braunen Flecken, aber sehr variabel (29x21,3g). Sie machen bei günstiger Witterung bis zu vier Bruten. Die Jungen ähneln dem Weibchen. Sie sind braunfleckig. Trotz der Gewöhnung an den Menschen sind sie sehr vorsichtig. Auf dem Boden gehen sie schrittweise und hüpfend. Bei allen möglichen Anlässen und beim Niedersitzen nach dem Fluge stellt sie langsam ihren ausgebreiteten Schwanz in die Höhe und zuckt mit den kurzen Flügeln. Der Flug ist flatternd gerade aus, wobei sie die Flügel immer wieder an-zieht, ohne jedoch Bogenlinien zu beschreiben. Ihre Nahrung sucht sie auf dem Boden, wendet das dürre Laub geschickt um, um Würmer, Schnecken, Larven und Käfer zu finden. Bei feuchtem Wetter hält sie sich meist an die Regenwürmer. In Obst- und Weingärten ist sie nicht gerne gesehen. Ihr Lockton ist ein feines srih und ein tiefes tak tak tak in der Erregung ein gellendes gix gix gix, mit dem sie nament-lich wildernde Katzen weite Strecken begleitet und die Gefahr im ganzen Revier anzeigt. Ihr Gesang ist fortlaufend, getragen und feierlich.

Meisen.
Die Kohlmeise ca 14 cm Fl 7,7 cm
Párus májor
Die Tannenmeise ca 11 cm Fl 6,3 cm.

Die Gruppenmerkmale der Meisen:

Schnabel kürzer als der Kopf, 10 Hand- und 10 Armschwingen. Erste ungefähr halb so lang als die zweite. Lauf und Füße kräftig. Flügel kurz mäßige Flieger. Meist Standvögel. Eine Mauser. Diese Tierchen sind äußerst behend im Klettern und unermüdlich mit Nahrungssuche beschäftigt da sie immer nur kleine Bissen bewältigen können. Meist Höhlenbrüter mit zahlreicher Nachkommenschaft. Für die Forstwirtschaft bedeutungsvoll.

__Die Kohlmeise.__ Männchen und Weibchen sehr ähnlich. Beim Weibchen ist der schwarze Streif auf der Unterseite schmäler und verliert sich in der Mitte des Bauches. Vorkommen: Europa und Westsibirien bis zum Altaigebirge. Die Kohlmeise bewohnt Wälder Park=anlagen und Baumgärten. Nur im hohen Norden ist sie Zugvogel sonst Standvogel. Im Winter streicht sie öfter in Gesellschaft anderer Meisen herum und zieht sich mehr in die Gärten und in die Nähe der menschlichen Wohnungen. Sie nistet in Baum-höhlen, Mauerritzen Erdlöchern und in der Not in allen möglichen Verstecken. Sie nimmt mit Vorliebe ausgehängte Nistkästen an und stellt keine besonderen Ansprüche an deren Ausstattung oder Hängeplatz. In diesen Höhlen baut sie aus Moos, Wurzeln und Halmchen ein Nest das sie mit Wolle Haaren und Federn auspolstert. Die 6–10 (bisweilen auch bis 14 Eier sind weiß und haben rötliche Flecken und Punkte (17,3 x 13,5 mm). Sie machen bei uns zwei Bruten. Die Jungen sind matter und blasser gefärbt, Das Schwarz der Alten ist bei ihnen nur dunkelbraun. Die Kohlmeise ist in ständiger Bewegung von früh bis spät und durchsucht Bäume und Sträucher nach Nahrung, Insekten und deren Eiern. Im Herbst und Winter geht sie an die Früchte Kerne und Sämereien. Sonnenblumen und Hanf liebt sie sehr. Sie kann nur kleine Bissen schlucken und nimmt deshalb größere Nahrungsstücke im Schnabel ganz mit, um sie mit Hilfe ihrer plattsohligen Zehen an einen Zweig anzudrücken und mit dem Schnabel in kleine Bissen zu zerhacken. So pickt sie in Sonnenblumensamen und Hanfkörner kleine runde Löcher und holt den Kern heraus. An aufgehängte Speckschwarten hängt sie sich geschickt an und meißelt ein Stückchen nach dem anderen weg. Ihr Flug ist ruckweise, doch sehr ge-schickt und fördernd. Meist fliegt sie schnell hoch. Auch scheut sie weniger als andere Meisen über freie Strecken zu fliegen. Altbekannt sind ihre Rufe, mit denen sie das Frühjahr einläutet, Es sind reine rhythmische Töne zi zi pä, die der Volksmund übersetzt hat mit „Spitz die Schar“ u.a. Der Lockton ist ein pink pink dem des Buchfinken sehr ähnlich nur weicher. Außer den zahlreichen lauten Rufen hört

(Kohlmeise) man noch einen leisen klirrenden Gesang, der aber alles andere vermuten ließe als eine Kohlmeise und wenig beachtet wird. Die Lautäußerungen einer Kohlmeise lernt man nie aus.

Die Tannenmeise. Männchen und Weibchen kaum verschieden. Vorkommen: Europa und Nordasien. Diese bewohnt zur Brutzeit nur Nadelwälder. Im Herbst und Winter streift sie mit den anderen Meisen herum und kommt überall vor. Sie brütet in Höhlen aller Art in Baumhöhlen Erdhöhlen, Mauerlöchern, oft niedrig, oft sehr hoch. Das Nest ist aus Moos Würzelchen und dergleichen gebaut und mit Haaren weich ausgepolstert. Es enthält 6–11 weiße Eier die mit kleinen rötlichen Flecken und Punkten bedeckt sind (14,8 x 11,6). Die Jungen sehen den Alten ähnlich doch sind alle Farben unansehnlicher. Das Schwarz an Kopf und Unterkehle ist dunkelbraun. Das Weiß an den Backen und der Unterseite ist schmutzig gelblich. Zwei Bruten. Die hübsche kleine Meise ist überaus gewandt zwischen den Zweigen, an die sie sich gern anhängt. Sie fliegt im Gebüsch ruckweise mit leichten schnurrenden Geräusch der Flügel. In ständiger Bewegung sucht sie ihre Nahrung die in kleinen Insekten und deren Eiern besteht. Fliegen hascht, sie behende im Fluge. Auch geht sie gern an Tannensämereien die, sie auch geschickt vom Boden auf liest. Sie legt sich auch für überflüssige Nahrung Vorratskammern an, indem sie diese hinter Rinden und Ritzen versteckt, um sie gelegentlich zu verzehren. Ihre Stimme erinnert vielfach an die der Kohlmeise nur ist sie weniger laut und nicht so abwechslungsreich. Sie hat außer einigen typischen Rufen einen zusammenhängenden zwitschernden Gesang, den sie ruhig sitzend vorträgt.

Die Schwanzmeise. Aegithalos caudátus caudátus (L.) Vorkommen: Die 13 verschiedene Schwanzmeisenarten haben ein großes Verbreitungsgebiet: Europa und fast ganz Asien. Bei uns unterscheidet man die östliche Form mit dem ganz weißen Kopf (Aegithalos caudátus caudátus (L.) weißköpfige oder nordische Schwanzmeise) und die westliche mit den Streifen an den Kopfseiten (Aegithalos caudátus europaeus (Herm.) gestreiftköpfige Schwanzmeise). Es gibt jedoch viele Übergänge. Sie leben in Laubwäldern und gemischten Beständen, in Anlagen, Gärten, lieben alle Gegenden mit viel Baumwuchs und Buschwerk. Sie sind Stand- und Strichvögel. Im Herbst und Winter sieht man öfter Gruppen von Schwanzmeisen öfter auch zusammen mit Verwandten umherziehen. Das Nest ist ein Kunstwerk. Es steht meist an einem Stamm angelehnt 2-3 m hoch auf Bäumen, bisweilen auch im Gebüsch in geringer Höhe. Es ist ein aufrecht eiförmiger Bau mit seitlichem Einschlupfloch. Die Wände sind dicht aus Moos, Fasern und Gespinsten geflochten, außen mit Flechten durchsetzt und innen mit Haaren und Federn warm ausgepolstert. Es gleicht oft einem Auswuchs des Stammes. Es enthält 7-12 mattweißliche mit rötlichen Punkten versehene Eier (13,6 x 10,9). Die Jungen haben eine andere Färbung als die Alten. Sie sind am Kopf, Nacken und Rücken schwarzbraun, an den Schultern dunkelbraun unten schmutzigweiß. Der Augenlidrand ist rot. Es finden zwei Bruten statt. Das Weibchen hat während der Brutzeit einen durch das enge Nest verbogenen Schwanz. Die Schwanzmeisen sind muntere, lebhafte Vögel, die man in allen möglichen Stellungen im Gebüsch und im Gezweig der Bäume beobachten kann, wo sie ihrer Nahrung emsig nachgehen. Sie verzehren alle Arten kleiner Insekten und deren Eier. Sämereien können sie nicht bewältigen. Auch sieht man sie nie nach Meisenart größere Beute in den Füßen halten und zerkleinern. Fängt auch Insekten geschickt im Fluge. Ihr Flug ist bogig. Ihre Stimme ein leises si si si und charakteristisches tscherrp, an dem man sie sofort erkennt. außer-

(Schwanzmeise) denn hat sie noch ein typisches leises Schnalzen. Ihr Gesang ist ein Klirrendes Liedchen, das nicht sehr weit zu hören ist.

Die Beutelmeise. Vorkommen: Südeuropa mit Ausnahme des äussersten Westens, Südrussland, Kleinasien. In Deutschland vereinzelt besonders in Schlesien. Die Beutelmeise liebt die Weidendickichte und die büschigen Ufer von Seen und Flüssen. Sie ist Stand- und Strichvogel. Sie baut meist an die hängenden Äste von Weiden freischwebend ein überaus kunstvolles Nest das einem länglichen Beutel gleicht und seitlich oben eine Eingangsröhre hat. Das Nest ist aus Fasern und Pflanzenwolle sorgsam und fest gefilzt und mit Haaren und Blütenwolle warm ausgepolstert. Es ist meist an einem Stiel befestigt und sieht aus wie eine Keule. Bisweilen trifft man aber auch Nester die zwei Aufhänger haben. Das Nest ist so fest daß es in Gegenden wo es häufig gefunden wird z.B. in Südrussland von den Kindern als Pantoffel benutzt wird. In diesem Nest findet man ziemlich spät meist 5-8 mattweiße langgestreckte Eier (15,5 × 10,5). Es findet gewöhnlich nur eine Brut statt. Die Jungen haben verwaschene hellere Farben die Ohrgegend ist aschgrau. Die Beutelmeise ist ein lebhafter Vogel der sein Gebiet eifrig nach Nahrung durchsucht. Im Gezweige ist er sehr geschickt. Der Flug ist sehr gewandt aber eigentümlich ruckweise. Die Nahrung besteht aus allerhand Insekten die sie am Wasser stets reichlich findet. Im Winter geht sie gerne an Rohrsamen. Sie nehmen das Futter bisweilen in den Fuß und führen es so in den Schnabel. Der Locktön ist ein sehr scharfes langgezogenes ziiih das weithin hörbar ist. Der Gesang ist ein leises angenehmes Gezwitscher.

Parus, s. bei d. Kohlmeise
cristatus, a, um lat. mit einem
Federbusch auf dem Kopfe ver-
sehen
mitratus, a, um lat.
Adj. zu mitra = die Haube.
caeruleus, a, um lat. blau
Die Haubenmeise Ca. 12 cm Fl. 6,6 cm
Parus cristatus mitratus (Brehm)
ca. 12 cm Fl. 6,8 cm
Die Blaumeise ♂ ♀ Parus caeruleus

Die Haubenmeise Vorkommen: In Nord- und Osteuropa eine besondere Form: Parus cristatus cristatus L. in Mitteleuropa Parus cristatus mitratus Brehm. Die Unterschiede sind gering. Die Lebensweise ist die gleiche. Die Haubenmeise bewohnt mit Vorliebe Nadelwälder. Sie baut ihr Nest in Höhlen, die sie entweder vorfindet oder im morschen alter Überständer (Überhälter) oder in verwitterte Zaunpfähle selbst meißelt. Auch in alten Elstern- und Eichhörnchennestern sieht man sie öfter brüten. Das Nest besteht aus Moos und Flechten und ist mit Haaren und Wolle kunstlos gepolstert. Die 7-10 Eier sind weiß mit groben braunroten Flecken, die öfter einen Kranz bilden (16,3 X 12,4). Die Jungen haben eine kleinere Haube und mattere Farben. In der Regel finden 2 Bruten statt. Die Haubenmeise ist behende und regsam und gleicht darin den anderen Meisen. Das Auf- und Niederlegen ihrer Haube gibt ihr etwas sehr drolliges. Ihre Nahrung besteht fast immer nur aus Insekten und deren Eiern. Im Winter geht sie an Tannensämereien. Ihre Stimme unterscheidet sie sofort von allen anderen Meisen durch ein helltönendes Röllerchen zizigürrr. Außerdem besitzt sie noch einen leisen zwitschernden Gesang. In den Dickungen befliegen sie ebenso wie andere Meisen äsendes Reh- und Rotwild und suchen es, besonders wenn es sich niedergetan hat, nach Insekten ab. Es macht den Eindruck, als wenn das Wild sich diesen Liebesdienst gern gefallen ließe.

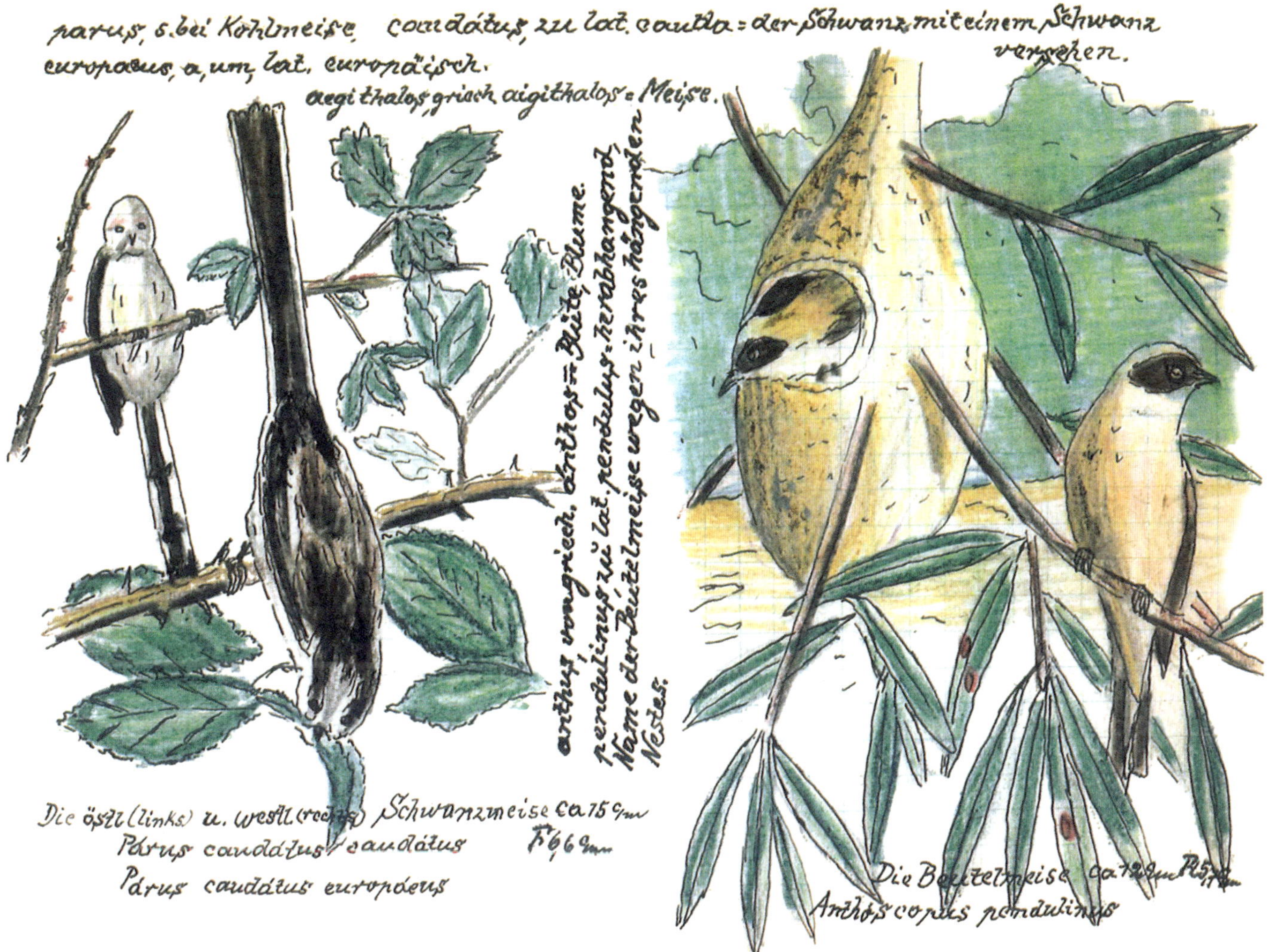
parus, s. bei Kohlmeise caudatus, zu lat. cauda = der Schwanz mit einem Schwanz versehen.
europaeus, a, um, lat. europäisch.
aegithalos, griech. aigithalos = Meise.
anthus vom griech. anthos = Blüte, Blume.
pendulinus zu lat. pendulus = herabhängend, Name der Beutelmeise wegen ihres hängenden Nestes.
Die östl. (links) u. westl. (rechts) Schwanzmeise ca 15 cm
F 6,6 cm
Parus caudatus caudatus
Parus caudatus europaeus
Die Beutelmeise ca 12 cm Fl 5,7
Anthoscopus pendulinus

Meisen.

Die mattköpfige Sumpfmeise ca 12 cm Fl 6,6 cm
Párus atricapillus salicárius Brehm
parus i. antiker Vogelname, auch parus mus =
Kleine Maus erklärt, wozu auch der deutsch Name
Meise = Maus passen würde.
atricapillus aus lat. ater = schwarz und
capillus = Haar des Hauptes Kopfes =
Schwarzkopf.

Die glanzköpfige Sumpfmeise ca 12 cm Fl 6,6 cm
Párus palústris communis Baldenst.
palustris, Adj. zu lat. palus = der Sumpf.
communis, lat gewöhnlich, gemein

Die Sumpfmeise. Vorkommen: Die 13 Arten glanzköpfiger Sumpfmeisen bewohnen Mitteleuropa und den größten Teil von Asien. Parus palustris palustris L. Skandinavien, russische Ostseeprovinzen und Ostpreußen, Parus palustris communis (Baldenst.) das übrige Deutschland. Diese Sumpfmeisen sind einander sehr ähnlich. Der Name ist irreführend, denn sie bewohnt mit Vorliebe Laubwälder, Anlagen und Gärten. Im reinen Nadelwald brütet sie nicht. Sie ist Stand- und Strichvogel. Sie nistet in Baumhöhlen aller Art, gelegentlich auch in Erdlöchern. Das Nest besteht aus Moos, Hälmchen, Haaren und Federn. Es enthält 6-10 Eier. Sie sind auf weißem Grunde rötlich gefleckt und gleichen denen der Tannen- und Blaumeise. Bei den Jungen ist die Kopfplatte mattschwarz ohne Glanz, der Kehlfleck kleiner und die Unterseite trüber. Die Sumpfmeise macht bei uns zwei Bruten. In ständiger Bewegung geht sie ihrer Nahrung allerlei Insekten und deren Eiern nach. Gerne geht sie an die Samen von Hanf Mohn und Sonnenblumen. Sie nimmt, wie die Kohlmeise alles, was sie nicht ganz verschlucken kann, unter die Füße und hämmert darauf los, bis sie die Nahrung in kleine Stücke zerlegt hat. Die Stimme ist sehr verschiedenartig. Der Lockton meist sisistjä oder tsi tsi tä. Der Paarungsruf hat einen bestimmten gleichförmigen Takt und kann wiedergegeben werden mit tsiät tsiät tsiät sia (wobei das a kurz ist. Manchmal klingt er auch wie tjüb tjüb tjüb. Er erinnert oft an das Klappern der Zaungrasmücke.

Die Blaumeise. Farben beim Weibchen etwas weniger lebhaft.

Vorkommen: Fast ganz Europa und Kleinasien. Die Blaumeise ist ebenfalls ein Standvogel der nur im Herbst und Winter bisweilen mit anderen Meisen zu kleinen Verbänden vereinigt, herumstreicht. Sie bewohnt gern Laubwälder Parkanlagen und Gärten. In reinen Nadelwäldern wird man sie vergeblich suchen. Sie nistet in Baumhöhlen und Astlöchern und braucht nur ein enges Schlupfloch. Sie verfährt nicht so wahllos wie die Kohlmeise, nimmt aber auch sehr gern Nistkästen an die man an Obstbäumen geeignet aufhängt. In die Höhlung baut sie ein Nest aus Moos, Flechten, Hälmchen, das mit Haaren und Federn ausgepolstert ist. Die 7–9 (höchstens einmal 12) Eier sind weiß mit hellroten Flecken und Punkten. Die Jungen sind viel matter und blasser gefärbt als die Alten. Das lebhafte Blau der Alten fehlt. Das Weiß am Kopf ist blaßgelb. Es finden zwei Bruten statt. Die Blaumeise ist ebenso wie die Kohlmeise in ständiger Bewegung und gleicht ihr im Betragen sehr. Man sieht sie in den anmutigsten Stellungen im Gezweig der Bäume, emsig ihrer Nahrung nachgehend. Über freie Strecken fliegen sie nur ungern. Das Männchen macht im Frühjahr sehr drollige Balzspiele um das Weibchen. Ihre Nahrung ist die gleiche wie die der Kohlmeise, nur geht sie im Freien nicht an die größeren Sämereien, wenn sie andere Sachen vorfindet. An Mohn geht sie gern. Ihre Stimme ist sehr angenehm und hellklingend. Sie hat verschiedene angenehme Locktöne ohne das pink der Kohlmeise und hat eine typische Gesangstrophe zi zi zirrrrr. Aber ihre Stimme ist so mannigfaltig daß es unmöglich ist, alle Lautäußerungen auch nur annähernd zu erschöpfen. Sie sind fast so zänkisch wie die Kohlmeisen, aber wegen ihrer geringen Größe viel harmloser.

Die Weidenmeise. Von den verschiedenen Weidenmeisen sei nur eine erwähnt die mattköpfige Sumpfmeise oder Weidenmeise, Párus atricapillus salicárius Brehm Vorkommen: Mitteleuropa, z.T. in denselben Gebieten wie die glanzköpfige Sumpfmeise. Sie lebt gerne in Nadelholz, besonders Kiefernwald, im gemischten Wald, auch in den Kopfweiden des Rheins. Das Nest steht in Baumlöchern. Während sie sonst in Lebensweise und Gebaren der Sumpfmeise sehr ähnlich ist unterscheidet sie sich jedoch im Gesang, der wie tschih tschih tschih klingt. Charakteristisch für sie ist das gedämpft klingende langgedehnte däh däh ihres Lockrufes spizi däh däh.

Meisen.
Panurus biarmicus
panurus, vielleicht aus griechisch
pan = alles, ganz, urá = Schwanz =
Ganzschwanz, fast ganz aus Schwanz
bestehend.
biarmicus aus lat. bis = zweimal,
arma = Waffe, doppelbewehrt.
♂
♀
Die Bartmeise
Ca 16,5 cm
Fl 6,1 cm

Die Bartmeise. Vorkommen: Fast ganz Südeuropa, England Holland und Deutschland, bei uns aber immer seltener. Im Osten (Ostgalizien, Ungarn, Rumänien, Südrußland eine hellere Form. Sie bewohnt ausgedehnte Rohrwaldungen und verschwindet natürlich, wo diese vernichtet werden. Sie bewegt sich selten außerhalb des Rohres und wird deshalb oft übersehen. Sie ist Stand und Strichvogel. Ihr Nest steht am Boden oder dicht über demselben auf einigen Rohrblättern und ist stets oben offen, aber mit eingezogenem Rand. Es besteht aus Fasern Grasrispen, Schilfblättern und ist mit Pflanzenwolle warm ausgelegt. Es enthält glänzend weiße, bauchige Eier die mit braunen Strichelchen und Punkten bedeckt sind (17,2 x 13,9). Es finden zwei Bruten statt. Die Jungen gleichen dem Weibchen sind aber dunkler. Die Bartmeise ist ein kräftiger Vogel, der sehr gewandt im Klettern im Röhricht aber auch geschickt auf dem Boden ist. Ihr Flug ist ruckweise. Sie nährt sich von Wasserinsekten in jedem Entwicklungsstadium, von Blattläusen, im Herbst und Winter von Sämereien am liebsten denen vom Rohr. Die kleineren Nahrungsstücke schluckt sie ganz, die größeren Bissen wie auch größere Sämereien zerkaut sie, bevor sie diese verschluckt. Ihr Lockton ist ein zit zit oder ein scharfes ziß ziß und ein sperlingsartiger Ton. Ihr Gesang ist ein unbedeutendes, leises einfaches Gezwitscher. Die Pärchen halten eng zusammen.

Der Kleiber oder Spechtmeise. Außer einer nordischen Sitta europaea europaea L. und der mitteleuropäischen Sitta europaea caesia Wolf unterscheidet man noch einige andere Formen. Die sämtlichen Kleiber haben eine weite Verbreitung: Europa und das ganze nördliche Asien. Der Kleiber bewohnt Wälder und Gärten und treibt sich meist auf höheren Bäumen herum. Er ist Stand- und Strichvogel und schließt sich als solcher den Meisenschwärmen im Winter an. Er nistet in Baumhöhlen, seltener in Mauerlöchern. Mit Vorliebe benutzt er verlassene Höhlen des Schwarzspechtes. Das Nestloch wird mit Lehm den er mit seinem Speichel vermengt und nach Schwalbenart in kleinen Klümpchen herbeiträgt so weit zugemauert daß nur ein kleines Schlupfloch das gerade für ihn ausreicht übrigbleibt. Dieser Gewohnheit verdankt er seinen Namen Kleber oder Kleiber. Die so aufgeführte Mauer ist beträchtlich dick und fest, oft 6 cm dick und wird vom Weibchen in ca 14 Tagen meist allein ausgeführt. Die Unterlage des Nestes besteht in Nadelwäldern aus Kieferrindenplättchen, die nach oben immer dünner werden. Dieses Nestmaterial findet man oft in erstaunlichen Mengen bis zu 15 cm aufgeschichtet. Auf dieser Grundlage findet man 6-9 etwas glänzende weiße mit vielen kleinen rostroten Flecken versehene Eier (18,7X45). Die Jungen gleichen den Alten sehr. Sie sind lange unselbständig und müssen auch noch nach dem Ausfliegen lange mit Nahrung versorgt werden, bis die Schnäbel diejenige Härte erlangt haben, die nötig ist um sich selbst weiterhelfen zu können. Es findet deshalb nur eine Brut statt. Der kurz gedrungene und glänzend aussehende Vogel ist sehr gewandt und klettert rastlos an den Stämmen auf- und abwärts hängt sich an die dünnsten Zweige und tut es den geschicktesten Meisen gleich. Der Name Spechtmeise ist deshalb sehr treffend. Auch auf dem Boden hüpft er gewandt. Sein Flug ist ruckweise und schnell, auf größere Strecken in großen Bogen. Seine Nahrung besteht aus allerhand Insekten, deren Eier und Larven er geschickt aus den

(Kleiber) Rinden herausklopft, ferner aus Eicheln und Bucheckern, Haselnüssen, Nadelholzsämereien, Sonnenblumenkernen, Hanf, Hafer. Haselnüsse klemmt er in Baumspalten ein, hält sie mit den Füßen fest, hackt oft kopfabwärts mit lautem Klopfen darauf los, bis er sie in der Naht öffnet. Er legt sich auch Vorratskammern an, und manche Sonnenblume die hoch aus einer Mauerritze herauswächst verdankt dem Kleiber sein Dasein. Sein Lockton ist ein meisenartiges sit sit, sein Frühjahrsruf ein schnell hintereinander ertönendes tuit tuit tuit oder twit twi twit twit twit, ferner laute Pfeiftöne in Stärke deren der Singdrossel, tüi tüi und tirrrr und noch viele andere Lautäußerungen. Er gehört zu den Vögeln die den Beobachter immer wieder täuschen, denn er verfügt über ungeahnte Töne.

Spechtmeisen.
Sitta europaea caesia (Wolf)
Sitta, Name des Kleibers wahrscheinlich aus dem Lockruf des Kleibers sit.
caesius, a, um, lat.: bläulich-grau.
Der Kleiber. Ca 15 cm Fl. ca 7,8 cm

Baumläufer.
certhia, griech. Kerthios Baumläufer.
brachydactyla, griech. brachys: kurz und daktylos: der Finger Kurzkrallig
Der Gartenbaumläufer. Ca 13 cm Fl. 6,5 cm.
Certhia brachydactyla

Die Gruppenmerkmale der Kleiber.

Mittelzehe- und Hinterzehe stark und lang mit großen Krallen. Kurzer Lauf deutlich getäfelt. Schnabel gerade und keilförmig. Nasenlöcher entweder ganz frei oder mit Federborsten bedeckt. Kurzer Schwanz aus zwölf Steuerfedern. Erste Schwungfeder deutlich vorhanden, aber kurz. 10 Hand- und 10 Armschwingen. Kräftige Vögel, die vorzügliches im Klettern leisten. Vermögen auch Kopfabwärts zu klettern. Höhlenbrütter, Standvögel.

Ich habe den Kleiber im Juli - August 1939, bei Haus Hedwig, gegenüber dem Kurpark, in Altheide im Glatzerbergland, oft beobachtet, Er kam ganz vertraut von einem hohen Baume im Garten. Jeden Tag wanderte er zum Küchenfenster im Souterain, daß in gleicher Niwohöhe mit dem Garten lag, um sich Speisereste zu holen. Der Kleiber ist in Deutschland der einzige Vogel der mit dem Kopf nach unten den Baumstamm abwärtsläuft. — Im Kurpark liefen außer den roten, auch schwarze Eichhörnchen herum.

Der Gartenbaumläufer oder Kurzkrallige Baumläufer. Vorkommen: Er bewohnt zur Brutzeit hauptsächlich ebene Wälder, Baumgärten, Parkanlagen, Kopfweiden und Feldhölzer. Er ist Standvogel, streicht aber bisweilen im Herbst weit umher. Sein Nest steht hinter abgesprungenen Rinden, in Ritzen, Holzklaftern und an Gartenhäuschen. Es besteht aus Fasern, Moos und ist mit Federn belegt. Die 6–7 Eier sind weißlich mit braunroten Flecken und ändern sehr ab (16,4 X 12,4). Die Jungen gleichen den Alten, haben nur Anfangs einen kürzeren Schnabel. Zwei Bruten. Die Baumläufer sind hurtige, gewandte Kletterer, die mit großer Geschicklichkeit den Baum unten anfliegen und meist in Spiralen in die Höhe klettern. Abwärts zu klettern vermögen sie nicht, dagegen vermögen sie bequem auf dünnen Zweigen zu sitzen wie andere Vögel. Man sieht ihn gelegentlich auch an rauhen Häuserfronten, die an größere Anlagen stoßen, herumklettern. Sie nähren sich von Insekten und deren Larven und Eiern, die sie aus Ritzen von Rinden und Mauern herausholen. Deshalb ist für sie das ganze Jahr der Tisch gedeckt. Ihr Lockton ist ein scharfes tit tit tit, ihr Gesang ist ein laut und scharf akzentuiertes typisches kurzes Liedchen, das man mit tit tit titerwitit wiedergeben könnte.

Der Waldbaumläufer oder langkrallige Baumläufer. Dem vorigen sehr ähnlich, hat aber eine flache, längere Hinterzehe und ist oberseits dunkler und schärfer gezeichnet; der Schnabel ist stärker gebogen und länger. Verbreitungsgebiet ungefähr das gleiche wie das des vorigen. Er benutzt aber mehr die gebirgigen Lagen. In Nist und Lebensweise gleicht er sehr dem Kurzkralligen. Die 6-8 Eier sind weiß oder grauweiß und haben braunrote am stumpfen Ende einen Kranz bildende Flecken (16x12,8). Manche Eier sind von denen der Haubenlerche kaum zu unterscheiden. Die Jungen gleichen den Alten. Es finden zwei Bruten statt. Im Winter streichen auch diese oft mit Meisen und Goldhähnchen herum. Der Lockton ist wesentlich anders als der vom Kurzkralligen. Er ist leise und zart und klingt wie srih. Der Gesang ist ein zartes Liedchen, das viel länger ist als das des Vetters und angenehm und lieblich klingt; es endigt mit einem aufwärts gehenden Triller. Am meisten hat das Liedchen noch Ähnlichkeit in Höhe Stärke und Länge mit dem der Schwanzmeise und des Wintergoldhähnchens. Bei der Beobachtung im Freien ist der Gesang des Baumläufers das sicherste Kennzeichen dieser Art.

certhia griech. Kerthioß = Baumläufer.
familiaris lat. Adj. zu familia = gesellig.
macrodactylos aus griech. makrós = groß
und dakty = der Finger.

Der Waldbaumläufer ca 13 cm Fl 6,5 cm
Cérthia familiáris macrodáctyla (Brehm)

Der Mauerläufer ca 18 cm Fl 10,3 cm
Tichódroma muraría

Tichódroma, aus griech. teichos = Mauer, drómos = Läufer
muraría, gebildet nach lat. murus, die Mauer = der Mauerläufer.

Gruppenmerkmale der Baum- und Mauerläuf:

Säbelförmig gebogener Schnabel meist über Kopflänge. Seitliche Nasenlöcher nahe der Schnabelwurzel von einem Häutchen bedeckt. Kurzer Lauf vorn getäfelt oder geschient. 10 Handschwingen und 10 Armschwingen erste halb so lang als die zweite. 12 Schwanzfedern. Die langen Zehen haben starke Krallen. Geschlechter kaum verschieden. Sie leben an der Rinde der Bäume und an Felsen. Höhlenbrüter.

Der Mauerläufer. Vorkommen: Mittel- und Südeuropa, westliches und nördliches Asien. Bewohnt fast nur Hochgebirge und wird nur an steilen Felswänden und Gemäuer beobachtet. So wurde er schon öfters in Baden und in der Südpfalz und am Lilienstein der Sächsischen Schweiz gesehen. Er ist Standvogel, streicht aber bisweilen auch in ebenere Gegenden. Er nistet in Felsenritzen oft an unzugänglichen Orten. Sein umfangreiches Nest besteht aus Moos Bastfasern Wurzeln Haaren und einzelnen Federn. Die 4 Eier sind oval birnförmig, weiß mit einigen rotbraunen Punkten die am stumpfen Ende zahlreicher stehen (21,3 x 14,3). Die Jungen ähneln den Alten im Winterkleide. Stirn etwas bräunlicher Spitzen der Rückenfedern etwas bräunlich verwaschen, die hellen Spitzen der Schwingen etwas breiter. Der Mauerläufer lebt einsam, nur zur Brutzeit paarweise. Er zeigt vor Menschen keine Scheu und läßt sich bequem beobachten. Ruckweise klettert er an den Felsen oder Mauern in die Höhe wobei er seinen Schwanz und die Flügel immer ausbreitet, als ob er nachhelfen wolle. Er fliegt sehr leicht, bald flattert er wie ein Schmetterling, bald läßt er sich mit angezogenen Flügeln fallen, um sein Klettern von unten wieder zu beginnen, wie man es bei den Baumläufern beobachtet. Dabei durchstöbert er alle Ritzen nach Insekten und deren Larven und Eiern, denen er vermöge seines Schnabels bis in die verborgensten Ritzen nachgehen kann. Der Tisch ist für ihn das ganze Jahr hindurch gedeckt. Im Winter durchsucht er Kirchtürme und andere Gebäude um an den Mauern und Dächern Insekten aus ihren Schlupfwinkeln zu ziehen. Die Beweglichkeit in Verbindung mit der herrlichen Farbenzusammenstellung bieten ein ungemein fesselndes Bild. Der Lockton lautet wie dü dü düi oder pli pli pli, sein Gesang ist ein angenehmes Geplauder.

Der graue Fliegenschnäpper. Vorkommen: Europa, Nordwestafrika. Der graue Fliegenschnäpper bewohnt gern Gärten, Waldränder und lichte Laubwälder. Er kommt Ende April oder Anfang Mai paarweise bei uns an und verläßt uns Ende August oder Anfang September. Er nistet gerne an Spalieren, zwischen rankenden Pflanzen und einer Mauer in Gartenhäuschen, auf Balken, Weidenköpfen, in Laternen, auf Deckeln von Nistkästen und an allen möglichen derartigen Plätzen. Er liebt die Nähe der Menschen und benimmt sich ebensowenig scheu gegen diese wie die Schwalben. Das Nest besteht aus Moos, Hälmchen, Wurzeln und ist innen mit Wolle, Haaren und Federn ausgepolstert. Bisweilen benutzt er auch als Grundlage ein verlassenes Nest eines anderen Vogels. Die fünf Eier sind blaß bläulichweiß bis hellrahmfarbig mit rötlichen Punkten und bläulichgrauen Schalenflecken (18,55 X 13,79). Die Jungen sind am ganzen Körper weißlich gelb gefleckt. Sie machen zwei Bruten. Die grauen Fliegenschnäpper sind muntere und behende Vögel. Oft sitzen sie lange wie teilnahmlos auf einem Pfahl, bis sie sich plötzlich erheben um ein Insekt im Fluge zu schnappen, wobei man immer ihren Schnabel zuklappen hört. Die Teilnahmlosigkeit ist nur scheinbar denn die Augen sind immer in Bewegung nach fliegender Beute. Die Geschicklichkeit mit der sie Fliegen in der Luft erhaschen ist sehr erstaunlich. Der Flug ist flatternd und schwebend. Er hüpft fast nie in den Zweigen der Bäume herum, sondern bewegt sich meist fliegend fort. Auch von den Hauswänden schnappt er nach Art der Schwalben im Fluge die Insekten weg. Auf den Boden kommt er selten und bewegt sich da ziemlich ungeschickt. Er nährt sich fast nur von fliegenden Insekten und frißt nur selten Beeren. Sein Lockton ist ein tsri oder ein tst. Sein Gesang ist leise zwitschernd und unbedeutend. Er singt nur selten. – Ich habe den grauen Fliegenschnäpper auf dem Gelände der Ziegelei Böslershöhe bei Graudenz W/Pr. öfter beobachtet.

Fliegenschnäpper
Muscicapa, aus lat. musca = die Fliege
und capere fangen, Fliegenfängerin.
Der graue Fliegenschnäpper ca 14–15 cm Fl 8,7 cm
Muscicapa striata
Der Trauerfliegenschnäpper ♂ u ♀
ca 13,5 cm Fl 8,0 cm
Muscicapa atricapilla
← striatus lat. gestreift.
atricapillus aus lat.
ater = schwarz und capillus =
Haar des Hauptes, Kopfes - Schwarzkopf.

Die Gruppenmerkmale der Fliegenschnäpper:

Schnabel kurz mit breiter Wurzel. Ovale Nasenlöcher seitlich, mit Haarfedern bedeckt. Weiter Rachen, steife Bartborsten. Füße kurz und schwach. Lauf vorn eine Schiene. Erste Hand=schwinge kurz. Jugendkleid gefleckt. Leben meist von fliegenden Insekten, die in der Luft erbeutet werden. Zugvögel.

Der Trauerfliegenschnäpper. Vorkommen: Europa. Nirgends sehr häufig, aber in Deutschland doch eine bekannte Erscheinung. Er liebt lichte Wälder die vom Wasser durchzogen sind, besonders Wälder der Ebene, große Parkanlagen und Gärten. Er kommt Mitte April bis Anfang Mai zurück und verläßt uns im August und September. Auf dem Zug ist er eine auffallende Erscheinung, besonders auch an Orten, wo er sich sonst nicht aufhält. Er nistet mit Vorliebe in Baumhöhlen und nimmt gern aufgehängte Nistkästen an. Das Nest besteht aus Wurzeln, Bastfasern, Hälmchen, Pflanzenwolle und Gespinst. Es enthält 5-7 hellblaue Eier (17,6X12,7). Die Jungen sind oben gefleckt wie beim grauen Fliegenschnäpper. Nach der Herbstmauser sehen Junge und Alte dem Weibchen ähnlich und erst nach der Frühlungsmauser hat das Männchen die schöne schwarzweiße Färbung, die aber bei einigen jüngeren Männchen ausbleibt. Der Trauerfliegenschnäpper ist ein munterer lebhafter Vogel, der in den Zweigen sich hüpfend und fliegend herumtreibt. Nur selten verweilt er am Boden, wo er sich mit seinen kurzen Beinen nicht sehr geschickt zu bewegen versteht. Seine Nahrung besteht aus fliegenden Insekten, die er gewandt im Fluge fängt oder vom Boden wegschnappt. Nach dem Aufsitzen zuckt er immer mit Schwanz und Flügel. Sein Lockton durch den er sich hauptsächlich auf dem Zuge verrät, ist ein bit bit, dem oft ein schmatzender Ton angehängt wird. Sein Gesang ist ein helles fröhliches Liedchen, das an die Strophen des Gartnrotschwanzes erinnert und ganz angenehm klingt. Dieser Vogel ist durchaus nicht scheu und läßt sich bequem beobachten. Da er aber in den Zweigen der Bäume sein stilles Wesen treibt, fällt er nur wenigen auf und man muß eben schon den Gesang kennen, um auf ihn aufmerksam zu werden.

Der Halsbandfliegenschnäpper. Vorkommen: Mittel- und Südeuropa. Dieser Vogel ist viel seltener als der Trauerfliegenschnäpper und brütet nur vereinzelt in Deutschland. Auf dem Zuge jedoch wird auch dieser öfter beobachtet. In der ganzen Lebensweise ähnelt er so sehr seinen Verwandten, daß für ihn das dort gesagte gilt. Sein Lockton ist ein zitz zitz, dann auch ein langgezogenes zieh zieh, ähnlich dem des Rotkehlchens und außerdem noch ein hip hip. Der Gesang ist auch etwas abweichend von dem des Tauerfliegenschnäppers da er noch etwas angenehmere Töne und lautere Strophen hat. Auf dem Frühjahrs- und Herbstzug findet man ihn meist zusammen mit dem Gartenrotschwanz. Auch in Italien werden diese beiden Vogelarten zusammen erbeutet. Es ist leicht Trauerfliegenschnäpper Halsbandschnäpper und Gartenrotschwanz anzusiedeln. Man muß nur für Nistgelegenheiten in Form von Nistkästen sorgen. Es macht den Eindruck, als ob diese Vögel sehr unter Wohnungsnot litten und jede Gelegenheit wahrnehmen, wo ihnen solche geboten wird. Selbst in öden Kiefernwaldungen wurden durch aufgehängte Nisthöhlen alsbald Trauerfliegenschnäpper angelockt und sind seitdem dort dauernde Gäste, wo sie früher nur kurz auf dem Durchzug zu sehen waren.

Der Halsbandfliegenschnäpper.
Ca 13,5 cm Fl 8,2 cm.

Muscicapa collaris
muscicapa, aus lat. musca = die Fliege und capere = fangen, Fliegenfängerin.

collaris, lat. Adj. zu collum = der Hals, mit einem Halsband versehen.

Bachstelzen.
motacilla lat. die weiße Bachstelze.
Etymologisch auch erklärt als eine Zusammen-
setzung aus zwei das gleiche besagenden Wörtern
(movére: bewegen und cillere:
bewegen, von einer wippenden, schwin-
genden Hin- und Herbewegung.
die immer
Bewegliche
albus, a, um lat. weiß.
Die weiße Bachstelze ca 19,5 cm FL 8,9 cm
Motacilla alba
lugere lat. trauern.
Die Trauerbachstelze ca 20,5 cm FL 9,7 cm
Motacilla alba lugubis

Die weiße Bachstelze. Vorkommen: Europa. Die Bachstelze ist überall zu finden, in der Ebene und im Gebirge. Sie liebt bewohnte Gegenden und das Wasser Wiesengelände mit Weiden, Brücken, Mühlen und Gärten und findet sich vor allem in den Ortschaften. Bisweilen trifft man sie auch weit ab von menschlichen Siedlungen, mit in einer Waldblöße, wo weit und breit kein Wasser zu finden ist. Sie kommt schon im Februar oder März zurück und verläßt uns im Oktober. Vereinzelte bleiben bei uns auch im Winter. Außerhalb der Brutzeit über=nachten sie in großer Anzahl gemeinschaftlich oft mitten in Städten auf großen Platanen oder auch im Röhricht von Seen und Flüssen. Sie bauen ihr halbkugeliges, lockeres Nest in Löchern von Mauern, Felsen, Dämmen, in hohlen Bäumen, Kopfweiden, in Reisighaufen, unter Haus-dächern und dergleichen Plätzen aus Reisern, Moos, Hälmchen, Wurzeln und Blättern und polstern es innen mit Haaren und Federn aus. Die 5-6 Eier sind bläulichweiß oder gräulichweiß, fein dunkel punktiert oder gefleckt mit hellgrauen Schalenflecken, helleren Sperlingseiern ähnlich (20,5x15,1). Zwei Bruten finden statt, bisweilen drei, oft im gleichen Nest. Bei Störungen verlassen die Alten lautlos das Nest und sind wie durch Zauber spurlos verschwunden, bis die Störung vorüber ist. Dies geht solange bis die Jungen ausgeflogen sind, jetzt lärmen sie umschwärmen den Friedens-störer und gebärden sich sehr laut und aufdringlich. Die Jungen ähneln dem Weib-chen. Statt schwarz sind sie trübgrau. Die Bachstelzen sind überall bekannt und gern gesehne Vögel. Sie folgen dem Landmann hinter dem Pfluge und setzen sich schwanzwippend auf die Ackerschollen, was ihnen den Namen

(Die weiße Bachstelze) Ackermännchen eingetragen hat, Sie bewegen sich sehr geschickt auf dem Boden, Kopfnickend und schwanzwippend, indem sie mit horizontalem Körper schnell dahinlaufen. Ihr Flug geschieht in großen Bogen und ist sehr leicht und fördernd. Vor dem Niedersitzen breiten sie den Schwanz fächerförmig aus und wippen nach dem Sitzen kräftig. Sie necken und verfolgen größere Vögel, besonders Raubvögel, denen sie vermöge ihres geschickten Fluges sicher zu entkommen wissen. Sie scharen sich dann gewöhnlich zu Kleinen Gesellschaften zusammen und kehren nach erfolgreicher Verfolgung des Räubers mit hellem Triumphgesang zurück. Vor den Menschen zeigen sie durchaus keine Scheu. Ihr Lockton ist ein helles lautes zwiwiß zississiß quirriri, den sie oft hören lassen besonders während des Fluges. Ihr Gesang ist sehr angenehm und enthält häufig die Locktöne mitten im eifrigen Zwitschern. Beim Balzen sind sie sehr erregt und vollführen abends oft gemeinschaftliche Flüge unter heftigem Gesang.

Die Trauerbachstelze. Vorkommen: Diese Bachstelze vertritt die weiße auf den Britischen Inseln, im westlichen Holland in Belgien, im nördlichen Frankreich, im westlichen Deutschland und kam gelegentlich nach Helgoland. Sie gleicht in ihrer Lebensweise völlig der weißen Bachstelze.

Die Gebirgsbachstelze. Vorkommen: Mittel- und Südeuropa, Nord-
afrika. Sie bewohnt während der Brutzeit nur gebirgige oder hügelige Ge-
genden und nistet in der Nähe von fließenden Gewässern. Während der Zug-
und Strichzeit findet man sie allenthalben. Sie liebt die Nähe der Menschen
und treibt sich gerne an Wassermühlen herum. Sie kommt oft schon im
Februar zurück, meist im März und verläßt uns bis in den Oktober hinein.
In milderen Lagen überwintert sie und treibt sich in Gärten und Höfen
herum. Sie baut ihr Nest in Ufermauern, Wehren, Brücken, Löchern überhän-
gender Ufer und ähnlichen Plätzen in der Nähe des Wassers. Es ist ein
unordentlicher Haufen von Reisern, Moos, Halmen, Wurzeln, Blätter der oft
zum Eingang der Nesthöhle heraussieht. Innen ist es mit Wolle und Haaren
halbkugelig schön ausgerundet. Es enthält 4-6 gelbliche Eier, die zart bräun-
lich gewölkt und bepunktet sind (19X15). Es finden zwei Bruten statt.
Die Jungen ähneln den Alten im Herbstkleide, in dem das Männchen keine
schwarze Kehle hat. Die Gebirgsbachstelze ist die zierlichste und anmutigste von
allen Bachstelzen. Mit Behendigkeit läuft sie im seichten Wasser und am
Ufer entlang, wobei sie immer Hinterkörper und Schwanz bewegt. Ihr Flug
ist bogig sehr leicht und schnell, was man besonders beobachten kann,
wenn sie sich gegenseitig necken und verfolgen. Im und am Wasser
suchen sie behende nach ihrer Nahrung die in allerlei Insekten und
deren Larven besteht die sie vom Boden auflesen, aus seichtem Wasser
holen und in kurzen Sprüngen im Fluge haschen. Ihr Lockton

Bachstelzen.
Gebirgsbachstelze ca 27 cm ♂♀ Fl 8,3 cm
Montacilla boarula
(Schafstelze) Gelbe Bachstelze ca 18 cm Fl 8,3 cm
Montacilla flava / flavus

(die Gebirgsbachstelze) ist ein zick zick zipsit und ein zezeze. Ein ganz feines Sssst vermag sie auch hervorzubringen. Ihr Gesang ist wohltuend und angenehm. Er besteht aus einer Reihe von Tönen und Trillern in die immer wieder ihre Lockstimme verwoben ist. Ihr Gesang ist ziemlich selten zu hören.

Die gelbe Bachstelze (Schafstelze). Vorkommen: Europa vom mittleren Skandinavien bis zu den Pyrenäen und den Alpen und im Südosten. In den angrenzenden Gebieten gibt es ähnliche Formen. Die gelbe Bachstelze bewohnt ebene Gebiete, feuchte Wiesen, Marschniederungen, Viehweiden, Fluß- und Teichufer und Felder. Sie kommt erst im April in kleinen Trupps und verläßt uns im September in Scharen. Überwinternde sind also immer Gebirgsbachstelzen. Sie setzt ihr Nest auf den Boden in kleine Vertiefungen, sehr gern in grasige Böschungen oder in Eisenbahndämme, in Klee- und Rapsfelder. Es besteht aus Moos, Hälmchen und Wurzeln und ist innen mit Pflanzenwolle und Haaren bisweilen auch mit einigen Federn ausgelegt. Es enthält erst spät im Mai, oft erst im Juni 5-6 bräunlichgelbe Eier, die meist so dunkelgraubraun bewölkt sind, daß man vom Untergrund nichts mehr sieht. Dunkle Eier sehen denen des Schilfrohrsängers täuschend ähnlich. Es findet nur eine Brut statt. Die Jungen sehen etwas anders aus, da ihnen im ersten Kleid noch das

(Die gelbe Bachstelze (Schafstelze). Gelb fehlt. Sie sind oben gelbbräunlich, unten weißlich mit rostbräunlichem Anflug. Die gelben Bachstelzen sind behende Vögel auf dem Boden und im Flug. Sie sind nicht scheu und treiben sich gern bei Viehweiden herum, was ihr den Namen Schaf- oder Viehstelze eingetragen hat. Ihr Lockton ist psüip und srip und srie. Ihr Gesang ist stark mit Locktönen untermischt. –

Erwähnt sei noch eine Verwandte, die nordische (Bachstelze) Schafstelze die in der ersten Hälfte des Mai auf dem Zuge nach ihren Wohngebieten im nördlichen Europa und in Nordasien in Deutschland in Gesellschaft der gelben Bachstelze (Schafstelze) angetroffen wird. Die Männchen sind sofort erkennbar an den schwarzen Wangen, denen die hellen Zügelstreifen fehlen.

Der Wiesenpieper ca. 15 cm. Fl. 8,2 cm.
Anthus praténsis
anthus, von griech. ánthos = Blüte, Blume.
pratensis, e, lat. Adj. zu pratum = die Wiese.

Pieper.

Der Baumpieper ca 17 cm Fl 8,9 cm.
Anthus trivialis
anthus, von griech. anthos = Blüte, Blume.
trivialis, lat. allgemein.

Der Wiesenpieper. Vorkommen: Fast ganz Europa. Dieser Pieper trägt seinen Namen mit Recht, denn er ist während der Brut immer an Wiesen gebunden und liebt besonders die feuchten Wiesen der Niederungen. Aber auch auf Gebirgs-wiesen trifft man ihn bis 1500m hoch. Die Zugzeit fällt in den März und Septem-ber, Oktober und November. Während dieser Zeit sieht man sie auf allen möglichen Äckern an Flußufern. Sie ziehen meist in größeren Verbänden, oft zu vielen Tausenden. Einige bleiben auch bei uns über Winter und suchen hier eisfreie Gewässer auf, an deren Ufer sie immer noch etwas finden. Sie nisten immer auf der Erde, und das Nest ist im Pflanzengewirr sehr gut versteckt oder in einer Bodenvertiefung angebracht. Es besteht aus Hälmchen, Würzelchen und ist innen mit Haaren fein säuberlich ausgelegt. Die 4-6 Eier sind meist blaßgrau oder bräunlich mit dichtstehenden dunkelbraunen Flecken und Wolken. Manchmal sind sie auch grünlich (20X15). Die Jungen sehen den Alten ähnlich, sind aber etwas dunkler, unten etwas gröber gefleckt. Sie machen zwei Bruten. Der Wiesenpieper ist ein gewandter Vogel, der jedoch sein Wesen auf dem Boden nicht so versteckt treibt wie der Baumpieper. Auf Bäume geht er selten und vermag sich dort wegen der langen Hinterzehe nicht so gut zu halten wie der Baumpieper. Mit den gelben Bachstelzen, die oft ihre Nachbaren sind, sieht man sie öfter in geschicktem Fluge necken. Den Körper tragen sie beim Durchschreiten des Grases wagerecht und ziehen den Hals etwas ein. Der Flug ist in kleinen Absätzen bogig, leicht und schnell. Sie machen auch einen Balzflug ähnlich dem der Baumpieper. Der Lockton ist ein heiseres ist ist. Der Gesang ist viel länger als der des Baumpiepers, aber ihm ähnlich.

Der Baumpieper. Vorkommen: Europa mit Ausnahme des äußersten Nordens und Südens, und Sibirien. Er kommt Ende März oder Anfang April zu uns und verläßt seinen Brutbezirk im August und September, um familienweise meist nachts nach seinen Winterquartieren zu ziehen.

Er bewohnt trockene Lichtungen unserer Wälder, Böschungen, Feldgehölze, Obstgärten, Laub- und Nadelwälder, von der Tiefebene bis fast an die Grenzen des Baumwuchses. Sein Nest ist gut versteckt auf dem Erdboden, in Grasbüscheln, unter kleinen Büschen, Ginstersträuchern und an Böschungen. Es ist deshalb sehr schwer aufzufinden. Es besteht aus trockenen Blättern, Moos, Würzelchen und ist mit einigen Haaren und Hälmchen ausgelegt. Es enthält meist fünf glatte und mattglänzende Eier, die sehr verschiedene Aussehen ~~haben~~, bald denen der weißen Bachstelze, bald denen der Sperlinge, bald Ammereiern gleichend, aber die Eier eines und desselben Geleges sind unter sich gleich. Auch legt ein Weibchen immer die gleiche Sorte Eier. Auch die Größe ändert sehr ab (20,8 X 15,37).

Der Baumpieper ist ein angenehmer Vogel, dessen Beobachtung viel anziehendes hat. Seine Bewegungen sind bedächtig. Er geht schrittweise, ziemlich langsam und bewegt sich geschickt zwischen hohem Gras und Pflanzengewirr. Aufgescheucht sucht er in einem Baume Schutz. Dort läuft ~~läuft~~ er wie ein Seiltänzer auf dem Aste der Länge nach und bewegt sich von Ast zu Ast nicht hüpfend, sondern flatternd. In den Kronen der Bäume hält er sich gern versteckt. Sein Flug ist zuckend, gleichsam durch die Luft hüpfend. Auf große Strecken fliegt er in Schlangen

(Der Baumpieper) linien. Das Männchen sitzt oft frei in der Spitze eines Baumes und läßt von da aus seinen angenehmen Gesang erschallen. Plötzlich erhebt er sich ca 8–10 m schräg in die Luft, beginnt kurz vor Erreichung des Höhepunktes mit dem Gesang, wendet sich und schwebt in herrlichem Gleitflug mit ausgebreiteten Flügeln und Schwanz schräg herab, um auf der Spitze eines anderen Baumes sein Lied zu vollenden. Im Frühjahr hört und sieht man ihn häufig, später hört man aber nur noch seinen einförmigen Lockton sib sib und ab und zu einen Bruchteil des Gesanges. Der Gesang hat Ähnlichkeit mit dem eines Kanarienvogels der früheren Landrasse, weshalb der Baumpieper in manchen Gegenden neben Spitzlerche auch noch Waldkanarienvogel genannt wird.

<u>Der Wasserpieper:</u> Vorkommen: Mittel- und Südeuropa, Kleinasien. In Deutschland im Riesengebirge, Harz, Thüringer Wald, in den Vogesen, im Schwarzwald und in den Bayerischen Alpen. Er bewohnt zur Brutzeit die Hochgebirge, mit Vorliebe die Knieholzregion, wo Wassergräben, Sumpfwiesen und Felsen vorhanden sind. Zur Zugzeit im Oktober und März trifft man ihn auch auf anderen Plätzen, doch meidet er meist tiefer gelegene Gegenden. Er nistet meist hart auf dem Boden unter dem Schutze überhängender Steine oder ganz frei auf trockenen Stellen im Sumpf, in Grasbüscheln, in Binsen oder Gestrüpp. Das Nest ist aus Grashalmen, Moos, Stengeln, Wurzeln locker gebaut und mit Haaren

(Der Wasserpieper) tief und warm ausgelegt. Die 4–6 Eier sind hellgrau mit dunklen Wolken und Flecken dicht bedeckt und haben bisweilen noch schwarze Punkte und Linien (21,3 X 15,6) Die Jungen sehen den Alten im Winterkleid ähnlich. Meist findet nur eine Brut statt. Der Wasserpieper hat in seinem Benehmen Ähnlichkeit mit dem Wiesenpieper. Er watet gern ins seichte Wasser und wackelt mit dem Schwanze aber langsamer als eine Bachstelze. Der Flug ist gewandt und schnell. Wenn er weit fliegen will, gewinnt er erst eine gewisse Höhe und fliegt dann in Bogenlinien weiter. Der Lockton ist ein sieb. Der Gesang ist sehr schön und klar, ähnelt dem des Wiesenpiepers und wird meist im Balzflug vorgetragen.

<u>Der Brachpieper.</u> Vorkommen: Europa mit Ausnahme der Britischen Inseln, Mittelasien, Südsibirien, Nordafrika. In Deutschland ist er an allen, ihm zusagenden Örtlichkeiten anzutreffen, ist aber nirgends häufig. Er liebt dürres Brachland, Sandsteppen, Heide. Er kommt als Zugvogel im April und verläßt uns im August und September. Er nistet auf dem Boden in kleinen Vertiefungen neben Erdschollen und Grasbüscheln unter Kieferbüschen und an ähnlichen Plätzen. Das Nest ist ein umfangreicher Bau aus Gräsern, Hälmchen, Würzelchen und innen mit Haaren ausgelegt. Die 4–5 Eier sind sehr veränderlich, auf weißlichem, grünlichem oder gelblichem Grunde sind wenige aber deutliche Flecken und Punkte aufgetragen. Die Jungen sind oben dunkel, mit hellen Federsäumen. In der Kropfgegend sind große dunkle Flecken. Es findet nur eine Brut statt. Der Brachpieper bewegt sich mit großer Behendigkeit meist nur auf dem Boden, wo er nach Pieperart sich geschickt benimmt und auch mit dem Schwanze wippt. Gern setzt er sich auf erhöhte Punkte, Erdschollen und Steine. Der Flug ist schnell und gewandt und beschreibt große Bogen. Der Lockton ist diiidili ditrüü oder ditschri. Sein Gesang ist sehr angenehm. Meist im eleganten Balzflug wird der Gesang vorgetragen. Nahrung: Insekten die er vom Boden und im Fluge erhascht.

Der Wasserpieper Ánthus spinolétta ca. 179mm Fl. 89mm.
anthus von griech. ánthos = Blüte, Blume.
spinoletta = ital. Bildung aus lat. spina = der Dorn
vermutlich mit Rücksicht auf die Hinterzehe.

Der Brachpieper. – Anthus campéstris ca. 17 cm Fl. 9,2 cm
ánthus, von griech. ánthos = Blüte, Blume.
campester, stris, stre, lat., Adj. zu campus = das Feld.

Lerchen.
Aláuda arvénsis
Feldlerche ca 18 cm Fl 9-12 cm
alauda, lat. die Lerche.
arvensis, lat Adj. zu arvum = das Ackerfeld.
Lúllula arbórea
Heidelerche ca 15 cm Fl 9,5 cm
lúllula, dem Gesang der
Heidelerche nachgebildetes
latinisiertes Schallwort.

Die Gruppenmerkmale der Lerchenvögel:

Laufseiten mit Schildern bedeckt. Erste Handschwinge oft sehr klein, bei manchen aber bis fast 1/2 der folgenden. Beide Geschlechter nur wenig verschieden. Eine Mauser im Spätsommer. Lebensweise hauptsächlich am Boden, Gesang meist im Fluge vorgetragen. Nester kunstlos am Boden. Nahrung Insekten, Sämereien.

Die Feldlerche. Vorkommen: Die Feldlerche bewohnt ganz Europa mit Ausnahme des südlichsten Teiles. Sie ist größtenteils Zugvogel und kommt sehr zeitig im Februar schon zurück und verläßt uns erst im Oktober und November. In einigen Teilen Deutschlands und in England überwintern einige. Sie wandern in großen Scharen und erst in der Zugzeit bekommt man einen Begriff von der großen Häufigkeit dieses Vogels. Die Feldlerche bewohnt ebene und gebirgige Kulturfelder, Wiesen, Ödland. Sie brütet stets auf dem Boden und baut in einer Mulde ein kunstloses Nest aus Gras, Halmen und Wurzeln. Es ist sehr schwer zu finden. Die 3-5 Eier sind meist auf rahmfarbigen Grunde braun oder dunkelgrau gefleckt (24,7 x 16,8). Die Jungen erscheinen heller als die Alten. Sie machen zwei, bisweilen sogar drei Bruten. Sie läuft mit großer Behendigkeit schrittweise zwischen dem Gestrüpp dahin, hält öfters inne, um Nahrung zu sich zu nehmen. Bei jedem Schritt nickt sie mit dem Kopfe. Ihr Flug ist sehr verschiedenartig. Bald sieht man sie in reißendem Fluge schnell in großen Bogenlinien dahineilen, bald erscheint ihr Flug als ein schwerfälliges Flattern. Zum Gesang steigt das Männchen meist etwas schräg in die Luft empor; in Höhe von einigen Metern beginnt sie ihr Lied und steigt singend, bis sie fast dem Auge entschwindet. Nach beendetem Gesange zieht sie die Flügel an und stürzt oft wie ein Stein herab, um erst dicht über dem Boden mit ausgebreiteten Flügeln dahinzugleiten. Ihre Nahrung besteht aus allerlei Insekten, die sie auf dem Boden erhaschen kann. Im ersten Frühjahr nimmt sie die zarten Spitzen junger Pflanzen, im Spätjahr allerlei Sämereien zu sich, Mohn, Hafer, Hirse. Auch liebt sie die Blätter des Feldknoblauchs. Ihre Lockstimme ist ein lautes tschrie oder girr, ihr Gesang eine Aufeinanderfolge von schönen, kräftigen Motiven. Das Feldlerchenlied dürfte wohl allen bekannt sein und ist ebenso besungen worden wie das Lied der Nachtigall.

Die Heidelerche. Vorkommen: Fast ganz Europa mit Ausnahme des äußersten Nordens, Westasien, Nordafrika. Die Heidelerche bewohnt hügliges Gelände, lichte Waldränder, Blößen in Nadelwäldern, Kiefernheiden, am liebsten trockenen sandigen Boden mit dünner Vegitation. Sie geht im Gebirge sehr hoch hinauf. Auf fruchtbarem und feuchtem Kulturland fehlt sie. Sie ist Zugvogel wie die Feldlerche. Auch von der Heidelerche überwintern einige an zusagenden Plätzen. Im Gegensatz zur Feldlerche setzt sie sich auf Bäume und läßt ihr Lied auch von einem erhöhten Sitz aus erschallen. Ihr Nest steht sehr versteckt unter einem Grasbüschel unter einem kleinen Busch auf dem Erdboden und besteht aus Moos, Wurzeln und Halmen. Es enthält 4-5 weißliche Eier die zart und fein bräunlich gefleckt sind. Die Flecken bilden oft einen Kranz um den stumpfen Pol (20,7 X 15,5). Sie macht 2 Bruten. Die Jungen haben hellere Federränder und kleinere Flecken auf der Brust. In der Nahrung stimmt die Heidelerche mit der Feldlerche überein. Der Gesang dagegen ist sehr abweichend. Er besteht aus Strophen, die deutlich voneinander durch Pausen geschieden sind. Berühmt sind einige lullende und klagende Töne, die besonders mitten in der Nacht sehr eindrucksvoll wirken, auch die Locktöne didlöi tüttüt sind äußerst angenehm. Überhaupt verfügt diese Lerche über keinen Ton, der unser musikalisches Empfinden irgendwie verletzen könnte. Der Gesang ist nie so laut, daß er im Zimmer unerträglich wäre. Die Strophen lülülülü diduli diduli diduli und andere kann man mit dem Munde nachpfeifen. Wie alle Lerchen, badet auch diese Lerchen niemals im Wasser sondern nimmt Staub- oder Sandbäder.

Lerchen.

Haubenlerche ca 18 cm

• Galerida cristata

galerida, aus lat. galeritus, a, um, mit einer Haube bedeckt. cristatus, a, um, lat. mit einem Federbusch auf dem Kopfe versehen.

Die Haubenlerche. Vorkommen: Europa ohne Großbritanien, Korsika, Mittelmeergebiet von Europa, Afrika und Asien. In Südrußland, Ägypten, Indien und in anderen Gegenden hat man Subspecies (ca. 30) unterschieden die aber in der Lebensweise mit den unsrigen ziemlich übereinstimmen. Die Haubenlerche ist Standvogel und bewohnt offenes Gelände, unfruchtbare Plätze, Sandgruben, Bahnhöfe Ladeplätze, Landstraßen, die ebenen mit Kies bedeckten Dächer der Fabriken und größeren Gebäude oft mitten in Großstädten. Nur im Winter kommt sie in die Straßen der Dörfer und Städte, wo sie sich besonders am Pferdedung zu schaffen macht. In höheren Gebirgslagen fehlt sie gänzlich. Ihr Nest steht in einer Bodenvertiefung und ähnelt dem der Feldlerche. Auch die 4–5 Eier sind wie bei dieser (22,7 x 16,8). Sie machen 2–3 Bruten, die Jungen erscheinen durch die hellen Federränder hellgefleckt. Die Haubenlerchen bewegen sich auf dem Boden sehr behende, indem sie schnell dahinlaufen. Gerne setzen sie sich auf Bodenerhebungen, Zäune und flache Dächer, selten sie auf Sträuchern und Telegraphendrähten. Sie entweicht auf dem Boden dahinlaufend, bis sie sich erhebt und mit angenehmen Ruf in flachen Bogen entflieht, um sich bald wieder auf den Boden niederzulassen. Ihr Gesang ist weicher als der der Feldlerche und wird von einer Erdscholle aus, von einem Steinhaufen herab oder auch im Fluge vorgetragen. Dabei steigt sie aber nie so hoch wie die Feldlerche. Sehr drollig sehen ihre Balzstellungen aus; sie umtrippeln das Weibchen und singen ihm mit gesträubtem Gefieder hängenden Flügeln und erhobenem Schwanze zarte Weisen vor. Der Gesang besteht aus

(Die Haubenlerche) Zusammensetzungen der Locktöne, die wie tütütrie didüdrii dididrü klingen und sehr bezeichnend für die Art sind, wobei immer der letzte Ton etwas stärker betont wird. Auch Anklänge an andere Vogelstimmen hört man häufig. Man findet bisweilen unter ihnen Meister in der Nachahmung fremder Vogellieder. Besonders häufig hört man die Gesänge von Hänfling, Stieglitz und Rauchschwalbe.

Die Ohrenlerche. Etwas stärker als die Feldlerche. Vorkommen: Im Norden der alten und neuen Welt, in Nordafrika und Europa mehrere Formen. Bei uns überwintert die Form aus dem nördlichen Europa, die innerhalb des Polarkreises brütet.

Die Calanderlerche. Bewohnt Südeuropa, Nordafrika und Kleinasien. Sie übertrifft unsere Feldlerche an Größe und Gesangsstärke. Bisweilen trifft man ganz vorzügliche Spötter, die mit ihrer wohlklingenden kräftigen Stimme die Gesänge mehrerer Vögel in ihrem Liede verflechten. Besonders auffallend ist die bedeutende Größe des Männchens gegenüber dem Weibchen. Sie gelangt gelegentlich in die Käfige der Liebhaber, sie besitzt ein vorzügliches Spöttertalent. (calandra, aus griech. kálandros, eine Lerchenart, lat. calandr(i)um = hohe Frauenfrisur.)

<u>Der Grauammer.</u> Vorkommen. Ganz Mittel- und Südeuropa, Nordafrika, Westasien. In nördlichen Gegenden Zugvogel, sonst Strich- und Standvogel. Der Grauammer liebt Kulturebenen mit Getreidebau, besonders wenn einzelne Bäume da sind, die er zu seinem Lieblingssitz erwählen kann. Sein Nest steht stets auf dem Boden und ist sehr gut zwischen Gras oder Gestrüpp versteckt. Es besteht aus locker zusammengefügtem Material und ähnelt dem des Goldammers. Halme, Blätter, Stengelchen und Pferdehaare werden zum Bau verwendet. Es enthält 4–6 Eier, die meist grünlich oder bräunlichweiß mit rötlichgrauen Flecken besetzt und mit schwarzen Schnörkeln bekritzelt sind (24,3 x 17,6). Sie sind in verschiedenen Gelegen oft sehr verschieden. Bei uns finden stets zwei Bruten statt. Die Jungen sind oben dunkelbraun unten wie die Alten. Der Grauammer macht einen plumpen Eindruck und sitzt lange ruhig auf der Spitze eines Baumes oder Pfahles, ohne sich um irgend etwas scheinbar zu kümmern. Auf dem Boden hüpft er langsam einher wobei er öfter mit dem Schwanze zuckt. Der Flug erscheint etwas schwerfällig, ist aber auf weite Strecken hin doch sehr fördernd. Auffallend ist das Benehmen des Männchen während der Balzzeit. Es sitzt oft sehr lange auf einem erhöhten Platze ununterbrochen sein einfaches Liedchen singend. Plötzlich fliegt es singend in merkwürdigen wagerechten Flatterfluge zu einem benachbarten Platze, wobei es das Gefieder sträubt und die Beine herabhängen läßt. Dabei klappert es oft in eigentümlicher Weise mit dem Schnabel und läßt auch zwischenhinein alle möglichen Modulationen seines Locktones hören. Der Lockton ist ein ziks fliegend zikzikzik zuweilen auch err. Sein Gesang ist sonderbar eintönig und nicht zu verwechseln. Er klingt wie zik zik zik zik zirlrlrlrlrlr, ein einfaches Klirren ähnlich wie beim Girlitz.

Der Goldammer. Vorkommen: Fast ganz Europa mit Ausnahme des äußersten Nordens und Südens. Nur ganz im Norden ist er Zugvogel, sonst Strich- und Standvogel. Er bewohnt alle Gegenden des Getreidebaues, Waldränder, Feldgehölzer, buschreiche Ufer, die Hecken der Bahnlinien. Dagegen meidet er alte Hochwälder und ausgedehntes Rohricht. Sein Nest baut er bald in Gestrüpp, in dichtes Gros, an Böschungen, in Hecken aber selten über 1m hoch. Es ist gut versteckt, jedoch wegen seines großen Umfanges doch bald zu entdecken. Es besteht aus Halmen, die nach innen zu immer feiner werden. Innen ist es mit Haaren ausgepolstert. Es ist ziemlich dickwandig und festgefügt, die 4-5 Eier haben bald einen rötlichweißen, bald einen bläulichweißen Grund und sind darauf mit grauen Flecken und zierlichen Haarlinien und Schnörkeln verziert. (21,2 × 15,9). Es finden stets 2 Bruten statt, bisweilen sogar drei. Die Jungen sehen dem Weibchen ähnlich, nur sind sie dunkler gestreift. Der Goldammer ist ein munterer Vogel obwohl die Figur etwas plump erscheint, oft sitzt er regungslos auf einem Platze. Auf dem Boden bewegt er sich hüpfend, oft durch kurze Schritte unterbrochen. Der Flug ist schnell, in der Nähe in unregelmäßigen Bogen, auf weite Strecken hin aber in flachen regelrechten Bogenlinien. Seine Nahrung besteht im Sommer aus allerlei kleinen Insekten, in der Hauptsache jedoch aus Sämereien, besonders den mehlhaltigen. Hafer ist seine Lieblingsspeise. Sein Lockton ist ein helles, heiseres ziss, im Fluge ziss zürr. Außerdem hat er noch einen Lockton ähnlich dem des Feldsperlings. Der Volksmund hat dem Lied verschiedene Deudungen gegeben. Es klingt wie di di di di di difdä (es ist doch wirklich zu schön). Erst leicht ansteigend, den vorletzten Ton hoch und den Schlußton tief.

Grauammer ca 19 cm Fl 10 cm
Emberiza calándra.
emberiza, lat. aus deutsch Embritz, Ämmeritz
calandra, aus griech., Kalandrós eine Lerchenart

Ammer
Embriza; s. umstehend
hortulanus lat. hortus = der Garten
♂ u. ♀
Ortolan ca 16 cm Fl 88 cm
Emberiza hortulana
Altes Männchen im Frühjahr nach der
Winter-Kleingefiedermauser

Der Ortolan, (Gartenammer, Fettammer). Vorkommen: Ganz Europa ohne England, Nordwestafrika, Südwestasien. Er bewohnt gern buschreiches Gelände, scheint aber mit seinem Aufenthalt zu wechseln. Auch wird er oft in einer Gegend übersehen. Im Norden des Gebietes ist er Zugvogel, im Süden Standvogel. Als Zugvogel kommt er im April, um von August an schon wieder südlich zu wandern. Er nistet auf dem Boden oder doch nicht weit darüber im Schutze einer Pflanze. Das Nest besteht aus Gräsern und Halmen, innen ist es mit Haaren ausgelegt. Die 4-5 Eier sind mattgrau oder blaß-rötlichgrau, haben einige graue Schalenflecke, dunkele Punkte und wenige Linien (19,9 x 15,6). Die Jungen ähneln dem Weibchen. Bei uns machen sie gewöhnlich nur eine Brut. Der Ortolan hält sich gerne am Boden auf, wo er behende im Grase sich bewegt. Zum Singen sucht er sich dann einen erhöhten Platz, die Spitze eines Busches oder dergleichen. Er trägt sein einfaches Lied mit großem Fleiße vor. Es ist typisch ammerartig, aber etwas weicher als das Liedchen des Goldammers. Es besteht aus einigen wenigen, hintereinander gereihten Tönen von verschiedener Höhe, die sich bequem beschreiben lassen: trü trü trü, tri tri tri ürr der letzte Ton eine große Terz tiefer als die drei gleich hohen Töne (Beethoven 5. Symphonie fängt so an). Der Lockton ist kräftig und typisch ammerartig djüh ji, wobei der zweite Ton etwas stärker und höher ist als der erste. Er klingt diphtongartig. Hermann Löns bezeichnete diese Lautäußerung mit „Bin müd". Der Ortolan wird gerne fett. Für Feinschmecker wurden die Ortolane in früheren Zeiten in besonderen Kammern gemästet.

Der Zirlammer (Zaunammer). Vorkommen: Mittelmeerländer Europas, Frankreich, Südengland, Südwestdeutschland, Kleinasien, Nordwestafrika. Im allgemeinen Standvogel, in Deutschland Zugvogel. Er bewohnt alle Gegenden wie sie bei dem Goldammer angegeben sind, bevorzugt aber mehr die gebirgigen Gebiete. Das Nest baut er meist auf den Boden oder in niedere Büsche. Es ähnelt sehr dem des Goldammers. Es enthält 4-5 schwachgrünliche oder graubläuliche Eier, die schwarzpunktiert und mit feinen Haarlinien verziert sind (21X16,8). Es finden bei uns zwei im Süden drei Braten statt. Die Jungen sind oben bräunlich mit dunkelbraunen Strichen, unten hellgelb und schwarzgestrichelt. Der Zaunammer ähnelt in seiner Lebensweise sehr dem Goldammer. Sein Lockton ist ein kurzes zip oder zp und ein tsi und ein cirr. Der Gesang ähnelt im Tempo und von weitem auch in der Klangfarbe dem Klappern der Zaungrasmücke. Er ist nicht immer gleich, jedoch immer typisch. Bald hört man ein didededededede bald vom gleichen Vogel die Töne in schnellerer Folge, so daß ein Triller entsteht trlrlrlrl, der mit r oder l ausklingt, bald wieder ein einfacher Triller rrrrrrr. Oft hört man von einem und demselben Vogel die kurze Strophe so, daß man noch alle Töne unterscheiden kann, z.B. jejejejejeje, dann werden die Strophen immer schneller, so daß zuletzt ein Triller daraus entsteht. Oder man hört von demselben Vogel die einfache Strophe didididididi längere Zeit in gleicher Weise hintereinander, bis er plötzlich den Gesang mit einer ganz anderen Strophe beschließt, die in verschiedener Höhe vorgetragen wird, z.B. tsohb tsohb dedededededede, die letzten Töne kürzer und tiefer als die ersten. Aber trotz der verschiedenen Modulationen ist der Charakter des Gesanges immer der gleiche und immer als typischer Zirlammergesang zu erkennen.

Ammern
Fl 6,1 cm
Der Goldammer ca 17 cm ♂♀
Emberzia citrinella
Emberiza s. bei Grauammer
citrinella, zu lat. citrus = der Zitronenbaum, zitronenfarbig.
Der Zirlammer ca 16,5 cm
(Zaunammer)
Fl 8,2 cm
Embercia cirlus
s. Goldammer

Die Gruppenmerkmale der Finken:

Schnabel Kegelförmig, erste Handschwinge ganz verkümmert, Lauf hinten geschient, vorn geschildert, 12 Steuerfedern. Nasenlöcher durchgehend. Spätsommer oder Herbstmauser. Frühlingskleid entsteht durch Abnützung der Federränder. Nahrung vorwiegend Sämereien, im Sommer und zur Aufzucht der Jungen überwiegend Insekten. Zug- Strich- und Standvögel.

Finken.
Der Buchfink Fringilla cöeleps
ca 16 cm Fl. 8,9 cm.
Der Bergfink Fringilla montifringilla
ca. 16 cm Fl. 9,3 cm

Der Buchfink. Vorkommen: Europa und Westasien. Der Buchfink ist Zug- Strich- und Standvogel. Von den nördlichen Scharen überwintern schon viele im mittleren und südlichen Deutschland. Die Geschlechter wandern getrennt. Die bei uns überwinternden sind meist Männchen. Die rückkehrenden Männchen kommen oft 14 Tage vor den Weibchen (coelebs der Ledige). Der Buchfink bewohnt alle nördlichen Gegenden, hoch oder niedrig, wenn nur Baumwuchs vorhanden ist. Er ist vielerorts so häufig wie der Sperling. Zum Nisten wählt er sich stets Bäume und setzt sein kunstvolles Nest oft an den Stamm, oft weit außen, bisweilen von unten ganz frei sichtbar in verschiedener Höhe. Es ist außen sehr sauber mit Flechten verziert, so daß es dem Aste, auf dem es sitzt, täuschend gleicht. Die Wände sind dick gefilzt und der Napf tief und glatt wie gedrechselt. Es besteht aus Moos und Flechten, nach innen zu aus Hälmchen und Würzelchen und ist immer mit Haaren und Federn, Pflanzen- und Schafwolle und dergleichen weich ausgepolstert. Die 4-7 Eier sind bräunlich und grünlichblau, rotbraun gewölkt mit dunkelbraunen Flecken, die wegen ihrer verwischten Ränder wie Brandflecken aussehen (19,3 x 14,6). Die Jungen ähneln dem Weibchen, jedoch sind auch in diesem Kleid die Männchen an etwas lebhafterer Zeichnung zu erkennen. Es finden stets zwei Bruten statt. Die Nahrung besteht aus Insekten und Sämereien. Der Buchfink ist ein zänkischer Vogel, besonders im Frühjahr, wenn sich die Männchen zur Abgrenzung ihres Brutreviers oder um den Besitz eines Weibchens befehden. Auf dem Boden bewegt er sich schrittweise trippelnd, bisweilen hüpfend. Der Flug geschieht in Bogenlinien und ist schnell und reißend. Er trägt sich glatt, stellt bisweilen ein Häubchen und benimmt sich oft auffallend gefallsüchtig und kokett. Er tut dem Menschen gegenüber sehr zutraulich, versteht es aber meisterhaft, die nötige Distanz zu halten und

(Der Buchfink) ist sehr mißtrauisch. Seine Locktöne sind das bekannte pink pink und ein besonders im Fluge ausgestoßenes jub jub jüpp jüpp und ein gegen das Ende der Gesangszeit im Sommer oft stundenlang wiederholtes trri trri oder rrrüi rrrüi. Einige Exemplare locken stets huit statt pink pink. Der Gesang ist eine fröhlich und kräftig herausgeschmetterte kurze Stophe, deren Endsilbe man verschiedene Worte unterzulegen sucht. Die Liebhaber unterscheiden danach verschiedene Finkenschläge. Früher blühte in vielen Gegenden die Finkenliebhaberei.

Der Bergfink. Vorkommen: Nordeuropa und Vorderasien. Er ist Zugvogel und kommt im Winter in großen Scharen nach Mittel- und Südeuropa. In Deutschland überwintern viele und treiben sich vom Oktober bis April scharenweise herum. In ihrer nordischen Heimat brüten sie in Birken, Wachholdern, Kiefern Tannen, auch in niederen Büschen und bauen ein Nest, das lockerer und umfangreicher als das des Buchfinken ist. Die Eier gleichen dem des Buchfinken sehr. Die Bergfinken sind auch in der Brutzeit geselliger und man findet die Nester nahe beieinander. Die Jungen ähneln dem Weibchen. Der Bergfink ist etwas kräftiger als der Buchfink. Der Flug ist flatternd in unregelmäßigen Bogenlinien, weil sie die Flügel ausbreiten und wieder ganz anziehen. Sie nähren sich von allerlei Insekten, bei uns im Winter von Buchensamen und anderen mehl- und ölhaltigen Sämereien. In der Pfalz waren sie früher eine beliebte Beute und wurden in Menge verzehrt. Der Lockton ist ein schrüü und einige quäkende Töne. Der Gesang ist unbedeutend, ein nie besonders lautes Schirken.

Schneefink ca 16,5 cm Fl. 12,1 cm
Montifringilla nivalis
nivalis, e lat. zum Schnee Beziehung haben.

montifringilla, aus lat. mons = Berg
und fringilla = Fink = Bergfink

Der Schneefink. Vorkommen: Alpengebiet, Pyrenäen, Appenin. Der Schneefink bewohnt Hochgebirge oberhalb des Pflanzenwuchses, nur in strengen Wintern steigt bisweilen auch tiefer herab und gelangt zusammen mit den Bergfinken gelegentlich einmal aber selten in unsere Mittelgebirge. Er brütet in Felsritzen, Mauerlöchern und Dachvorsprüngen der Hospize. Sein Nest ist dickwandig und warm und immer von oben gegen Schneewehen geschützt. Es besteht aus Halmen, Wurzeln und Moos und ist innen dick mit Haaren ausgepolstert. Die 4-6 Eier sind schneeweiß und haben eine feine mattglänzende Schale (23X16,8). Meist findet nur eine Brut statt. Die Jungen sehen den Alten ähnlich. Der Schneefink erinnert in seinem Betragen an den Buchfinken, er meidet aber die Bäume, die er von seinem gewöhnlichen Aufenthaltsort her garnicht zu kennen scheint, und setzt sich mit Vorliebe auf den Boden, auf Mauern, Dächer und dergleichen. Sein Locktton ist ein jüb, sein Gesang ist ein kunstloses Gezwitscher. Beides erinnert etwas an den Kreuzschnabel. Er ernährt sich im Sommer von Insekten, womit er auch seine Jungen aufzieht, im Winter von allerlei Sämereien. In den hochliegenden Klöstern wird er gefüttert und wird dann recht zahm und fliegt ein und aus. Außerhalb der Brutzeit leben sie gesellig und sind unter sich und mit anderen Vögeln sehr verträglich.

Der Feldsperling oder Feldspatz. Weibchen gleich Männchen. Vorkommen: Fast ganz Europa, Mittelasien bis China und Japan. Er bewohnt Anlagen, Alleen, Obstgärten, Laubwälder etwas weiter von Menschen weg als sein Vetter. Er nistet fast stets in Baumhöhlen. Im Nestbau und den Eiern ähnelt er sehr dem Haussperling. (Eier sehr verschieden entweder fast ganz weiß mit kleinen braunen Punkten oder sie haben auf bräunlichem Grunde dunkelbraune Flecken. Sie sind im Verhältnis zum Vogel ziemlich groß, ändern aber auch hierin ziemlich ab (17,8×14 bis 25,2×15,6). Haussperling) – Die Eier sind kleiner etwas mehr glänzend und öfter braun (19,7×14,1) (Feldsperling). Die Jungen sind den Alten sehr ähnlich, nur sind die Farben etwas matter. In der Lebensweise ähneln sich der Haus- und der Feldsperling. Die Locktöne sind etwas zarter und angenehmer, auch der Gesang ist etwas netter.

Finken.

cannabina, von griech. Kannabis = Hanf, also der Hänfling

Der Bluthänfling. Vorkommen: Fast ganz Europa. Dem äußersten Norden fehlt er. Er ist Stand- und Strichvogel, in Skandinavien, Rußland, ja schon in Ostpreußen Zugvogel. Er bewohnt alle möglichen Gegenden mit und ohne Baumwuchs, jedoch meidet er größere Hochwälder. Mit Vorliebe bewohnt er Weinberge. Das Nest findet man an sehr verschiedenartigen Plätzen. Manchmal steht es fast auf dem Boden, aber auch bis zu 3 m Höhe. Meist findet man es in mittlerer Höhe in Reisighaufen, Dornhecken, Holzklaftern, auf Wiesen, in Grasbüscheln, ferner in jungen Laub- und Nadelholz, in Gärten gern in immergrünen Büschen. Das Nest besteht aus Würzelchen, Halmen, feinen Reisern, Moos und ist innen mit Wolle

Der Bluthänfling ca 13,5 cm Fl 8,4 cm
Acánthis cannabina

(Der Bluthänfling) und Haaren fein ausgepolstert. Die 4–7 Eier sind weißlich oder hellbläulich und haben viollette Flecken und dunkle Zeichnungen. Sie ähneln oft sehr denen des Stieglitz (18,3 X 13,7). Bisweilen finden bei uns drei Bruten statt. Die Jungen ähneln dem Weibchen. Die Alten hängen mit großer Liebe an ihren Jungen und füttern diese aus dem Kropfe mit allerlei Sämereien, die sie sehr weit herholen. Wenn sie zu ihren Jungen zurückgeflogen kommen singt das Männchen meist erst eine Strophe, füttert dann seine Jungen, während das Weibchen in der Nähe sitzen bleibt, dann erst kommt das Weibchen zum Füttern, während [das Männchen] es mit Gesang begleitet. Dann fliegen beide wieder weit weg nach ihrer Futterstelle. Vogelmiere und andere Unkräuter, alle möglichen Sämereien, besonders ölhaltige bilden ihre hauptsächliche Nahrung, während sie nur selten kleine Insekten zur Aufzucht ihrer Jungen verwenden. Der Hänfling ist ein munterer aber ziemlich <u>scheuer</u> Vogel der sehr gern in Gesellschaft mit seinesgleichen lebt. Er hat einen äußerst schnellen Flug, der auf große Entfernungen eine stark gekrümmte Schlangenlinie beschreibt, was besonders deutlich wird, wenn er gegen Wind fliegt. Er ist immer fröhlich und läßt auch in der kalten Jahreszeit seinen hervorragenden Gesang ertönen. Dieser besteht aus flötenartigen Tönen und ist sehr abwechslungsreich volltönend und angenehm. In der Mitte der Strophe unterscheidet man ein typisches Tongebilde, das man das Krähen nennt. Er ist unter unseren einheimischen Körnerfressern entschieden der beste Sänger. Der Lockton ist ein gäck gäck oder gäck gäck gäck und teckedü. Wegen des herrlichen Gesanges wird er häufig im Käfig gehalten. (Ich habe gesehen, daß sie in Käfigen sehr wild waren und blieben.)

Finken.
Der Girlitz ca 12 cm Fl 7,3 cm
Der Distelfink (Stieglitz) ca 13 cm Fl 8,1 cm

Der Girlitz. Vorkommen: Nordwestafrika, Südeuropa, Kleinasien und Palästina. In Deutschland breitet er sich im weiter nach Norden aus. Im Südwesten und Nordfrankreich ist eine besondere Rasse (Serinus canaria germanicus Laubm.), durch grünliche Färbung der gelben Teile und angeblich längere Flügel von Serinus canarius serinus L. unterschieden. Er ist bei uns Zugvogel, denn nur einige wenige Exemplare überwintern in Süddeutschland. Im Süden seines Gebietes ist er Standvogel. Er kommt bei uns im März an und verläßt uns wieder im September und Oktober. Er bewohnt mit Vorliebe Gärten, Parkanlagen und Laubwälder. Das Nest steht in immergrünen Büschen, auf Obstbäumen, Akazien und allen möglichen anderen Bäumen, oft nicht viel über 1m hoch. Es besteht aus Reisorchen, Hälmchen, Moos und besitzt ein Polster von Federn und Haaren. Es ist wohl das kleinste Nest unserer Brutvögel. Das von Jungen besetzte Girlitznest ist als solches durch den kotbedeckten Rand kenntlich. Die Entleerungen der Jungen sind nicht umhäutet und werden von den alten nicht entfernt. Die vier Eier sind bläulich weiß mit rötlichen Punkten, Flecken oder Kritzeln (16,6 x 11,88). Es finden bei uns öfters drei Bruten statt. Die Jungen haben kein Gelb, sie sind oben bräunlich mit bräunlicher Zeichnung, unten gelblichbraun mit schwärzlichen Streifen, besonders an den Körperseiten. Der Girlitz ist ein munteres Vögelchen, das Männchen zeigt seine Anwesenheit im Frühling bald durch seine reizenden Balzflüge an, die wegen der langen Flügel ihn schon von weitem erkennen lassen. Er flattert mit aufgeblähtem Gefieder wie eine Fledermaus hin und her, wobei er fleißig seinen klirrenden Gesang erschallen läßt. Dieser erinnert von weitem an das Kreischen eines Schleifsteines oder das Klirren von sich aneinander reibenden kleinen Glasscherben, sein lateinischer Name serinus dürfte als Schallwort ihm nachgebildet sein. Auch sein Lockton ist sehr charakteristisch und ähnelt seinem deutschen Namen.

Der Distelfink (Stieglitz). Vorkommen: Ganz Europa. Er bewohnt baumreiches Gelände Obstgärten und meidet den Nadelwald. Er ist Strich- und Standvogel. Im Herbst scharen sich die Familien oft zu großen Flügen zusammen, die gemeinsam das Land durchstreifen. Er nistet auf Obstbäumen, gerne auch auf Roßkastanien und hohen Büschen und baut sein reizendes Nest oft auf ganz dünnen Zweigen weit weg vom Stamme. Es ist ein dicker Napf, dessen dicke Wände aus Moos, Hälmchen und Fasern bestehen und durch Gespinst fest verwoben sind. Innen ist es mit Pflanzenwolle und Haaren niedlich ausgerundet. Der obere Rand ist etwas eingezogen. Die 4–6 dünnschaligen Eier sind blauweiß mit rötlichbraunen Flecken und schwarzen Punkten und Kritzeln (17,4–12,6). Sie machen 2 Bruten. Die Jungen sind oben erdbraun, unten schmutzigweiß mit dunkelbraunen Flecken an Kehle, Brust und Seiten. Die bunte Kopfzeichnung fehlt. Deshalb heißen sie Grauköpfe, Flügel und Schwanz lassen sie gleich erkennen. Der Stieglitz ist ein schmucker Vogel, der sich immer sauber hält. Im Flug ist er sehr gewandt und durch die Flügelzeichnung leicht erkennbar. Auf den Boden kommt er nur selten, wo er ungeschickt umherläuft. Im niederen Unkraut klettert er geschickt herum. Er nährt sich von allerlei ölhaltigen Sämereien, Salat- und Unkrautsamen und hat eine besondere Vorliebe für Kletten- und Distelsamen, die Köpfe des Löwenzahns und die Samen der Nachtkerze, woran man sie oft zu Hunderten sieht. Die Jungen füttert er zum Teil mit Insekten, Blattläusen und dergleichen, wie es der Zeisig macht. In seinem Gesang unterscheidet man meistens die Silben pink pink. Er dreht und wendet beim Singen seinen Körper, besonders bei den Locktönen stigelit, stigelit, pikelnaia, wobei er noch den Schwanz fächerartig ausbreitet. Er benimmt sich in jeder Hinsicht elegant. Er ist einer unserer beliebtesten Käfigvögel und erfreut bei anspruchsloser Pflege uns viele Jahre lang durch sein Benehmen und seinen angenehmen abwechslungsreichen Gesang.

Der Fichtenkreuzschnabel. Vorkommen: Fast ganz Europa und Nordasien. Die Kreuzschnäbel sind wahre Zigeunervögel, die weder an Ort noch an Zeit gebunden zu sein scheinen. Sie bewohnen mit Vorliebe gemischte Nadelwälder und ihr Aufenthalt scheint mit dem Geraten der Nadelholzsämereien in Verbindung zu stehen. Sie brüten meist im zeitigen Frühjahr – man hat aber zu jeder Jahreszeit brütende Kreuzschnäbel angetroffen. Auch die Mauser scheint zu verschiedenen Zeiten stattzufinden. Das Nest besteht aus Tannenreiserchen, Halmen, Würzelchen, Moos, Flechten und ist mit Wolle und Federn ausgelegt. Es ist ein dichter und warmer, tiefer Napf und gut geeignet, auch bei Kälte den Eiern und Jungen Schutz zu gewähren. Er steht meist hoch und ist durch Zweige hinreichend nach oben geschützt. Es ist äußerst schwer aufzufinden. Die 3-4 Eier ähneln denen des Grünlings; sie sind auf grünlichweißem Grunde mit violettgrauen Flekken, dunklen Punkten und Schnörkeln spärlich gezeichnet (22x15,5). Die Jungen ähneln dem Weibchen, sind aber bräunlich und am ganzen Körper dunkelbraun gestreift. Der Kreuzschnabel ist ein interressanter Vogel, der uns noch mancherlei Rätsel bietet. Er ist ein ganz vorzüglicher Kletterer und fliegt sehr gewandt, obwohl sein ganzer Körper einen plumpen Eindruck macht. Er wird gerne als der deutsche Papagei bezeichnet, weil er beim Klettern sich des Schnabels bedient. Er nährt sich hauptsächlich von Fichtensamen, die er mit Hilfe seines Schnabels geschickt ausklaubt. Er hängt sich an die Zapfen oder beißt die ganzen Zapfen ab, trägt sie im Schnabel auf einen Zweig, hält sie mit den Füßen fest und öffnet eine Schuppe nach der anderen, um den Samen herauszuholen.

Fichtenkreuzschnabel) Außerdem liebt er die Kerne der Eberesche und alle möglichen Sämereien, wie Buchen, Erlen und Ahornsamen. Auch an Hanf geht er gerne. Er verzehrt fleißig Blattläuse. Der Lockton ist ein häufig ausgestoßenes gib gib, das er im Sitzen wie im fliegen hören läßt. Auf den Lockton fliegen sie von weit her heran, da er die Gesellschaft seinesgleichen sehr liebt. Der Gesang ist ein Gemisch aus flötenden und knarrenden Tönen, häufig mit dem Lockton untermischt, und macht einen erheiternden Eindruck. Der Kreuzschnabel wird häufig im Käfig gehalten, wozu heute noch althergebrachter Aberglaube Veranlassung gibt; nach dem Volksaberglauben soll er die Krankheiten der Menschen an sich ziehen. Er ist ein drolliger, unterhaltender Käfigvogel.

Der Kiefernkreuzschnabel. Vorkommen: Norden Europas. Dieser Kreuzschnabel kommt meist nur im Herbst und Winter in großen Flügen nach Deutschland, wo er nur sehr vereinzelt als Brutvogel festgestellt wurde. Er bewohnt ebenfalls gemischte Nadelwälder, zieht aber solche mit vorwiegendem Kiefernbestand vor, weil er hier seine Hauptnahrung findet. Er ist die größere Ausgabe des Fichtenkreuzschnabels und hat mit diesem die Lebensweise gemein.
(Die Bilder der beiden Kreuzschnäbel sollen miteinander verwechselt worden sein.)
Es gibt noch einen „Weißbindigen Kreuzschnabel“ Er bewohnt auch den hohen Norden Europas und streicht in unregelmäßigen Zügen nach Mitteleuropa.

Dickschnabelfinken
Fichtenkreuzschnabel ca 17 cm Fl 9,6 cm
Loxia curvirostra
Loxia, von griech. loxós = seitwärts gebogen, schief.
curvirostra, Krummschnabel, aus lat. curvus, a, um, krumm und rostrum = Schnabel.
Kiefernkreuzschnabel ca 19 cm Fl 10,6 cm
Loxia pytiopsittacus
pytyopsittacus, griech. pitys = die Kiefer lat. psittacus = Sittich.

Der Gimpel. Vorkommen: Mittel- und Westeuropa. In Skandinavien, den Ostseeprovinzen und Ostpreußen, Rußland und Westsibirien kommt die größere Form vor: Pyrrhula pyrrhula pyrrhula (Ø 18 cm, Fl 9,5 cm) die im Winter in das Gebiet ihres kleineren Vetters wandert. Er ist Stand- und Strichvogel. Unser Gimpel bewohnt baum- und waldreiche Gegenden. — Ich habe diese Gimpel im Januar 1942 in Bad Reinerz, im bergigen dunklen Fichtenwald bei klarem Wetter, hohem Schnee (28 Grad Kälte) an einer Chaussee gegenüber einem Forsthause in der Nähe der Weißtritz auf den Telegraphendrähten sitzen gesehen. — Er nistet in den Bäumen und niederen Büschen meistens nicht sehr hoch. Es ist ein flacher Bau aus Reiserchen, das in der Mitte eine Mulde aus Würzelchen, Hälmchen und Haaren hat. Es ist kein schönes Nest, wie es sonst bei den Finkenvögeln üblich ist. Die 4–5 Eier sind blaßblau mit helleren und dunkleren braunen und rötlichen Flecken und Punkten die am stumpfen Ende dichter stehen (18,86 X 14,15). Die Jungen ähneln dem Weibchen. Es finden zwei Bruten statt. Der Gimpel fällt trotz seiner Farbenpracht wenig auf, da er ein behäbiges und ruhiges Leben führt. Im Herbst und Winter kommt er aus den Wäldern in die Gärten, wo er dann an den Baumknospen sich gütlich tut und sich dadurch unliebsam bemerkbar macht. Er ist sehr anhänglich an seinesgleichen und die kleinen Trupps von 6–10 halten treulich zusammen. Die Anhänglichkeit wird ihnen oft zum Verderben da kein anderer Vogel sich mit einem Lockvogel so leicht fangen läßt als der Gimpel. Daher rührt auch die Meinung der Gimpel sei ein dummer Vogel und das geflügelte Wort vom Gimpelfang. Sie verzehren außer Knospen noch allerhand Sämereien die Kerne der Ebereschbeeren, Ligusterbeeren, Schneeball, Hartriegel, Kreuzdorn u.s.w. und füttern ihre Jungen anfänglich mit Räupchen und anderen kleinen Insekten. Ihr Lockton ist ein melancholisch klingendes düü, das man bequem mit dem Munde nachahmen und womit man sie leicht locken und ihre Anwesenheit feststellen kann. Sie geben prompt Antwort. Ihr Gesang ist wenig bedeutend aber gemütlich, anheimelnd. Dagegen haben sie die Gabe, jung aufge-

(Der Gimpel) zogen, alle Melodien leicht zu erlernen und mit reinen Flötentönen wiederzugeben. Liederpfeifende Dompfaffen sind sehr beliebt und werden teuer bezahlt, besonders in Amerika.

Der Karmingimpel. Vorkommen: Nordost-Europa. In Deutschland nur im nördlichen Teil von Ostpreußen. Sonst wurde er nur selten in anderen Teilen Deutschlands angetroffen. Als Zugvogel Kommt er sehr spät an, meist erst in der zweiten Hälfte des Mai und verläßt sein Brutgebiet schon wieder im August. Er bewohnt mit Vorliebe Erlenbrüche, dichte Ufervegetation, niederes Buschwerk der Gärten. Er liebt die Nähe des Wassers und sumpfige Gegenden. Er nistet in niedrigen Gebüschen. Das Nest besteht aus düren Stengeln und Grashalmen. Innen ist es mit Pflanzenwolle und Haaren ausgelegt. Der flache Bau hat Ähnlichkeit mit dem Nest des Gimpels. Von Mitte Juni ab findet man das Gelege. Die meist fünf Eier sind schön blau mit tiefbraunen Kleinen Punkten und Stricheln spärlich besetzt (16,69 x 14,52). Es findet nur eine Brut statt. Die Jungen ähneln dem Weibchen. Das Männchen verrät den Brutplatz durch seinen angenehmen flötenden Gesang, der pirolartige Töne enthält. Außer dem lauten Pfeifen hört man aber noch einen leiseren zwitschernden Gesang, der an das Hänflingslied erinnert. Der Lockton ist Kanarienvogelartig.

Dickschnabelfinken.
♂♀
Gimpel (Dompfaff)
ca 16,5 cm Fl. 8,5 cm
Pyrrhula europáea
pyrrhula, von griech. pyrrós = feuerrot
europaeus, a, um, lat. europäisch.
♂♀
Karmingimpel
ca 15 cm Fl. 8,6 cm
Carpódacus erythrina
carpodacus, aus griech. karpós = Frucht, und dakos = beißendes
Tier = der Fruchtbeißer. erythrinus, von griech. erythros =
= rot, rötlich.

An einem Vormittag im Januar 1942 habe ich, bei 28 Grad Kälte, in Reinerz in Schlesien, auf dem Wege zum Ausflugsort Schmelze, die Gimpel (Dompfaffen) auf den Telefondrähten an der Chaussee inmitten hoher dunkler Fichten und Tannenwälder sitzen sehen.

Finken
♂♀
Der Zeisig ca. 12 cm
Fl. 7,49 cm
(Erlenzeisig)
Acánthis spinus
♂
♀
Der Birkenzeisig ca. 13 cm Fl. 7,6 cm
Acánthis flammea cabarét
flammea, -ae, von flammeus, feuerfarbig, feuerrot
pinus i lat., jeder dornige Strauch.
lat. pinna Dorn. Vielleicht auf den Zeisig mit Rücksicht auf den spitzen Schnabel
angewendet.

Der Erlenzeisig. Vorkommen: Europa mit Ausnahme des Südens, Nordasien, soweit
Nadelholzwälder gedeihen, trifft man ihn überall an, selten aber in Ebenen und ge-
mischten Wäldern. Sie verlassen im September die nördlichen Gegenden und strei-
chen bei uns in Deutschland allüberall, zu kleineren oder größeren Scharen ver-
einigt, bis in den Mai hinein herum. Er brütet in höher gelegenen Orten auf
hohen Nadelbäumen. Das Nest ist sehr schwer zu finden, da es zwischen den Nadel-
büschen oft weit weg vom Stamm gut versteckt ist. Es besteht aus Würzelchen,
Halmen, Flechten, Tier- und Pflanzenwolle und ist ein schön ausgerundeter Napf.
Die 4–6 Eier sind denen des Stieglitzes bis auf die geringe Größe sehr ähnlich. Es
finden 2 Bruten statt. Die Jungen ähneln dem Weibchen sehr. Die Zeisige sind
muntere und bewegliche Kerlchen die sich ohne Scheu aus nächster Nähe beobach-
ten lassen. An den schwankenden Zweigen der Erlen und Birken klettern sie so ge-
schickt wie die Meisen umher. Während sie in der Brutzeit sehr ruhig und versteckt
leben, fallen sie bei ihren herbstlichen und winterlichen Streifzügen sofort auf,
da die Gesellschaft sich immer lebhaft unterhalten muß. Sie kommen bei diesen
Streifereien bis auf die Balkone der Häuser wenn ihre gefangenen Kameraden
sie locken. Sie folgen dem Lockton oft bis auf weite Entfernung. Die Locktöne
sind sehr verschiedenartig aber immer kehrt ein typisches tetterett didü wieder.
Der Gesang ist eine Zusammensetzung aller möglichen Locktöne, in flottem Tempo
vorgetragen und meist mit einem typischen Schlußakkord, der etwa dideldideldää
klingt. Ab und zu trifft man in Käfigen auch Exemplare, die Teile aus fremden Vogelge-
sängen nachahmen. Die Nahrung besteht aus Nadelholz-, Erlen-, Birken- und allerlei
Unkrautsamen. Im Sommer verzehren sie gerne kleine Insekten und füttern ihre

(Der Erlenzeisig) Jungen gerne mit Blattläusen. Für das Käfigleben sind sie sehr anspruchslose und unterhaltende Vögel, und die Liebhaberei, Zeisige im Zimmer um sich zu haben, ist weitverbreitet und uralt. Man füttert sie am besten mit Mohnsamen.

Der Birkenzeisig. Vorkommen: Bewohnt als Brutvogel nur den Norden der Erde. In Europa geht er südlich bis in das nördliche Ostpreußen. Auf der Wanderung dagegen trifft man ihn in ganz Europa, in Mittelasien und in Teilen von Nordamerika. – Ich habe im Jahre 1938 gesehen, wie Beauftragte der Vogelwarte Rositten, bei uns in den Rehbergen, eine Anzahl Birkenzeisige im Garn (Netz) gefangen und beringt haben – Er brütet in Birken- und Erlenwaldungen des Nordens, ja sogar noch nördlicher als diese Wälder. Das Nest steht auf Bäumen oder zwischen Steinen und ist ein sperriger Bau aus Reiserchen, Wurzeln und nach innen zu warm und dicht mit Pflanzenwolle, Tierhaaren und Federn ausgefüttert. Die 4–5 Eier sind hellblau oder grünlichblau und haben rotbraune Punkte und Flecken (18X12,3). Die Jungen ähneln dem Weibchen, sind aber ohne Rot am Kopfe und etwas mehr bräunlich. Es findet eine Brut statt. Auf ihren Brutplätzen sind sie sehr ruhig und leben versteckt. Auf ihren winterlichen Streifzügen aber gleichen sie den Erlenzeisigen. Sie sind dann ebenso beweglich und gesellig wie diese und schließen sich oft diesen Trupps an. Ihr Lockton ist ein tschättig tschätt, beinahe nach ~~der Art~~ der Hänflinge und ein flötender Ruf. Nach diesem tschätt oder tsätt wird er auch Zätscher genannt. Ihr Gesang ist ein unbedeutendes Gezwitscher, in dem die Locktöne dauernd wiederkehren. Auf ihren Wanderungen benehmen sie sich wie die Scharen der Erlenzeisige, hängen und klettern im Gezweig und lassen dabei ihre Stimme ertönen.

Dickschnabelfinken.
♂ ♀
Der Grünling ca 15,4 cm Fl 8,9 cm
Chlóris chlóris
chloris, von griech. chlortis = Farbe des ersten Pflanzentriebes, also grünlich wie gelblich.
coccothraustes, von griech. kókkos der Kern und thraúein = zerbrechen; der Kernzerbrecher.
♂ u ♀
Der Kirschkernbeißer
ca 17,5 cm Fl 10,3 cm
Unser größter Finkenvogel.
Coccothraústes
coccothraústes

Der Grünling. Vorkommen: Europa, Südwestasien. Der Grünling bewohnt hauptsächlich Gärten, lichte Laubwälder und Anlagen und ist ein besonderer Verehrer der Kugelakazie. Er ist Stand und Strichvogel. Er brütet auf Bäumen und Büschen meist nicht sehr hoch. Das Nest für die erste Brut setzt er gerne in immergrüne Büsche oder Epheuwände die späteren mit Vorliebe auf Kugelakazien, selbst mitten in den Straßen der Großstädte oft nahe beisammen. Das schöne Nest ist dickwandig und warm, es besteht aus Würzelchen Moos, Halmen und ist mit Haaren und Federn ausgelegt. Die 4–6 Eier sind auf bläulich oder grünlichweißem Grunde mit bräunlichen Flecken und dunklen Punkten verziert (20,2 x 14,5). Die Jungen sind grünlich grau und dunkel längsgefleckt. Im Norden findet nur eine Brut statt, sonst meist zwei, im Süddeutschland aber schon gewöhnlich drei. Die Jungen betteln düll düll döll djöi. Die Alten locken gick gick huid hoid schwoin. Der Gesang ist laut und nicht unangenehm, wirkt aber ermüdend, weil die einzelnen Partien nicht zusammenhängend vorgetragen werden. Er enthält einige Triller und wird meist mit einem schwoinsch beendet. Die Männchen haben einen flatternden Balzflug mit dem sie ihre Weibchen unterhalten. Dabei halten sie öfter die Flügel hoch wie es die Tauben machen. Ihr gewöhnlicher Flug ist schnell und in einer Bogenlinie. Auf dem Boden bewegt er sich hüpfend. Der Grünling nährt sich von allen möglichen Sämereien, womit er seine Jungen großzieht. Die Samen der Wolfsmilch sind ihm ein besonderer Leckerbissen auch die Kerne der Eberesche. Wacholder und Schneebeeren dienen ihm zur Nahrung. Er ist also eigentlich ein reiner Pflanzenfresser.

Der Kernbeißer: Vorkommen: Europa, im Norden sehr selten, und Teile des westlichen Asiens. Der Kernbeißer bewohnt Parkanlagen, Baumgärten, gemischte und reine Laubwälder und Feldgehölzer. Er bevorzugt die ebenen Lagen. Er ist meist Standvogel, streicht aber auch in kleinen Flügen umher. Er nistet auf Bäumen in Höhe von einigen Metern und baut aus Reisern, Wurzeln und Moos ein flaches Nest, das innen mit Haaren ausgelegt ist. Die 4-6 Eier sind hellgrau oder gelblichgrau, braungefleckt und mit Schnörkeln verziert (24,5X16,8). Die Jungen sind unten dunkel gefleckt und haben ein helleres Gefieder. Meist findet nur eine Brut statt. Der Kernbeißer bewegt sich auf dem Boden etwas plump und hüpft schief, im Gezweig der Bäume ist er aber sehr gewandt. Sein Flug ist schnell, in schwachen Bogenlinien, seine Nahrung besteht aus Buchensamen, Baumknospen, Kirschkernen und Hanf. Im Sommer fressen sie auch Käfer und Raupen, womit sie z.T. ihre Jungen aufziehen. Beim Verzehren der Kirschkerne machen sie sich besonders dadurch unbeliebt, daß sie die schönen reifen Kirschen abpflücken das süße Fleisch aber zu Boden fallen lassen. Sie haben es eben nur auf die Kerne abgesehen. Die Kirschsteine beißen sie mühlos in der Naht auf, um zu den Kernen zu gelangen. Genau so machen sie es mit der Traubenkirsche und anderen Steinfrüchten. Der Lockton ist ein scharfes zicks zick und zich. Der Gesang ist unbedeutend, er besteht aus klirrenden und schnirkenden Tönen. Er wird aber mit großer Hingabe vorgetragen, meist von der Spitze eines Baumes aus, wobei sich der Vogel eigenartig dreht und wendet.

Gruppenmerkmale
Troglodytidae: Cinclidae
Wasseramseln.
Schnabel vorne, seitlich stark
zusammengedrückt und etwas
aufwärts gebogen. Nasenlöcher
schlitzförmig und durch eine Haut
verschließbar. Lauf vorne mit
Schienen bedeckt indes nur un-
ten als Schilder erkennbar, hin-
ten scharfe Kante. Flügel kurz
und gewölbt, Schwanz kurz
und gerade, 12federig. Gefieder
dicht und dick, zwischen den
Federreihen (Fluren) wie bei
Wasservögeln überall Flaum-
federn. Verwandter des Zaun-
königs.

Stand- und Strichvogel.
Ruf: zerb.

Wasseramsel auch Wasserstar und Wasserschmätzer
ca 19 cm Fl 9,5–9,7 cm
Cinclus cinclus aquaticus
cinclus aus griech. Kinklos Bezeichnung eines
Wasservogels bei Aristoteles
aquaticus, a, um lat. zum Wasser gehörend.

Der Wasserstar: Vorkommen: Der Wasserstar kommt in seinen verschiedenen Formen in ganz Europa und Westasien vor; unsere Formbewohnt Deutschland, Belgien und den größten Teil von Frankreich. Er liebt klare Gebirgsbäche, während er die Ebene meidet. Gefrieren seine Bäche geht er weiter abwärts zu offenem Wasser an Mühlen und Wasserfällen. Er ist kein eigentlicher Zugvogel, doch trifft man im Winter bei uns Vertreter aus dem Norden. Sein Nest steht meist in der Nähe des Wassers in Felsenhöhlen unter Wasserfällen in Mauerspalten unter Brücken, in stillstehenden Mühlrädern etc. Es ist ein mehr oder weniger umfangreicher Bau je nach der Höhle dieer auszufüllen hat, und besteht aus Reisern, Halmen und viel Moos. Innen ist er mit dürrem Laub ausgepolstert. Das seitliche Einschlupfloch ist ziemlich groß. Die 4–6 Eier sind rein weiß und glanzlos (26,1 X 18,5). Die Jungen sind auf der Unterseite fast ganz weiß mit dunklen Federrändern. Es finden 2 Bruten statt. Der Wasserstar gleicht in seinem Betragen in vieler Hinsicht dem Zaunkönig. Sein Lockton ist zerb, sein Gesang eine laufende Wiedergabe von pfeifenden, zwitscherden und schwirenden Tönen. Er stelzt seinen kurzen Schwanz in die Höhe und macht Knickse. Er fliegt hurtig schnurrend über das Wasser hin, um plötzlich in demselben zu verschwinden. Er ist ein vollendeter Tauchvogel mit Singvogelfüßen. Auch unter Wasser läuft er selbst gegen starke Strömung, wobei er die Flügel zu Hilfe nimmt. Sein dichtes fettiges Gefieder bleibt vom Wasser unberührt. Die Wasseramsel ist am rauschenden Gebirgsbach zu suchen. Er nährt sich von allerlei Wasserinsekten und Larven gelegentlich erwischt er auch einmal etwas Fischbrut.

Stare

Sturnidae, Starvögel: Star. Schnabel gerade, tief in die Stirn einspringend und mit dieser bündig. Schnabelränder des Oberschnabels scharf und über den Unterschnabel greifend. Nasenlöcher oval, freiliegend und durch eine Hornhaut halbverschlossen. Sitzfüße stark. Mittelzehe länger, als der vorn beschilderte Lauf. Flügel spitz, erste Schwinge kurz.

Star auch Sprehe, ca 21 cm Fl 13 cm
Sturnus vulgaris, sturnus lat. der Star, vulgaris lat. gemein, alltäglich

Stare.

Rosenstar.
Oberschnabel gebogen
Füße kurz. Flügel
lang und spitz.
Schwanz kurz
und gerade.
Rosiges Gefieder.
Kopfhaube.
Eine Mauser.

Jungvogel graubraun
unten weißlich

Rosenstar ca 21 cm Fl 13 cm
Pastor roseus

pastor lat. der Hirte
roseus, a, um, lat
rosenfarbig, rosig

Der Star, auch Sprehe: Vorkommen: Europa. Er ist Stand-Strich- und Zugvogel. Selbst im hartem Winter bei hohem Schnee habe ich die Stare in der weiteren Umgebung des Zentralviehofes auf Bäumen gesehen. Der Star bevorzugt Gegenden Wasser und lichte Laubwälder mit hohlen Eichen, siedelt sich aber auch in völlig baumlosen Gegenden an, selbst an der Peripherie der Großstädte, wenn ihm ein Starkasten winkt. Sein Nest ist wie bei den meisten Höhlenbrütern kunstlos. In die Baumhöhle, Felsenspalte oder in den Starkasten schleppt er Halme, Stroh, Wolle, Federn und sogar Blumen zusammen. In Süddeutschland brütet er meist zweimal, in Norddeutschland gewöhnlich nur einmal. Die 5-6 Eier sind hellbläulich-grün und glänzend (28,3 x 20,8). Die Jungen sind braungrau, an der Unterseite weiß gestreift. Das Gefieder der beiden Alten ist je nach der Jahreszeit verschieden: Im Herbst nach der Mauser ist es weiß gefleckt, im Frühjahr und Sommer haben sich die weißen Federspitzen abgenutzt, und er erscheint einfarbig dunkel. Der Star ist stets in Bewegung. Sein Gang ist wackelnd und vom stetem Nicken des Kopfes begleitet. Im Herbst vereinigen sich die Stare zu großen Schwärmen, die abends im Rohr oder auf einem alleinstehenden Baum einfallen um zu übernachten. Sie machen hier großen Lärm. Die Stimme ist star und spet der Gesang sehr vielseitig. Er schnurrt, pfeift, trillert, gurgelt, kollert, schnattert, quietscht durcheinander, auch bringt er als Einleitung oft schöne Rufe und Pfiffe, Pirolruf und andere Tierstimmen. Durch Vertilgung von Engerlingen, Würmern, Schnecken u.s.w. nützt er der Landwirtschaft. In Kirschbäumen und Weinbergen duldet man ihn nicht. (Im Herbst hat das Gefieder einen grünlichen, violetten Glanz; Federstitzen weiß).

Der Rosenstar. Vorkommen: Eigentlich ein asiatischer Vogel, der aber schon in fast allen Teilen Europas angetroffen wurde. Auch in Deutschland wurden schon öfters Schwärme angetroffen, die aber im Herbst wieder spurlos verschwanden. Er brütet auch in manchen Jahren im Südosten Europas bis nach Ungarn. In der Dobrutscha ist er ziemlich gemein. Das Auftreten von Heuschreckenschwärmen lockt ihn herbei. Er nistet ähnlich wie unser Star, nimmt aber in der Not alle möglichen Plätze an und setzt auch das Nest auf den Boden zwischen Gräsern und Gestrüpp. Die Eier sind etwas heller als die des gemeinen Stares (28 x 21). Die Jungen sind ganz anders gefärbt, wie die einander sehr ähnlichen Eltern: oben graubraun und unten weißlich. Seine Nahrung entspricht der seines Verwandten, er fängt auch Insekten in geschicktem Fluge. Als Heuschreckenvertilger wird er sehr geschätzt, als Plünderer der Maulbeeranlagen stark verfolgt. Auch in den Reisfeldern ist er sehr gefürchtet. Dem Weidevieh folgt er wie der gemeine Star, setzt sich auf den Rükken und fängt die Bremsen weg und liest die Zecken ab. Ein Flug dieser schönen Stare gewährt einen schönen Anblick. Ihre Schwärme sind aber lichter als die unserer Stare, wenn auch an Zahl nicht geringer. Der Lockruf ist ein diwitt-kurwitt und starähnliches stär. Sein Gesang ist weniger angenehm als der seiner Verwandten. Er besteht aus einem schrecklichen Gequietsche ohne Nachahmungen.

Der Pirol auch Goldamsel und Vogel Bülow. Vorkommen: Fast ganz Europa und Südwestasien. Er liebt Wälder, Parkanlagen und Obstgärten. – Ich habe ihn im Kurpark von Alt-Heide im Gipfel eines hohen Baumes gesehen, auch in den frühen Morgenstunden am 8. August 1937 in den ca 3½ m hohen Ebereschen in der Nähe des damaligen Gartenamtes 2 im Volkspark Rehberge in Berlin und zwar etwa 30 Vögel zusammen sind mir hier zu Gesicht gekommen. An einem frühen Julimorgen 1946 habe ich 3 Männchen durch Nachahmung des Pirolrufes dicht in die mir am nächsten stehenden Bäume des Friedhofes in der Sebastianstraße im Südwesten Berlins herangelockt (Auf diesem Friedhofe liegt auch der Musikus Friedemann Bach begraben). – Als Zugvogel kommt er spät, erst Anfang Mai, und verläßt uns schon im August. Sein Nest baut er meist sehr hoch in die Gabelung eines Astes. Es ist ein kunstvoll befestigter Bau, der durch Bastfasern und Halmen mit der Astgabel so verbunden ist, daß der Boden freihängt. Das Innere ist mit Wolle und Federn ausgepolstert und bildet einen tiefen Napf. Die 4-5 Eier sind weiß mit zartem Rosa überhaucht und haben schwärzliche Flecken (30x27). Die Jungen sind im Nest hellgrünlich, unten weiß mit Längsstreifen. Später gleichen sie den Weibchen, diese sind nach meiner Erinnerung dunkelbräunlich. Der Pirol ist ein unruhiger Vogel der sich hoch in den Kronen der Bäume herumtreibt und sich sehr versteckt hält. Sein Flug ist auf große Strecken hin flachbogig, beinahe spechtartig. Auf kurze Entfernung flattert er, auf den Boden kommt er selten. Nahrung: allerhand Insekten, glatte und haarige Raupen und Früchte, besonders Kirschen. Er hat kreischende Locktöne die wie kraek klingen, auch ein jäck jäck und ein Ruf dem Turmfalken ähnliches Kli Kli. Sein Gesang, den man aber nicht oft zu hören bekommt, ist ein munteres Geplauder ähnlich dem Vorgesang der Mönchsgrasmücke, nur rauher und lauter. Sein flötender lauter Ruf tuttüdlio oder „Vogel Bülow" ist eigentlich ebenso wie beim Schwarzkopf die laute Schlußstrophe des Gesanges, der „Überschlag." Man hört ihn oft allein, besonders an schwülen Sommertagen. Seine kurzen Füße gestatten ihm nur im dichten Geäst der Baumkronen kleine Sprünge von Zweig zu Zweig zu machen. Schon bei größeren Sprüngen benutzt er die Flügel.

(Die Fortbewegung der Pirole in den Ebereschen sah sehr ungeschickt aus, ich hatte den Eindruck, als wenn die Vögel sich förmlich bei jeder Weiterbewegung in die Bäume fallen ließen.)

(In den Rehbergen soll es, nach Mitteilung von Beauftragten der Vogelwarte, 52 verschiedene Vogelarten geben; ich habe hier auch dem Fange und dem Beringen von Birkenzeisigen beigewohnt.)

(Goldamsel Vogel Bülow)

Zugvogel: Ende April/Mai – August. Ruf: Kraeck, jaeck jaeck, Kli Kli, tudülio.

Der Seidenschwanz ca. 20 cm Fl 12 cm.
Bombycilla garrulus
Wintergäste Ruf: leises Zirpen, düü

Der Seidenschwanz

Vorkommen: Im hohen Norden der alten und neuen Welt. Die Brut findet in seiner nordischen Heimat im Juni statt. Die Nester stehen in Birken und Tannen in mittlerer Höhe und sind aus Reisern, Flechten und Moos warm gebaut und mit Haaren ausgelegt. Die 4–5 Eier sind bläulichgrau oder bräunlich und haben dunkle runde Flecken (24×17,3). Die Jungen sind oben dunen- farbig mit mit hellgrauen undeutlichen Längsstreifen unten hellaschgrau.

Der Seidenschwanz ist ein geselliger Vogel und brütet in Kolonien. Er fliegt in großen Bogen pfeilschnell dahin, abwechselnd mit angezogenen und schnell schlagenden Flügeln. Er ist nicht scheu. Ebereschen bilden im Winter seine Hauptnahrung. Im Sommer lebt er von fliegenden Insekten, die er wie die Fliegenschnäpper im Fluge erhascht. Ende des Sommers ist sein Tisch durch die vielen Beerensträucher reichlich gedeckt. Bei Schnee und Eis in seiner Heimat begibt er sich auf Wanderschaft. Er ist ein ziemlich regelmäßiger Gast im nördlichen Deutschland. Nach den Jägerzeitungen kommt er nur in sehr harten Wintern zu uns. Seine Stimme ist ein

(Seidenschwanz) leises Zirpen. Sein Gesang ein Aneinanderreihen der Locktöne und ohne Bedeutung. Er ist äußerlich ein sehr schmucker Vogel, sonst aber langweilig. Die Bewegung der Tolle bringt etwas Abwechslung in seiner Erscheinung. Der Gesang wird von Männchen und Weibchen vorgetragen. Bisweilen hört man einen Lockton des Dompfaffen ähnlich. [Ein melanchonisch klingendes diü, das man mit dem Munde nachahmen kann.

Der Raubwürger. Vorkommen: Ganz Mittel- und Nordeuropa, sowie große Teile Asiens sind von den verschiedenen Raubwürgern bewohnt. Diesen Würger findet man in Feldhölzern an Waldrändern, in Alleen, er meidet aber dichte Wälder. In der Ebene ist er häufiger als im Gebirge. Ich habe den Raubwürger eines Abends im Spätsommer 1948, im Neuköllner Park in der Nähe des Flugplatzes, unweit des Restaurants am Stadion, gesehen. – Im Winter streicht er weit umher, ist aber kein eigentlicher Zugvogel. Sein Nest baut er auf Obstbäume, es ist umfangreich. Es besteht aus Reisern, Stengeln und Moos und ist mit Wolle, Haaren und Federn weich ausgepolstert. Die 5-7 Eier findet man oft schon Anfang April. Trotzdem scheinen die Raubwürger in der Regel nur einmal zu brüten. Die Eier sind trüb weißlich mit hellgrauen und bräunlichen Flecken. Am stumpfen Pol stehen die Flecken dichter. (26,3 x 19,5). Die Jungen sind oben bräunlich-grau, unten weiß mit leichten Wellenlinien, sehen aber den Alten sehr bald ähnlich. Der Raubwürger verdient seinen Namen wirklich, denn er überfällt alles was er zu zwingen vermag. Bisweilen überschätzt er seine Kraft, geht manchmal an kleine Raubvögel und muß seine

Die Würger gehören zu den Singvögeln
Sitzt auf der Baumspitze
heiseres gäcku. Kräh
Stimmen anderer Vögel gibt
er meisterhaft wieder.
Lanius, lat der Fleischer der Metzger.
excubitor, lat der Wächter.
Raubwürger, großer Würger
Grauwürger: ca 24,5 cm Fl 11,5 cm
Lanius excubitor.
Schwarzstirn Würger
Kleiner Grauwürger. ca 21 cm Fl 12 cm.
Lanius minor
minor lat. der Kleinere.
Flügel spitzer und länger als
beim Raubwürger.
Der rotrückige Würger
Dorndreher, Neuntöter (Rotrock)
ca 18 cm Fl 9,3 cm.
Lanius colluris
collurio zu griech. Kollyrion, schon bei Aristoteles Name
eines Raubvogels.

Raubwürger: Stand und Strichvogel. Ruf: schäck. trui.
Schwarzstirn-Würger Zugvogel Mai – Anfang August Ruf: schäck
Rotkopf " " Ende April/Mai – Ende, September Ruf: gäcks gäcks
Rotrücken " " " " " – Anfang " " gäcks und kräh

Laniidae, Würger. Gruppenmerkmale!

Schnabel höher als breit mit Haken und Zahn, Lauf kurz vorn beschildert. Flügel kurz und rund Schwanz verhältnismäßig lang. Gefieder weich.

(**Raubwürger**) Tollkühnheit mit dem Leben büßen. Insekten, Eidechsen, Mäuse und Vögel fallen ihm zum Opfer: Trotz seiner Kühnheit zeigt er auch vor größeren Raubvögeln eine begründete Furcht und kündigt ihr Kommen durch einen schrillen Warnruf an. Er sitzt gern frei auf der Spitze eines Baumes um Umschau zu halten. Dann steigt er schräg aufwärts und rüttelt oft lange über der Beute die er dann nach einem jähen Sturzflug ergreift. Sein Flug ist leicht bogig. Beim Verlassen seines Platzes senkt er sich, streicht nahe über den Boden dahin und erhebt sich erst wieder zu einem neuen Sitz. Dies ist den meisten Würgern eigentümlich. Seine Stimme ist ein schrilles feldlerchen ähnliches Locken, dann noch ein schäck und ein lautes helles Pfeiffen. Der Gesang ist recht eigentümlich und sehr schwer durch Worte zu schildern. Singdrosselähnliche Töne wechseln von kleinen Pausen unterbrochen, mit fremdländisch anmutenden Lauten.

Der schwarstirnige Würger. Er heißt auch noch Kleiner Raubwürger (Grauwürger) im Gegensatz zum Raubwürger, ist ~~er~~ aber größer als Rotrock und Rotkopf. Die Flügel sind spitzer und länger als beim großen Raubwürger ♂ und ♀ fast gleich. Er bewohnt Süd- und Mitteleuropa, Kleinasien, Persien und West Turkestan. In Deutschland fehlt er im Nordwesten und ist auch in den übrigen Teilen nur spärlich anzutreffen. Er kommt zu uns im Mai und verläßt uns Anfang August. Er baut sein Nest gerne hoch auf die alten Obstbäume oder andere Bäume, selten unter 4 m. Das Nest ist noch mehr als beim Rotkopf mit immergrünen und wohlriechenden Pflanzenteilen durchsetzt. Es ist ein dickwandiger Bau, der mit Hälmchen und Würzelchen ausgepolstert ist. Die Eier meist 6, sind hellgrünlich mit hellgrauen oder braungrünlichen, oft einen Kranz bildenden Flecken (25,1 × 18,2). Die Jungen sind bräunlichgrau, weißlich gewellt. Die schwarze Stirn fehlt ihnen noch. Die Alten sind um ihre Brut sehr besorgt und stoßen nach Würgerart auf den Störenfried. Sie sitzen senkrecht auf den Spitzen der Bäume und halten Umschau nach Insekten. Ihr Flug ist schwagbogig, oft schwebend. Sie rütteln auch über der Beute. Der Lockton ist ein schäck. Der Gesang ist oft mit den Stimmen anderer Vögel angenehm durchsetzt. Es gibt unter ihnen hervorragende Spötter, die den rotrückigen Würger bei der Wiedergabe anderer Vogelstimmen weit übertreffen. Er bringt auch die Gesänge lauter zum Vortrag als jener.

Der rotrückige Würger. Vorkommen: Fast ganz Europa, westliches Asien. Er liebt Feldhecken, besonders Dornbüsche, alte Obstgärten und die Hecken längs der Bahnlinien. Meist kehrt er erst Anfangs Mai auf seinen Brutplatz zurück und verläßt uns im August oder Anfang September. Sein Nest baut er gern in Dornbüsche, nicht sehr hoch, selten über Mannshöhe, oft nur ½ m über dem Boden. Es ist ein verhältnismäßig großer Bau aus Wurzelgeflecht, Stengeln, Moos, der mit Hälmchen und Haaren ausgepolstert ist. Das Nest ist dickwandig und warm. Man findet Mitte Mai ab, meist aber erst Ende Mai oder Anfang Juni 5-7 Eier deren Grundfarbe gelblich-rahmfarben, grauweiß, grünlich oder rötlich ist. Sie sind mit dunkeln Flecken bedeckt. Diese entsprechen der Grundfarbe und bilden am stumpfen Ende einen Kranz (22,1 x 16,4). Bei uns brüten diese Würger nur einmal, man findet aber oft Nachgelege bis in den Juli hinein. Die Jungen sehen den Weibchen sehen den Weibchen sehr ähnlich. Sie sind nach dem Ausfliegen noch lange Zeit unselbständig und lassen sich oft bis zum Wegzug füttern. Mit zitternden Flügeln betteln sie schreiend um Futter. Der Rotrock ist ein schmucker Vogel, der gleich nach seiner Ankunft sich bemerkbar macht, da er sehr gerne sich weithin sichtbar auf die Spitze eines Dornbusches in aufrechter Haltung setzt. Gerne wählt er auch Telegraphendrähte als Warte. Bemerkenswert sind die Ruderbewegung mit dem Schwanze. Von seinem Sitz aus erspäht er seine Beute und stürzt sich auf sie herab. Insekten aller Art besonders aber Käfer bilden seine Hauptnahrung, daneben verschmäht er Mäuse und kleine Frösche nicht und soll sich manchmal auch schon an Jungvögeln vergriffen haben. Größere Beute spießt er auf Dornen, daher der Beiname. Seine Stimme ist ein heiseres gäck und kräh. Das Männchen besitzt einen nicht sehr lauten, aber überaus angenehmen Gesang. Die Stimmen anderer Vögel gibt er meisterhaft wieder.

Sitzt auf der Spitze der Obstbäume
Würger.
Zugvogel
Ankunft: Ende April/Mai
Fortzug: Ende September
Ruf: gäcks gäcks
Rotkopfwürger (Rotkopf) ca 19 cm
Lanius senator Fl. 9,6 cm
senator, lat. der Senator. Die römischen
Senatoren trugen eine mit einem
Purpurstreifen verzierte Toga.
Lanius, lat. der Fleischer, der Metzger.
Schwalben.
Zugvogel Ende März–April
bis Septbr/Oktbr.
Ruf: diwitt widediwitt
Chelidon rustica
Rauchschwalbe ca 20,5 cm Fl 12,3 cm
chelidon, griech. die Schwalbe. rusticus, a, um, lat.
ländlich.
länger (Spieße)
Hirundinidae, Schwalben.
Schnabel klein und platt, an der Wurzel breit.
Spitze des Oberschnabels nach unten gekrümmt.
Rachenpalt bis unter die Augen reichend.
Füße schwach, Lauf kürzer als Mittelzehe, befiedert oder nackt. Starke Krallen. Flügel spitz
und lang, Federn starkschäftig. 9 Handschwingen, erste gänzlich zurückgebildet, zweite und
dritte am längsten. Schwanz meist gabelförmig. – Gabelschwanzschwalben. Schnabel nur
wenig gekrümmt. Füße unbefiedert, Zehen ganz gespalten. Äußere Schwanzfedern stark ver-

Der rotköpfige Würger (Rotkopf). Vorkommen: Mittelmeerländer, Kleinasien Mitteleuropa. In Deutschland nicht überall, in Norddeutschland schon recht selten. Sein Vorkommen ist außerdem wechselnd. Er kommt gewöhnlich früher an als der rotrückige, sodaß er oft schon Ende April auf seinem Brutplatz sich bemerkbar macht. Anfang September zieht er weg. Sein Nest steht stets höher als das des Rotrocks, meist auf Obstbäumen. Es ist dem des rotrückigen Würgers ähnlich, jedoch verwendet er wie der Schwarzstirnwürger gerne stark duftende Pflanzen. Die 5-6 Eier gleichen fast denen des rotrückigen Würgers; nur sind die rötlich gefärbten selten (22,9x17). Auch bei diesem Würger findet man Nachgelege bis in den Juli hinein. Die Jungen ähneln denen der rotrückigen Würgers, doch ist der helle Schulterfleck und die mehr graue als bräunliche Färbung ein sicheres Kennzeichen. Sie werden ebenfalls von den Alten sehr lange noch herumgeführt und gefüttert. Erst im Januar bei der dann stattfindenden Mauser erhalten sie ihr Alterskleid, das nur beim Weibchen ein wenig matter ist als beim Männchen. Auch dieser Würger macht sich, auf der Spitze eines Baumes sitzend weithin bemerkbar. Er rudert ähnlich mit dem Schwanz wie der Rotrock. An seinen weißen Schultern ist er leicht erkennbar. Sein Flug ist wie der der anderen Würger, auf große Entfernung beschreibt er eine Schlangenlinie. Er ernährt sich ähnlich wie der Rotrock. Seine Locktöne sind gäcks gäcks. Er mischt sie auch in seinen Gesang, der dadurch rauher und lauter ist als der des Rotrocks. Es gibt auch unter ihnen angenehme Spötter.

Die Rauchschwalbe. Vorkommen: Europa, Westasien, Nordafrika. Die Schwalbe ist allgemein bekannt und besonders von den Bauern in den Ställen sehr wohl geduldet und beschützt. Sie kommt im April und verläßt uns oft erst im Oktober. Zur Zeit des Fortzuges versammeln sich oft große Scharen auf Dächern Telegraphendrähten und selbst im Geäst kahler Bäume oder im Röhricht. Über Nacht verschwinden dann plötzlich diese Scharen nach dem Süden. Die Schwalbe liebt das Innere der Gebäude zur Anlage ihres Nestes, in unbewohnten Gegenden jedoch baut sie auch an Felswänden. Das Nest ist oben stets offen und steht auf einer Unterlage, die ihm vom Menschen oft durch Anbringung eines Brettchens unter einem Dachbalken geschaffen wird. Es ist aus Erdklümpchen zusammengetragen und von Strohhalmen durchsetzt deren Enden zum Teil hervorragen. Innen ist es mit Hälmchen und Federn warm gepolstert. Die 4-5 Eier sind matt weiß mit dunkelbraunen Flecken (19,7 × 13,7). Es finden 2 Bruten statt wozu stets das gleiche Nest benutzt wird, das oft mehrere Jahre stand hält. Flöhe und Lausfliegen plagen Alte und Junge. Die Jungen sind im Nest viel matter gefärbert als die Alten, die äußeren Schwanzfedern zeigen noch nicht die typische Verlängerung. Ihr Lockton ist diwitt, widediwitt und bei Gefahr diwist. Ihr Gesang ist ein anmutig dahinplätscherndes Liedchen und hat im Volke die verschiedensten Übersetzungen erfahren. Wie alle Schwalben erfreuen sie uns nicht nur durch ihre gewandten Flugbewegungen sondern sie sind uns auch nützlich Verbündete im Kampf mit den Stechmücken deren Larven sie bei schlechten Wetter von der Wasserfläche der stehenden Gewässer fortfangen. Hierbei tauchen sie bisweilen den Kopf ins Wasser, um ihre Beute zu erhaschen. Diese Schwalbe ist in den Dörfern zahlreicher als in den Städten. Ihr Hauptfeind ist der

(Rauchschwalbe)

Baumfalke der sie im Fluge fängt. Von ihm verfolgt, versucht die Schwalbenschar, hoch in die Lüfte, ihn übersteigend sich zu retten.

Die Hausschwalbe, auch Mehlschwalbe. Vorkommen: Europa und Westasien. Nach dem Norden Europas breitet sie sich nicht so weit aus wie die Rauchschwalbe während sie in Gebirgen noch in höheren Lagen angetroffen wird als diese. Das Nest steht gewöhnlich viel höher über dem Boden als das der Rauchschwalbe. Die Mehlschwalbe kommt zu uns im April und verläßt uns im September und Oktober. Im Gegensatz zur Rauchschwalbe klebt sie ihr Nest an das Äßere der Häuser unter Dach- und Fenstervorsprünge, auch in südlichen Ländern fern von jeder menschlichen Siedlung an die Felswände unter vorspringenden Schutz. Das Nest ist ein Kunstbau aus Straßenschmutz und Schlamm der mit Speichel vermischt ist, und steinhart austrocknet. Am Abend drängt sich die ganze Familie immer wieder ins Nest, wobei es oft lange Zänkereien gibt, bis die Familie zur Ruhe kommt. Auch diesen Schwalben ist der Baumfalke sehr gefährlich, ja die Angst vor ihm ist bei ihnen noch stärker ausgeprägt wei bei den Rauchschwalben. Der Haussperling wird ihnen oft lästig, da er ihre Nester zu besetzen versucht. Oft sind bei Rückkehr ihre alten Nester schon von Sperlingen bewogen. Es gibt dann heftige Kämpfe, bei denen die Schwalben oft den Kürzeren ziehen. Mangel an Bauschlamm infolge Pflasterung und Asphaltierung der Straßen läßt sie aus den großen Städten verschwinden. Sie bauen meist gesellig, ein Nest dicht an das andere. Die Nester sind gewölbt und bis auf ein kleines Einflugloch geschlossen. Dieses ist mehr breit als hoch und befindet sich in der

Schwalben.
Segler.
hirundo lat. die Schwalbe. urbicus, a, um lat. städtisch.
Hirundo urbica
Mehlschwalbe ca 14 cm Fl. 11 cm
Mehlschwalben, Läufe und Zehen dicht befiedert. Zehen am Grunde verwachsen. Äußere Schwanzfedern nicht verlängert (Keine Spieße).
Riparia riparia
Uferschwalbe ca 12,5 cm
Schnabel seitlich zusammengedrückt
Nasenlöcher frei. Füße unbefiedert.
Schwanz nur schwach gegabelt.
riparia, lat. (ripa das Ufer) zum Ufer gehörig.
Mauersegler
ca 17,5 cm
Apus apus
siehe umseitig
apus, griech. ohne Fuß.

Cypselidae, Segler.
Schnabel klein vorn seitlich zusammengedrückt Schnabelrand sehr breit, Rachen tief gespalten, sehr weit. Nasenlöcher schlitzförmig, von einer Haut umgeben. Füße kurz und kräftig, alle 4 Zehen nach vorn gerichtet. Krallen scharf, unten zweischneidig. Flügel sehr lang und schmal, sichelförmig gebogen. Die zwei ersten Schwanzfedern am längsten. Gefieder dicht und fest anliegend. Speichdrüsen stark entwickelt.

Mehlschwalbe, Zugvogel: Ende April bis Septbr./Oktbr. Ruf: tschr, schär
Uferschwalbe, " Mitte bis Ende April bis Ende August Ruf: schärr, schräh, räh.
Mauersegler " " " " " " Anfang " " srie

(Fortsetzung über Mehlschwalbe)
Mitte des oberen Randes. Die Nester sind so fest, daß sie jahrelang halten. Die 4-5 Eier sind rein weiß mit schwachem Glanz (18,8 x 13,3). Die Jungen sind anfangs oben dunkelbraun, auf dem Rücken etwas schwarzblau schimmernd. Auch diese Schwalben machen im Nest 2 Bruten. Der Lockton ist ein tschr und schär, der Gesang leiser und unbedeutender als der Gesang der Rauchschwalbe.

Die Uferschwalbe ist die Kleinste unserr Schwalben. Vorkommen: Europa, Westasien. Die Schwalbe bewohnt Flußufer, Kiesgruben, Durchstiche und ähnliche Plätze wo sie Nistgelegenheit findet. Sie Kommt bei uns in Deutschland meist erst im Mai, bisweilen aber schon Ende April und verläßt uns oft schon im August manchmal erst im September. Der Nesteingang befindet sich am oberen Rande der Steilwände. Zum Nest führt eine 1m tiefe horizontale, enge Röhre. Zusammengetragene Hälmchen und Federn bilden die Unterlage für die Eier. Auch findet sich das Nest in Mauerritzen. Hier stehen dann die Nester der Kolonie nicht so nahe beieinander und sind auch nicht so tief wie die selbstgegrabenen an Steilufern. An diesen sind die Nester nahe am oberen Rande und das Dunkel der dicht nebeneinander stehenden Einfluglöcher läßt die Uferschwalbenkolonie schon von weitem erkennen, denn auch diese Schwalbe liebt es Koloniewei(s)e zu brüten. In Böslerhöhe bei Graudenz W/Pr. habe ich diese Schwalbe an dem Steilhang (ca. 35-40 m hoch) über einer Berglehmgrube gesehen. – Die 5-6 Eier sind rein weiß ohne Glanz und ohne jede Zeichnung (17,3 x 12,5). Die Jungen haben bräunliche Federsäume. Meist finden zwei Bruten statt. Ihr Flug ist rascher und schwankender als der der Hausschwalbe. Man sieht sie nie hoch Kreisen, sondern meist immer geschäftig nahe über dem Boden der Nahrung nachfliegen. Sie setzen sich selten auf Drähte oder dünne Zweige sondern auf Wurzelwerk, das aus der Böschung herausschaut, oder sie gehen in ihre Röhren um auszuruhen. Ihr Lockton ist schärr oder schräh oder räh. Der unbedeutende Gesang ist aus ähnlichen Tönen zusammengesetzt. Die Jungen lassen beim Füttern ein leises Zwitschern hören.

Der Mauersegler. Vorkommen: Ganz Europa. Der Mauersegler ist ein typischer Zugvogel, der Ende April plötzlich da ist und Ende Juli, spätestens Anfang August, wieder ebenso plötzlich nachts verschwindet. Er kommt überall vor wo sich ihm günstige Nistgelegenheit bietet meist in Städten. Unter Dachsparren, in Mauerlöchern, sogar in Starenkästen baut er aus Federn, Wolle und ähnlichen Stoffen, ein Nest das eine flache Mulde bildet. Mit seinem klebrigen Speichel der bald erhärtet überzieht er das Ganze. Das Gelege besteht aus 2, selten aus 3 weißen glanzlosen, ziemlich langgestreckten Eiern (24,8 X 16,2) Die Jungen haben helle Federsäume und sehen besonders an der Brust lichter aus als die Alten. Sie verlassen das Nest erst wenn sie vollkommen fluggewandt sind. Es findet nur eine Brut statt. Wenn die Eier bis Mitte Mai gelegt sind, schlüpfen Anfang Juni die Jungen aus und sitzen bis Mitte Juli im Nest. Dann bleiben noch einige Tage zu Flugübungen, und dann geht es fort mit den Alten nach Süden. Die Mauersegler umkreisen die Türme und Häuser mit einem lauten srie, wodurch sie gleich bei der Ankunft auffallen. Während der Brutzeit und der Aufzucht der Jungen werden sie stiller. Oft fliegen sie weit weg nach guten Nahrungsplätzen und erscheinen erst spät abends in ihren Höhlen. Sie verzehren nur fliegende Insekten, kleine Käferchen mit Vorliebe, deswegen geraten sie leicht in Not und gehen bei anhaltenden Regenwetter massenhaft zu Grunde. Dadurch erklärt sich die wechselnde Häufigkeit. Durch Ringversuche ist festgestellt daß die Segler zu ihren Brutstellen jedes Jahr zurückkehren.

Raben-Raub-und Hühnervögel.

Blauracke ca 32 cm Fl 20 cm
Mandelkrähe Coracias garrules

Alcedo ispida, Eisvogel 17 cm Fl 7,8 cm
alcedo, aus griech. alkyon - der Eisvogel

Coracias, lat. rabenartig
zu corax der Rabe, — garrules lat.
geschwätzig (zu garrire schwatzen).

Coraciidae, Racken.

Schnabel rabenartig ohne Auskerbung. Ober- und Unterschnabel vorne etwas abwärts gebogen. Nasenlöcher ritzförmig, von oben mit einer Haut überzogen. Schnabelwurzel von Borsten umgeben. Kleiner kahler Fleck hinter dem Auge. Füße kurz, Zehen schwach. Rackenvogel von mir am Bober bei Försterei Tillendorfer Heide gesehen.

Eisvögel, Alcedinidae. Schnabel lang, gerade kantig, seitlich zusammengedrückt. Nasenlöcher ritzförmig, klein, durch eine Haut verschließbar. Zunge sehr kurz, Füße klein, bis über die Ferse kahl. Zehen miteinander verwachsen. Hinterzehe sehr klein. Sohlen breit. Flügel kurz und stumpf. Schwanz sehr kurz, 12-fedrig. Gefieder glatt anliegend, farbenprächtig metallisch glänzend.
Blauracke. Zugvogel: Ende April/Mai – Aug./Septbr. Ruf: räh.
Eisvogel. Standvogel und Strichvogel Ruf tit tit, tsih tsih.
An fischreichen Gewässern lauert der Eisvogel. Er lebt in der Hauptsache von Kleinfischen. Unverdauliche Nahrungsteile werden ausgespien; man nennt sie Gewölle. (Ballenform [Fischgräten]). Ich habe den Eisvogel oft in der Nähe der Försterei Tillendorfer Heide am Bober, schräg gegenüber des Dorfes Wiesau bei Bunzlau gesehen.

Die Blauracke. Vorkommen: Europa, Westasien, Nordafrika. In Deutschland gehört sie zu den seltenen Vögeln; im Westen fehlt sie fast ganz. Sie kommt Ende April und verläßt uns wieder im August. Feldhölzer mit lichtem Bestande, hauptsächlich der Ebenen, werden von ihr bevorzugt. Wenn auch die Racken unter sich zänkisch sind, so trifft man sie zur Brutzeit doch oft nahe beieinander nistend an. Das Nest befindet sich in Baumhöhlen. Im Süden findet man es aber auch häufig in Löchern von Steilwänden, an Plätzen, wie sie der Bienenfresser zur Anlage seiner Niströhre wählt. Es ist eigentlich

(Blauracke) nur eine Unterlage von zusammengetragenen Würzelchen, Halmen, Haaren und Federn. Die 4-5 Eier sind rein weiß, glänzend und von feinem Korn (35,4 x 28,1). Die Jungen sind weniger lebhaft gefärbt. Ihre Kehle ist fast ganz weiß. Die Blauracken sind fluggewandte Vögel, deren Flug aus der Entfernung an den Flug der Tauben erinnert, nur daß er noch gewandter ist, was sich besonders bei den vielen Schwenkungen zeigt. Im Frühjahr erfreuen sie das Auge durch eigentümliche Balzflüge. Mit lautem räh seinem Lockruf wirft sich das Männchen in der Luft herum, sich öfter überschlagend. Häufig hört man den Ruf rack rack an die Elstern erinnernd, auch kräh wie junge Dohlen. Zum Ausruhen setzen sie sich gerne auf dürre hervorragende Äste oder Telegraphendrähte. Von den Getreidegarben herab, in manchen Gegenden auch Mandeln genannt, spähen sie nach Nahrung. Darum heißen sie auch Mandelkrähen. Allerlei Insekten bilden ihre Nahrung. Sie nehmen sie von der Erde auf oder erhaschen sie nach Art der Fliegenschnäpper im Flug. Käfer und Heuschrekken lieben sie besonders. Auch größere Tiere wie Frösche, Eidechsen und Mäuse fressen sie gelegentlich. Ich habe die Blauracken auf der Jagd der Gemeinde Roddan (Westpriegnitz) an der Eisenbahn-Hauptstrecke Berlin-Hamburg, zwischen den Stationen Bad Wilsnack und Glöwen angetroffen.

Der Eisvogel. Vorkommen: Europa mit Ausnahme des Nordens. Dieser schöne Vogel ist Zug-, Strich- und Standvogel. Er lebt an Gewässern, besonders gerne an steil abfallenden mit Buschwerk bestandenen Ufern. Im Winter zieht er offenen Gewässern nach. Sein Nest befindet sich in den Steilufern, Löß- und Lehmwänden 1-3m hoch über dem Wasser. Wie Bienenfresser und Uferschwalbe gräbt auch er eine lange Röhre, die am Ende zum Nestraum erweitert ist. Als Unterlage für die 7 Eier dienen die aus zerfallenen Gewöllen herrürenden Fischgräten und Insektenteile. Die Eier sind fast rund und glänzend wie weißer Porzellan (22,7 X 18,6). Die Jungen gleichen Anfangs mehr einem Igel als einem Vogel, da die Federn sehr lange in den Blutkielen stecken. Beim Verlassen des Nestes sehen sie den Alten sehr ähnlich, nur ist die Farbe, wie bei den Weibchen, mehr grünlich als lazurblau. Ihr Schnabel ist noch kürzer und hat eine weiße Spitze. Meist findet nur eine Brut bei uns statt. Der Eisvogel ist ein Schmuck unserer Gewässer. Aufrecht sitzt er scheinbar regungslos, nach Beute spähend, auf einem Pfahl oder einem vorspringenden Zweig niedrig über dem Wasser. Plötzlich schießt er ins Wasser und erscheint bald darauf mit einem kleinen Fisch im Schnabel und strebt einem anderen Sitzplatz zu. Hier klopft er noch den Fang mundgerecht und verschluckt ihn. Außer Fischen frißt er auch noch Wasserinsekten und deren Larven, Krebstierchen und anderes Wassergetier. Die Stimme ist ein hohes, helles, tietietietititi das ihn verrät, noch bevor man ihn sieht. Er stößt diesen Ruf meist im Fluge, dicht über das Wasser hinstreichend aus. Die Jungen lassen noch ein Zirpen und Schnurren hören. Obgleich ihm nur unwichtige Jungfische zur Nahrung dienen, hassen ihn die Fischer.

Die Nachtschwalbe auch Nachtschatten, Ziegenmelker und Tagschlaf
Vorkommen: Europa. Dieser Vogel bewohnt Wälder in Ebenen und Gebirgen, Mischwald und Nadelwald und wählt sich Waldblößen zum Lieblingsaufenthalt, wo Heidekraut gedeiht und Besenginster wächst. Der Nachtschatten kommt als Zugvogel in der zweiten Aprilhälfte und zieht im August und September wieder fort. Er baut sich kein eigentliches Nest, sondern legt seine 2 Eier einfach auf das Moos, ins Gestrüpp oder einen dürren Grasbusch. Sie sind oval, grauweiß oft auch schwachglänzend milchweiß, und haben graue Flecken und darüber noch fast schwarze Punkte oder aber auf weißlichem Grunde graue Schnörkellinien (31,5 x 22,3) Man findet die ersten Eier meist erst im Juni. Es scheint nur eine Brut stattzufinden. Nach dem Verlust des feinen gelblichen bis bräunlichen Flaums sehen die Jungen dem Weibchen ähnlich, das bis auf die weißen Flecken an Flügelfedern und Schwanz dem Männchen gleicht. Um die Jungen sind die Eltern sehr besorgt und umgaukeln den Störenfried, bis er sich entfernt. – An einem frühen Sommermorgen des Jahrer 1929 habe ich, auf den Boberwiesen, in der Nähe der Försterei Tillendorfer Heide bei Bunzlau, eine an den Hochspannungsleitungen verunglückte Nachtschwalbe (Flügelbruch) in der Hand gehabt. – Die Alten sollen auch gelegentlich Eier und Junge verschleppen wenn ihnen der Platz unsicher zu werden erscheint. Bei Tag sitzen die Nachtschwalben schlafend

auf einem dicken Aste in der Längsrichtung des Astes. Sie gleichen durch ihr düsteres Gefieder einem Aststück und werden so leicht übersehen. Oft schlafen sie auch einfach auf dem Boden. Gegen Abend kommt dann Leben in die Tiere und sie fliegen im flatterndem Flug umher um Nachtschmetterlinge, Käfer und andere Insekten zu haschen. Es richtig, daß sie mit geöffnetem Rachen umherfliegen. Zur Zeit der Minne umgaukelt das Männchen das Weibchen in merkwürdigen Schwenkungen. Dabei schlägt es die Flügel klatschend zusammen wie unsere Haustauben. Ihre Stimme ist ein dack dack ein häit häit und dann ein merkwürdiges Schnurren, das wie errr und örrr klingt, ersteres höher, letzteres tiefer. Dieser Nachtvogel hat mit seinem flatternden Fluge, seinem Flügelklatschen und eigenartigen Schnarren, das an gedämpftes Trommeln des Spechtes erinnert, etwas Gespenstisches. In Wirklichkeit ist er äußerst nützlich durch Vertilgung der forstschädlichen Nachtfalter.

Wiedehopf. Vorkommen: Europa, Westasien, Nordwestafrika, Kanarische Inseln. Er kommt als Zugvogel Anfang April kurz vor dem Kuckuck und verläßt uns im August und September. Er bewohnt an Wiesen und Felder anstoßende Waldränder, Viehtriften, Wiesen mit feuchtem Untergrund, wenn lichte Wälder ohne Unterholz in der Nähe sind. Die Ebene zieht er dem Gebirge vor. Am liebsten nistet er in hohlen Bäumen, besonders gerne in Weiden, wo dann die Eier ohne jegliche Unterlage auf Holzmull liegen. In Mauer- oder Felslöchern baut er aber aus Gras, Halmen, Federn und trockenem Kuhmist eine Unterlage. Die 6-8 Eier

Nachtschwalben
Nachtschwalbe ca 26 cm Fl 19,5 cm
Nachtschatten Ziegenmelker
Tagschlaf
Caprimulgus europaeus
caprimulgus lat. aus capra Ziege
und mulgere melken der Ziegenmelker
europaeus, a, um lat. europäisch.
Kopf sehr breit, Schnabel sehr klein Rachen groß
Zunge auffallend klein, Füße kurz u. stark drei
Zehen nach vorne, durch eine Haut verbunden.
Hinterzehe etwas höher eingelenkt, nach innen
wendbar. Flügel lang und schmal, Federn steif
und spröde, Schwanz abgerundet Gefieder sei-
denartig weich. Augen sehr groß.
Wiedehopfe
Schnabel, säbelförmig ge-
bogen dünn und schlank, Nasenlöcher
rund und offen. Zunge kurz Äußere
und Mittelzehe am Grunde mit ein-
ander verwachsen. Flügel den
Wiedehopfe
Schwanz
wenden
Wiedehopf ca 28 cm
Fl 15 cm
Upupa epops
upupa, lat. (Lautnachahmend)
Wiedhopf (Waldhüpfer
epops, griech. Wiedehopf.

überragend, Schwanz gerade abgeschnitten mit bunten Federn. Haube aufrichtbar. Glanzloses Gefieder.

Nachtschwalbe Zugvogel Mitte bis Ende April – August/September
Ruf dack... häit

Wiedehopf " Mitte bis Ende April – September
Ruf: ärr ärr; upupup

(Fortsetzung Wiedehopf) sind länglich grünlichweiß, auch grau oder bräunlich mit schwachem Glanz (25,8 x 17,9). Die Jungen sehen ihren Eltern sehr ähnlich nur zeigen die Spitzen der Haubenfedern bei den Alten weniger Schwarz. Der Wiedehopf fliegt ähnlich wie der Eichelhäher. Auf dem Boden bewegt er sich sehr geschickt. Hier geht er auch meist seiner Nahrung nach und durchstöbert mit seinem langen Schnabel die Exkremente der Weidetiere nach Insekten und deren Larven. Auch alle sonstigen Insekten, wie Heuschrecken, Käfer, Maulwurfgrillen, Ameisen und deren Puppen schätzt er sehr. Regenwürmer zieht er aus dem Boden. Gewöhnlich wirft er die Bissen in die Höhe und fängt sie kunstgerecht mit großer Sicherheit wieder auf um sie zu verschlucken. Der Ruf des Wiedehopfes, ein tiefes hup – hup – hup fast stets dreisilbig vorgetragen ist sehr bekannt. Der Lockton ist ein ärr ärr. Lange Zeit wurde behauptet daß er sein Nest beschmutzt, dies ist aber nicht der Fall wie jetzt beobachtet wurde. Ich habe den Wiedehopf, auf der Jagd der Gemeinde Schwante, auf den Viehkoppeln, am Wege nach Zieten, wo auch unweit die Großtrappen anzutreffen waren, oft gesehen.

Der Grünspecht. Vorkommen: Er ist in verschiedenen Formen über ganz Europa verbreitet, unsere Form bewohnt Mitteleuropa. Laubwälder, Pappelalleen, Feldgehölze, Obstgärten und Parkanlagen sind sein Lieblingsaufenthalt. Er ist Stand- und Strichvogel, entfernt sich aber im allgemeinen nicht sehr weit von seinem Brutbezirk. Einige überwintern in Südeuropa. Seine Bruthöhle zimmert er sich in Laubbäume, gerne in Obstbäume. Die Höhle wird oft mehrere Jahre hintereinander benutzt. Das runde bisweilen auch längliche Eingangsloch mißt 6–7,5 cm. Die Höhle befindet sich 1–15 m über dem Boden und ist innen bis zu 1 m tief, meist jedoch weniger tief. Die nur auf Spänen liegenden 7 Eier sind glänzend weiß, birnförmig oder oval (31,1 x 23). In der Zeichnung des Kopfes sehen die Jungen den Alten schon sehr ähnlich, doch ist der Vorderkörper durch helle Federspitzen etwas gesprenkelt. Die Iris ist dunkelgrau und wird später bläulich-weiß. Er ist ein sehr gewandter Kletterer, der nicht nur an Bäumen, sondern auch an rauhen Mauern geschickt emporklettert. Auch auf dem Boden bewegt er sich durchaus gewandt und hüpft oft in großen Sätzen auf dem Rasen herum. Er liebt vor allem Ameisen und deren Brut und weiß sowohl die Waldameisen in deren Haufen und die Wiesenameisen in ihren Verstecken auch im Winter zu finden. Sonst sucht er sich aber auch seine Nahrung an Bäumen. Sein Flug ist der typische Spechtflug. Seine Stimme ist weithin vernehmbar. Sie klingt wie kjück kjück. Sein Paarungsruf ist ein helles Lachen, glüück glüück glück glück glück usw., das langsam beginnend, fallend immer schneller wird, sodaß die letzten Silben der zusammenhängenden Rufreihe recht kurz ausfallen. Mann kann diesen Ruf im Gegensatz zu dem des Grauspechtes nicht nachpfeifen. Zu trommeln scheint der Grünspecht selten.

Der Grauspecht. Vorkommen: Zentraleuropa und Teile Asiens. In Deutschland im Südwesten viel häufiger als im Nordosten. Er bewohnt Laub- und Mischwald und weit weniger oft in die Nähe des Menschen als der Grünspecht. Seine Bruthöhle ist in den Maßen etwas kleiner als die des Grünspechtes. Auch die Eier (6-8) kleiner als die des Grünspechtes und von sehr feiner, fast durpsichtiger Schale (27,4 x 20,8). Die Jungen sind auf der Unterseite dunkelbraun gefleckt. Bei den jungen Männchen ist das Rot am Vorderkopf schon deutlich sichtbar. In seinem Betragen ähnelt er sehr dem Grünspecht. Auch kommt er gerne auf den Boden und holt sich mit großer Vorliebe Ameisen sowie deren Brut. Man hat Grün- und Grauspechte deshalb auch Erdspechte genannt. Seine Stimme ist von der des Grünspechtes dadurch zu unterscheiden, daß man sie mit dem Munde bequem nachpfeifen kann. Sie klingt wie Küü/ Küü/ Küü/ Kü-Kü usf. Die ersten Töne sind durch eine kleine Pause getrennt, die letzten fast ineinander übergehend. Außerdem fallen die Töne ganz deutlich, sodaß der letzte Ton vie niedriger liegt als der erste. Diese Rufreihe klingt im Gegensatz zu dem fröhlichen Ruf des Grünspechtes schwermütig. Außer diesem Paarungsruf hört man noch das übliche gück gück das ganze Jahr hindurch. Von diesem Specht hört man im Frühjahr, ein Trommeln. Dieses Trommeln ist aber viel kürzer als das der anderen Spechte. Im Fluge sieht man von diesem Spechte fast immer die gelbgrüne Farbe des Unterrückens, weshalb er auch meist für den Grünspecht gehalten wird, mit dem er sehr oft zusammen vorkommt. Seine etwa 2 cm geringere Größe genügt bei der Beoachtung im Freien kaum zur genauen Erkennung. Der Flug ist stark bogig, beim Senken legt er die Flügel fast ganz an den Körper an.

Picidae Spechte. Schnabel gerade, sehr stark und kantig, scharfe Spitze oft meiselförmig. Spechtzunge durch Zungenbeinhörner sehr weit vorstreckbar, vorne mit Widerhäkchen besetzt. Kurzer Lauf, kräftige Zehen, zwei stets nach vorn gerichtet. Flügel mittellang, 10 spitze Handschwingen, erste sehr kurz, dritte und vierte am längsten. Schwanz keilförmig. 12 Steuerfedern, die beiden äußeren klein und weich, die anderen sehr steif und fest, in eine Spitze auslaufend. Federfluren sehr schmal — Grünspechte Hals verhältnismäßig dick, im Gegensatz zu Schwarz- und Buntspechten. — Hals dünn, äußere Hinterzehe länger als die äußere Vorderzehe - Schwarzspecht. Hals sehr dünn und dünn befiedert. Äußere Vorder- und Hinterzehe ziemlich gleich. - Wendehals Schwanz abgerundet. Seidenweiches, eulenartiges Gefieder.
(Grünspecht)

Von mir in Bunzlau i/Schl. an der Kirschen-Allee nach Alt-Jäschwitz gesehen, auch in der Forst bei Sternberg (hinter Frankfurt a/O) beobachtet.

Der große Buntspecht. Vorkommen: Mit Ausnahme des äußersten Ostens von Deutschland, wo die nordische Form brütet, bewohnt er Mittel- und Westeuropa, ferner Kleinasien. Nadel-, Laub-Mischwälder und große Parkanlagen sind sein Lebensgebiet. Seine Nisthöhle schlägt er in weiche Laub- oder Nadelbäume. Oft findet sie sich in einer Höhe von 3-10 m an morschen Eichen. Das Einschlupfloch ist nur so groß, daß der Vogel eben noch hineinpaßt. Die 4-6 Eier sind glänzend-weiß (25,7 X 19,3). Die Jungen haben auf dem Scheitel einen roten Fleck, der Hinterkopf ist schwarz. Die rote Färbung an der Unterseite ist weniger ausgedehnt und blasser, außerdem sind die Seiten

Der große Buntspecht. (Fortsetzung) schwach gestreift. Dieser Vogel ist bei uns ziemlich häufig und fällt durch sein buntes Kleid und seinen Lockruf, ein ziemlich scharfes tick und gick, auf, das er fast immer einzeln oder wenigstens in größeren Zwischräumen ausstößt, während der Mittelspecht einen sehr ähnlich klingenden Lockruf meist in Rufreihen hören läßt. Im Frühjahr hört man von ihm häufig Trommeln, das er an dürren Ästen mit großer Kunstfertigkeit hervorbringt. Dazu hat er seine ganz bestimmten Plätze. Dieser Specht nährt sich von forstschädlichen Insekten und deren Maden, die er aus der Rinde oder dem Holz der Bäume hervorholt. Besonders schätzt er die Maden der Borkenkäfer. Außerdem frißt er Sämereien besonders Tannensamen. Die Tannenzapfen klemmt er ein, in ein zu diesem Zweck gemeißeltes Loch und bearbeitet sie solange, bis die Schuppen abgemeißelt sind und die Kerne freiliegen. Man sieht unter einem Baum mit einer derartigen „Spechtschmiede" oft einen großen Haufen solcher Schuppen. Diese Spechte sind unter sich ziemlich unverträglich und suchen ihr Revier gegen ihresgleichen zu behaupten. So kann man sie auch durch Nachahmen ihres Trommelns, durch Klopfen an Bäume herbeilocken. Sie vermuten dann einen Eindringling, den es zu vertreiben gilt. Obwohl diese Spechte ziemlich einsam leben, so sieht man sie doch im Winter öfter in Gesellschaft von Meisen Goldhähnchen, Baumläufern herumziehen. Es scheint aber, als ob er sich um seine Gesellschaft wenig kümmere, die sich ihm vermutlich ohne sein Zutun angeschlossen hat.

Der mittlere Buntspecht. Vorkommen: Mitteleuropa ohne Großbritamien. Er ist überall viel viel seltener als der große Buntspecht, bevorzugt Laubwälder, fehlt aber auch in gemischten Beständen nicht. Er schlägt seine Höhle in Laubbäume mit möglichst kleinem, rundem Einschlupfloch in einer Höhe von 1–12 m, benutzt aber auch öfter Höhlen anderer Spechte. Die Höhlung ist mit feinen Spänen ausgelegt und hierauf findet man die 5–7 Eier. Diese sind kurzoval und glänzend weiß (23,8 x 18,7). Die Jungen haben mattere Farben und breitere Seitenstreifen. Sie ähneln denen des großen Buntspechtes, sind aber kleiner und schlanker als diese. Der Mittelspecht gleicht im großen und ganzen in seiner Lebensweise dem großen Buntspecht, doch zieht er Insekten den Sämereien entschieden vor was forstwirtschaftlich bedeutsam ist, Borken- und Rüsselkäfer, Holzböcke und Spinnen sowie deren Eier und Larven bilden die Hauptnahrung. Seine Stimme ist weicher als beim großen Buntspecht. Sie klingt wie <u>KickKick-KickKik</u> im schneller werdend. Zur Paarungszeit hört man von ihm noch andere Rufreihen die aber schwer wiederzugeben sind. Voigt gibt sie mit djetjetjet . . . wieder, oder auch mit rih a rih ä rih ä . . . Er läßt den Lockton Kick aber immer zusammenhängend hören, selten einzeln wie der große Buntspecht. Im Frühjahr ruft das Männchen besonders laut und häufig. Es setzt sich dabei oft auf die Spitze eines hohen Baumes. Durch diese Eigentümlichkeiten ist es möglich, den mittleren Buntspecht vom großen mit genügender Sicherheit zu unterscheiden. Eifersüchtige Männchen jagen sich sehr häufig, wobei sie oft sich balgend aneinanderkrallend auf den Boden fallen. Wenn sie ermattet sind, hängen sie nebeneinander am Baum und schreien sich gegenseitig an, wobei oft noch ein klagendes Käák ausgestoßen wird. Auch diese Spechte trommeln sehr häufig.

Spechte
Picus, lat. der Specht
viridis, lat. grün
canus lat. grau
Grünspecht ca. 32 cm Fl. 16,5 cm
Picus viridis pinetorum (Brehm)
Grauspecht
Picus canus

Spechte
Der große Buntspecht ca21cm Fl13,5 cm
Dryobates major pinetorum (Brehm).
Dryobates griech. der Baumschreiter: major, lat. der größere

Spechte
Mittelspecht ca 19,5 cm Fl 12,5 cm
Dryobates medius
dryobates griech. aus dryas der Baum und bates
(baino ich schreite) der Baumschreiter
medius, a um lat. der mittlere.
Der Kleine Buntspecht ca 14 cm Fl 9 cm
Dryobates minor hortorum Brehm
minor, lat. der Kleinere

Der Kleine Buntspecht. Vorkommen: Er bewohnt Mitteleuropa, während eine andere Form in Nordeuropa bis nach Ostpreussen vorkommt. Dieser Kleine Specht wird oft übersehen, er dürfte häufiger sein, als gewöhnlich angenommen wird. Er lebt in Parkanlagen Obstgärten, Pappelalleen und scheint überhaupt eine Vorliebe für Laubhölzer zu haben, ohne jedoch in gemischten Beständen zu fehlen. Die Nisthöhle schlägt er gerne in Weiden, Pappeln, auch Obstbäumen in verschiedener Höhe. Hartes Holz kann er nicht bearbeiten. Die Einschlupfröhre ist kreisrund. Die Eier (5-6) sind kurzoval und weissglänzend und haben keine Längsfurchen (18,8 X 14,2) Die jungen Männchen haben etwas rot am Kopf, den Weibchen fehlt dies. Das Schwarz tritt noch nicht so scharf hervor die Stirn ist bräunlich, statt weiß, die Streifung der Seiten ist noch stärker ausgeprägt. Dieser niedliche kleine Kletterer hat eine feinere Stimme, als seine Verwandten, die wie ein hohes Kikikikiki oder gigigigi klingt. Dieser Ruf wird gewöhnlich zusammenhängend vorgetragen im Frühjahr oft von der Spitze eines Baumes herab. Auch trommelt dieser Kleine Specht im Verhältnis zu seiner Größe recht stark. Gegen Menschen ist er gar nicht scheu und läßt sich aus nächster Nähe beobachten. Im Winter streift er weit umher und sucht täglich mit ziemlicher Regelmäßigkeit ein größeres Revier nach Nahrung ab. Er treibt sich auch gerne in Gesellschaft von Meisen und Kleibern herum, ja es hat dann oft den Anschein, als sei er deren Anführer.

Der Schwarzspecht · Vorkommen: Europa mit Ausnahme des äußersten Südens und Nordasien bis zum fernen Osten. Er bewohnt mit Vorliebe größere Nadelwälder, bevorzugt aber für die Anlage seiner Nisthöhle eingesprengte Laubbäume. So findet man die Höhle oft in Rotbuchen, aber auch in allen Arten von von alten Nadelbäumen. Die Höhe der Nisthöhle schwankt von 4m an bis zu beträchtlichen Höhen. Das Einschlupfloch ist meist oval und hat eine mittlere Breite von 8 cm während die mittlere Höhe 12 cm beträgt. Öfter findet man das Einschlupfloch mit fast horizontaler Basis. Die Höhle ist ca 40 cm tief und dehnt sich oft auch über das Schlupfloch hinaus nach oben aus. Man findet oft unter dem Nistbaum Späne von 20 cm Länge, die von den Alten, die sich beide am Zimmern der Höhle beteiligen, herausgeworfen werden. Die Höhle ist unten etwas über 20 cm im Durchmesser und innen ziemlich glattwandig. Auf einer Unterlage von Spänen werden die 3-4 Eier gelegt ~~und~~ von beiden Alten abwechselnd erbrütet. Die Eier sind glänzend weiß und fast birnförmig (36,5 × 25,5). Die Jungen sind nicht so glänzend schwarz wie die Alten, sondern etwas bräunlicher. Die Iris ist graublau, während sie bei den Alten blaßgelblich ist. Ein dunkler Fleck der Iris neben der Pupille läßt diese oval erscheinen. Der Schnabel der Jungen hat eine weißliche Spitze. Der Schwarzspecht ist ein sagenumwobener, merkwürdiger Vogel, der meist einsam sein großes Revier bewohnt, aus dem er jeden Nebenbuhler vertreibt. Selbst das Paar hat während des Zusammenlebens getrennte Schlafhöhlen. Die Paarung erfolgt außerhalb der Bruthöhlen auf einem Ast. Die Stimme ist ein langgezogenes Kliöh oder dliäh, das wie ein Klageruf erklingt. Er stößt ihn meistens am Baumstamm hängend aus.

Der Dreizehenspecht. Vorkommen: Das Alpengebiet, die Karpathen, Bosnien und Herzegowina. Für Deutschland ist er nur aus den bayerischen Alpen und aus Schlesien nachgewiesen. Er gehört also zu unseren seltensten Vögeln. Eine andere Form bewohnt den Norden Europas, das südliche Sibirien und das Altaigebirge. In der Lebensweise ähnelt er dem großen Buntspecht. Seine Nisthöhle schlägt er in alte Tannen, meist 3-5 m hoch. Die 3-4 Eier sind glänzend weiß (24,8 x 18,8). Die Jungen sind fast ganz ohne Weiß, da die Federspitzen graubraun sind. Die Stirn ist bei jungen Männchen und Weibchen gelb, während das alte Weibchen keinen gelben Scheitel hat. Die Stimme dieses Spechtes ähnelt der des Mittelspechts. Das Kiök-Kiök ist volltönender und tiefer als das tick vom großen Buntspecht. Die Jungen schreien schon in der Höhle vor dem Ausfliegen und verraten so deren Stelle. Man findet sehr wenig genaue Angaben über seine Lebensweise, da er nur selten zur Beobachtung kommt. Ebenso ist es mit dem Elstern- oder Weißrückenspecht der in Deutschland nur in Schlesien beobachtet wurde, auch in Bayern soll er vereinzelt brüten.

Spechte.
In der Klischdorfer Heide bei Bunzlau anwesend.
Dryocopus; griech. aus dryas der Baum und koptō ich schlage der Baumklopfer. martius, a, um, zu dem Mars, Kriegsgott, streitbar.
picoides (aus picus der Specht und eidos die Gestalt) spechtartig tridactylus, griech. dreizehig
Picoides tridactylus alpinus (Brehm)
Der Dreizehenspecht ca 23 cm Fl. 11,5 cm
Dryocopus martius
Schwarzspecht ca 45 cm Fl. 24 cm
Nebelkrähengröße.

Schwarzspecht (Fortsetzung) Während des Fluges hört man noch ein helles und sehr kräftiges Krükrükrü, das von der Singdrossel öfter als Motiv gebracht wird. Auch hört man von ihm gelegentlich noch glückglück, das entfernt an die Rufweise des Grünspechtes erinnert. Er trommelt stark und dumpf.

Der Wendehals. Vorkommen: Mittel- und Nordeuropa, große Teile von Asien. Er kommt als Zugvogel Anfang April und verläßt uns im August. Er bewohnt Gärten, Parkanlagen, lichte Wälder, Obstplantagen und kommt nahe an die menschlichen Siedlungen heran. Zum Brüten sucht er sich fertige Höhlen, da er sich keine selbst zimmern kann. Er nimmt auch gerne künstliche Nisthöhlen an. Der Grund der Höhle ist mit Holzmulm angefüllt. Auf diese Grundlage werden die 7-12 kurz ovalen, schwach glänzenden weißen Eier gelegt (20,2 x 15,4). Die Jungen bleiben sehr lange im Nest, bis sie vollständig flugbar sind. Sie sehen dann ihren Eltern schon sehr ähnlich. Seinen Namen hat dieser merkwürdige Vogel von den eigenartigen Wendungen, die er in der Angst bei Gefahr und Not mit Hals und Kopf ausführt. Er drückt sich auf den Boden, spreizt die Schwanzfedern, streckt den Hals lang und wendet den Kopf, dabei zischt er wie eine Schlange. Trotz der Kletterfüße klettert er nicht, sondern bewegt sich in den Ästen wie ein Singvogel. Sein Flug ist bogig. Auf kurze Entfernungen läßt er sich nahe zum Erdboden herab, um kurz vor dem Ziel wieder schräg anzusteigen, ähnlich wie es die Würger tun. Seine Nahrung besteht aus allerlei Insekten. Mit Vorliebe verzehrt er Ameisen und deren Puppen. Sein Ruf klingt wie wääd wääd wääd wääd und wird bis 20 mal in einer Rufreihe wiederholt. Man hört ihn

Spechte
Kuckucke
ganz unbekannten Ursprung doch schon von den Griechen für den Wendehals gebraucht.
torquillus, a, um, lat. drehend, wendend
Cuculus, lat. (Lautnachahmung) der Kuckuck.
canus, a, um lat. grau
Zugvogel: Mitte bis Ende April – Ende Juli/Aug.
Ruf: Kukuk ♀ Kikiki
Wendehals ca 17,5 cm Fl 9 cm
Iynx torquilla
Zugvogel. Ankunft: Mitte bis Ende April }
Fortzug — Ruf: wääd wääd
Kuckuck oder Gauch ca 35 cm
Cuculus canorus Fl 22 cm
Cuculidae, Kuckucke. Schnabel seitlich zusammengedrückt, so lang wie der Kopf. Füße mit Wendezehe. Schenkel mit Hosen. Flügel lang und spitz. Schwanz stufig.

Wendehals (Fortsetzung)

bei seiner Ankunft häufig, bekommt ihn seltener zu Gesicht, weil sein rindenfarbiges Gefieder ihn den Blicken entzieht, namentlich, wenn er regungslos auf einem dicken Aste sitzt. Später, sobald der zahlreiche Nachwuchs da ist, verstummt er fast ganz.

<u>Der Kuckuck</u> oder Gauch. Vorkommen: Ganz Europa, Kleinasien, Kaukasus. Unser Kuckuck kommt schon Anfang April und verläßt uns bisweilen schon Ende Juli spätestens im August. Er kommt überall im Brutgebiet der kleinen insektenfressenden Vögel vor. Männchen und Weibchen haben ganz bestimmte, abgegrenzte Reviere, des Letzteren erstreckt sich über mehrere Männerreviere. Beide dulden in ihren Revieren Geschlechtsgenossinnen nicht. Bekannt ist, daß der Kuckuck seine Eier in fremde Nester legt. (Brutparasitismus) und zwar legt das Weibchen jeweils ein Ei in das fremde Nest und entfernt dafür 1-2 Stück der fremden Eier. Fast alle kleinen Singvögel müssen gelegentlich junge Kuckucke erbrüten und aufziehen. Selbst der kleine Zaunkönig mit seinem oben geschlossenen Nest mit nur kleinem Einschlupfloch entgeht ihm nicht, und dies macht es wahrscheinlich, daß das Kuckucksweibchen das Ei auch außerhalb legt und mit dem Schnabel in das Nest trägt. Das Ei des Kuckucks (22,8 x 16,5) ist im Verhältnis zum Kuckuck sehr klein, doch gegenüber den fremden Eiern sehr groß. Merkwürdigerweise ist die Färbung sehr verschieden, und die Kuckuckseier gleichen sehr oft denen des fremden Geleges. Es scheint, als ob das Kuckucksweibchen immer wieder die Nester der Vogelart aufsucht, der auch seine Pflegeeltern angehörten.

Kuckuck (Fortsetzung) Gleich in den ersten Tagen versucht der junge Kuckuck die Stiefgeschwister über den Nestrand zu werfen. Gelingt es ihm, so wächst er bei reichlicher Fütterung rasch heran. Er verläßt bald das Nest. Die Alten folgen ihm fütternd bis zu seiner Selbständigkeit. Dann streicht er bis zu seinem Fortzuge umher. Bisweilen gehen aber auch Kuckucksei oder junger Kuckuck, wenn die Jungen der Pflegeeltern wesentlich früher erbrütet werden, zugrunde. Der Kuckuckruf Kukuk, auch dreisilbig Kukukuk oder Klakukuk ist der Ruf des Männchens, vom Weibchen hört man ein helles volltönendes Kikiki. Durch Vertilgung namentlich der haarigen Raupen und anderer Insekten ist er ein sehr nützlicher Vogel.

Corvidae, Rabenvögel.

Schnabel gebogen, kräftig, Nasenlöcher rund, nahe an der Stirn, von Borsten bedeckt. Lauf vorn beschildert, hinten beschient. Füße kräftig die Zehen nicht verwachsen. Krallen stark, unterseits mit zwei scharfen Schneiden. 10 Handschwingen, nach der Spitze sich verjüngend. Vierte Schwinge meist die längste. Singmuskelapparat nur schwach entwickelt. – Raben, Krähen. Erste Schwinge mindestens halb so lang wie die zweite. – Dohlen. Schnabel kurz, erste Schwinge innen von der Mitte an verjüngt. Schwanzfedern am Ende wie abgeschnitten, Federn an Kopf und Hals weitstrahlig. – Elster. Erste Schwinge kurz, schmal und gebogen. Schwanz lang und keilförmig. Mittlere Steuerfedern besonders lang. – Tannenhäher. Schnabel rund und lang. Oberschnabel den Unterschnabel überragend. Zweite Schwinge nicht doppelt so lang wie die erste. Schwanz gerade abschließend. Gefieder lang und weich. – Eichelhäher. Kopffedern haubenartig verlängert. Fünfte und sechste Schwinge am längsten. Erste Schwinge halb so lang. – Alpenkrähen. Schnabel dünn, lang, rot oder gelb. Füße rot oder gelb. Laufschienen vorn und hinten zusammenhängend. Flügel lang. Schwanz quadratisch abgeschnitten.

betrifft: Nebel- und Rabenkrähe. (s. über Nebelkrähe) Wie ich erlebt habe, kamen in dem Grenzgebiet an der Elbe, (Jagd Rodan bei Bad Wilsnack unweit Havelberg [Zusammenfluß von Havel und Elbe]) überhaupt keine Krähen vor, dafür aber sehr viele Eichelhäher, die wieder vom ebenfalls gut vertretenen Hühnerhabicht verfolgt wurden; der sich, der leichteren Erbeutung wegen, mehr an das Hausgeflügel hielt. Am Ufer der Havel bezw. der Elbe waren wieder Krähen gut vertreten. Raben Krähen)

Raben.

Nebelkrähe ca 45 cm Fl: 33 cm
Vorkommen: östl. der Elbe
Corvus cornix. Stand- u. Strichvogel
Ruf: krah, kräh. cornix lat. die Krähe.

Rabenkrähe Corvus corone
ca 44 cm Fl 32 cm Vorkommen: westl. d. Elbe
Stand- u. Strichvogel. Ruf: krah krah
corvus lat. der Rabe; corone griech. die Krähe

Die Nebelkrähe. Vorkommen: Sie bewohnt den östlichen Teil Europas sowie westliche Teile Asiens. In Deutschland brüten sie östl. der Elbe, während westl. davon die Rabenkrähe Brutvogel ist. In Grenzgebieten kommen beide gemeinsam vor. Man trifft hier auch häufig Bastarde. Die Nebelkrähe ist kein eigentlicher Zugvogel. Die nördlichen kommen nur bis in die Ostseeprovinzen und die östlichen Deutschlands überschwemmen in strengen Wintern Westdeutschland und Frankreich. Von Oktober an bis in den Frühling hinein sieht man sie dann mit den Rabenkrähen vereint aber immer in geringerer Zahl auf den Feldern. Sie brüten auf hohen Bäumen nahe am Waldrand, nehmen aber in der Not auch mit anderen Plätzen vorlieb, Felsen u. dergl. Das Nest ist ein typisches Krähennest aus Reisern und Stengeln, nach innen zu mit Schlamm und Erde gefestigt und mit Wolle, Gras, Moos, Federn und Haaren weich ausgepolstert. Es hat eine schöne längliche Mulde, in der das brütende Weibchen ganz verschwindet. Das Nest ist meist so fest, daß ein Schuß nicht hindurchdringt. Werden sie nicht gewaltsam vertrieben, so behalten sie es jahrelang bei. Die 4-5 Eier findet man gewöhnlich im April. Sie sind hellgrünlich oder bläulich-grün und haben dunkle Punkte und Flecken (41,8 x 29). Die Jungen gleichen den Alten. Das über die Lebensweise der Rabenkrähe Gesagte gilt auch für die Nebelkrähe. Als scheue Vögel sind sie schwer zu fangen und ebenso schwer zu schießen. Am besten gelingt der Abschuß noch auf der Krähenhütte vor dem Uhu, auf den sie heftig stoßen und dabei jegliche Vorsicht vergessen. Wo Nebel- oder Rabenkrähen sich dauernd aufhalten, wird Nutzen und Schaden für die Landwirtschaft sich die Wage halten.

Die Rabenkrähe: Vorkommen: Bewohnt das westliche Europa. In Deutschland ist ungefähr die Elbe die Grenze. Östlich davon wird sie von der Nebelkrähe vertreten. Sie ist mehr Standvogel als die Nebelkrähe und zieht nur in sehr harten Wintern scharenweise fort. In den Grenzgebiete kommen häufig Bastarde der Raben- und Nebelkrähen vor. Die Rabenkrähe, bei uns „Rabe" (Krapp) genannt, nistet in Wäldern, Feldhölzern und einzelstehenden Bäumen im Felde oder auf Wiesen. Sie liebt die Nähe des Wassers, an dessen Ufern sie immer etwas Genießbares findet. Außerhalb der Brutzeit leben sie gern gesellig und suchen am Abend ihre gemeinsamen Schlafplätze auf, die sie jahrelang beibehalten bis eine Störung sie vertreibt. Nistweise, Nest und Eier sind kaum von denen der Nebelkrähe unterschieden. Die Jungen sehen den Alten sehr ähnlich, haben aber eine graue Iris. Diese Krähe ist wie die meisten der Familie äußerst listig und schlau. Der Flug dieser Krähen ist langsam und erscheint schwerfällig, ist es aber nicht, wie man sieht, wenn sie Turmfalken oder Bussarde neckend verfolgen. Der Gang ist wackelnd. Sie sind Allesfresser. Als argen Nestplünderern fällt ihnen zur Brutzeit gar manches Gelege unserer Singvögel zum Opfer. Wo sie überhand genommen haben, werden sie lästig und unangenehm. Wirksamen Abbruch kann man ihnen nur auf der Krähenhütte tun.

Die Saatkrähe. Vorkommen: Fast ganz Europa. In Deutschland brütet sie im Norden und kommt nach Süd- und Westdeutschland nur im Winter. Einige ziehen aber auch noch weiter nach Südeuropa und Nordafrika. Ihre Nahrung findet sie fast ausschließlich auf Äckern und Wiesen und bevorzugt für die Anlage ihrer Nestkolonien Feldgehölze, Baumgärten, Parkanlagen und Waldränder. Diese Krähen wohnen in Kolonien bis zu Tausenden beisammen, bisweilen aber auch nur in wenigen Paaren. Manche Bäume sind wie mit Nestern übersät. Hier geht es sehr lebhaft zu, und zur Zeit des Nestbaues herrscht dort ständig Lärm und Streit um die Plätze und das Nistmaterial. Eines der beiden Gatten muß stets zum Schutze des Nestes zurückbleiben, sonst ist alles sofort anderweitig verwendet. Bau und Auspolsterung ihrer Nester ist weniger sorgfältig und fest als bei den übrigen Krähen. Die 4-5 Eier gleichen bis auf die Größe (40,7 X 27) den Eiern der anderen Krähen. Das Gefieder der Jungen ist noch nicht so glänzend wie bei den Alten. es fehlt ihnen vor allem noch der Grind um die Schnabelwurzel. Dieser entsteht erst allmählich durch das Abstoßen der Federn beim Durchstöbern des Erdbodens nach Gewürm. Sie vertilgen Käfer, Engerlinge, Regenwürmer, Schnecken, Mäuse, verzehren auch allerlei Saaten und Feldfrüchte. Ihre Stimme ist tiefer und angenehmer als die der Rabenkrähe. Diese Krähe ist weniger räuberisch. Außer dem Rufe haben sie auch ein krakelndes Gezwitscher, das den Gesang ersetzen soll. Das Fleisch dieser Krähe wird gegessen.

Raben.
Corvus lat. der Rabe
frugilegus lat. aus fruges die Früchte und
legere lesen, Früchtesammler.
Corvus frugilegus
Saatkrähe ca 44 cm Fl. 32 cm
Stand- u. Strichvogel Ruf tiefes Krah Krah.
coracias lat.
rabenartig zu
corax der Rabe
Kolkrabe ca 60 cm Fl. 44 cm
Corvus corax

Der Kolkrabe. Vorkommen: Nord- und Mitteleuropa und Westsibirien. Im Süden Europas und großen Teilen Asiens leben seine Nebenformen.

Dieser Vogel bewohnt steile Meeresküsten, felsige Hochgebirge und ausgedehnte Hochwälder. Er ist Standvogel, streicht höchstens im Winter etwas weiter umher. Zur Anlage seines umfangreichen Nestes wählt er die allerhöchsten Bäume seines Gebietes. In Felsen=gebirgen benutzt er mit Vorliebe geräumige Spalten oder Höhlungen im Gestein.

Das Nest ist ein umfangreicher Bau. Das Äußere besteht aus starken Zweigen, auf die ein mit Erde vermischter Bau aus Wurzelwerk, Geflecht und Stengeln folgt der innen mit Moos, Gras, Schafwolle und dergleichen warm ausgepolstert ist. Die 4-5 Eier findet man schon sehr früh, oft schon Ende Februar, meist aber anfangs März. Sie sind wie Kräheneier hellgrünlich mit grauen und bräunlichen Flecken nur größer (49x33). Den Jungen fehlt noch der Glanz des Gefieders. Dieser stolze Vogel hat in seiner Lebensweise viel von einem Raubvogel. Er rudert mit langsamen Flügelschlägen dahin und besonders zur Paarungzeit macht er herrliche Balzflüge. Er kann sich ohne Flügelschläge in die Höhe schrauben und lange kreisen wobei er durch seinen abgerundeten Schwanz sofort auffällt. Er überschlägt sich auch im Übermut und zeigt sich stets als vollendeter Flugkünstler. Auf dem Boden geht er bedächtig schrittweise, hüpft aber auch gelegentlich. Auf

Kolkrabe (Fortsetzung). Auf seine Beute stößt er wie ein Raubvogel und packt diese mit dem Schnabel oder mit den Krallen. Er frißt alles vom Käfer bis zum größten Hasen, auch Aas und Pflanzennahrung. In Deutschland ist er selten geworden.

Die Elster: Vorkommen: Diese Elster bewohnt Europa, Kleinasien, Persien und Transkaukasien. Auwälder Obstgärten und alle von Menschen bewohnten und bebauten Gegenden mit Baumbestand sind ihr Lebensgebiet. Die Nähe von Wiesen schätzt sie, sehr. Dichte Wälder meidet sie. Die Elster ist im allgemeinen ein dreister Vogel, sehr listig und verschlagen und weiß besonders während der Brutzeit durch ihre Heimlichkeit ihr Nest vor Sicht zu schützen. So baut sie je nach der Sicherheit der Gegend bald hoch, bald niedrig, legt auch verschiedene Nester an. Das Nest ist ein mit Lehm durchsetzter Bau aus Reisern und Dornen, innen mit Laub, Hälmchen und Haaren gepolstert. Das Nest hat im allgemeinen, besonders das Brutnest, von oben einen Schutz aus Reisig und Dornen. Der Zugang ist seitlich. Die 6-8 Eier sind grünlich-weiß, oft mit bräunlichen Flecken ganz dicht bedeckt (32,9x23). Die Jungen sehen den Alten sehr ähnlich, doch fehlt dem Schwarz des Gefieders noch der metallische Glanz. Der Flug der Elster ist schwerfällig und scheint sie anzustrengen. Der Flügelschlag ist unregelmäßig. Über freies Feld fliegt sie ungern. Auf dem Boden bewegt sie sich schrittweiße, hüpft aber auch gelegentlich. Den Schwanz trägt sie dabei hoch und wippt ab und zu mit ihm. Gleich der Dohle liebt und stiehlt sie glänzende Gegenstände, sie ist diebisch wie eine Elster." Ihre Stimme ist ein schack, schack schackerack und außerdem läßt sie noch ein gesangvertretendes Geplauder hören. Sie ist ein Allesfresser und wird ganz besonders den brütenden Kleinvögeln

Elster (Fortsetzung) sehr gefährlich. Gefangen lernt die Elster Worte nachsprechen und Melodien nachpfeifen und ahmt allerlei Tierstimmen und Geräusche nach. Durch ihr listiges und verschlagenes Wesen richtet sie allerhand Unheil an.

Der dickschnäblige Tannenhäher: Vorkommen: Nordeuropa, Ostpreußen, Harz, Böhmerwald, das ganze Alpengebiet, Karpathen. Er ist Stand- und Strichvogel und bewohnt Wälder; Fichten Tannen und gemischte Bestände bevorzugt er. Sein Nest steht auf Nadelbäumen meist nahe am Stamm in Höhe von 2-8 Metern. Es ist ein großer Bau aus Reisern und Stengeln, mit Lehm durchsetzt. Innen ist es mit Hälmchen, Flechten, Bastfasern und Moos warm gepolstert. Die Mulde ist ziemlich geräumig. Die länglichen 3-4 Eier sind schwach glänzend grünlichweiß mit bräunlichen Pünktchen (34×24). Die Jungen sind oben hellgraubraun mit kleinen Tropfenflecken, an der Kehle weißlich. Der Tannenhäher ist weniger beweglich als der Eichelhäher. Er fliegt mit weiten kräftigen Flügelschlägen leicht dahin. Er frißt Insekten, Würmer, Beeren, Eicheln, Haselnüsse, Wallnüsse und Nadelholzsamen, von welchen er besonders den der Zirbelkiefer bevorzugt. Auch er plündert gern die Nester der kleinen Vögel. Seine Stimme ist ein Körr Körr und ein Kräh Kräh. Der Tannenhäher ist ebenfalls ein Spötter und verflicht in das eigene Geplauder gerne die geschickt nachgeahmten Stimmen anderer Vögel. Aus dem Hochgebirge geht er im Winter in die Ebenen, man begegnet ihm alsdann öfter. Die östliche

Raben
Elster ca 43 cm Fl. 17,5 cm
Pica pica
pica lat. die Elster
auch Unglückshäher
Tannenhäher ca 30 cm Fl. 18,5 cm
Nucifraga caryocatactes
nucifraga lat. (aus nux nucis, die Nuß und fra(n)-
gere brechen) Nußbrecher Nußknacker
caryocatactes, aus griech. caryo, Nuß und Katagnynai Knacken = Nußknacker.

(Der dickschnäblige Tannhäher) dünnschnäblige Form bewohnt Sibirien, kommt aber in manchen Jahren in grossen Massen nach Deutschland, Frankreich ja bis nach England. Auf diesen Zügen zeigen die an den Menschen nicht gewöhnten Vögel keinerlei Furcht vor ihm.

Der Eichelhäher auch Gukhäher. Vorkommen fast ganz Europa. Der Eichelhäher bewohnt Wälder und streicht im Winter weit umher. Viele besonders die nordischen sind regelrechte Zugvögel, die ihren Brutbezirk zurückfluten. Sein Nest steht meist nahe am Stamm in verschiedener Höhe. Es ist ein Bau aus Reisig, Stengeln, Fasern und Wurzeln. Die 5-7 Eier sind hellgrau, gelblich- oder grünlich weiß und mit graubraunen Punkten bedeckt (37x23). Die Jungen sind den Alten sehr ähnlich, doch in der Regel oben dunkler und am Kopf heller. Dem Jäger wird er bisweilen unangenehm, weil er durch seinen Ruf alles Wild alamiert. Auf dem Boden bewegt er sich in hohen kurzen Sprüngen. Sein Flügelschlag ist beim Flug unregelmäßig, überhaupt vermeidet er es außerhalb der Zugzeit freie Strecken zu überfliegen. Auch in größerer Gesellschaft fliegen sie gerne in Abständen der eine hinter dem anderen. Seine Nahrung besteht eigentlich aus allem was der Wald ihm an Insekten, Würmen Sämerein und Früchten bietet. Haselnüsse

Fortsetzung s. Seite 244

Raben.
Eichelhäher ca. 34 cm Fl. 17,5 cm
(Markwart, Holzschreier Guthäher)
Garrulus glandarius garrulus, lat. (zu garrire, schwatzen) geschwätzig. glandarius lat. (zu glans die Eichel) zur Eichel gehörig.
Pyrrhocorax, griech.
aus pyrrho- rot und corax
der Rabe) Rot(schnäbliger
Rabe.
Die rotschnäblige Steinkrähe
ca. Fl. 29 cm
Pyrrhocorax

(Der Eichelhäher Fortsetzung) Haselnüsse und Eicheln sind besonders beliebt. Letztere beide sammelt er im Kropf und versteckt sie in der Erde, sodaß sie sich ansamen. Auf die Nester der Singvögel hat er ein scharfes Auge, und manches Gelege und Geheck namentlich der Drosseln vernichtet er. Die Stimme ist das bekannte räätsch mit dessen Nachahmung man ihn leicht anlocken kann. Er ist ein vorzüglicher Spötter Besonders den Bussardruf hört man oft von ihm. Jung aufgezogene Eichelhäher gewähren viel Freude, da sie nicht nur Worte sondern auch Signale und Melodien gut wiedergeben können. In bezug auf Nahrung stellen sie wenig Anforderungen, wenn diese nur kräftig genug ist. Fleisch darf bei der Aufzucht nicht fehlen.

<u>Die rotschnäblige Alpen- oder Steinkrähe.</u> Vorkommen: Diese Alpenkrähe bewohnt das nördliche Asien, Nordafrika, die Mittelmeerländer Großbritanien und das Alpengebiet. In den bayerischen und österreichischen Alpen erscheint sie nur selten. Sie liebt das Hochgebirge, kommt aber an den Meerküsten auch in tieferen Lagen vor. Diese Krähen sind meist Strichvögel, die im Winter sich auf die Sonnenseite des Hochgebirges begeben. Auch suchen sie tiefere Täler auf, kehren aber immer wieder in ihre luftige Höhe zurück und gehen auch nicht gerne aus ihren Hochgebirgsregion. Die unzugänglichen Felsspalten bieten gute Nistgelegenheiten. In südlichen Gegenden nisten sie aber auch unter den Dächern der Häuser und in Kirchtürmen. Das Nest ist aus Reisern und Würzelchen dicht gebaut wie die gewöhnlichen Krähennester innen aber weich und warm mit Haaren ausgepolstert. Die 4–5 Eier sind weißlich ins olivbraune spielend mit olivbraunen Flecken und Zeichnungen bedeckt (40 x 28). Die Jungen sehen den Alten sehr ähnlich, es fehlen aber noch der Glanz des Gefieders

(Die rotschnäblige Alpen- oder Steinkrähe) und die leuchtenden Farben an Schnabel und Beinen. Der Schnabel ist bräunlich, die Füße sind braungelb. Die Alpenkrähen sind gewandte Flieger, die lange schwebend sich in der Luft halten und herrliche Flugspiele miteinander ausführen. Ihre Nahrung suchen sie auf hochgelegenen Äckern oder Triften. Regenwürmer, Schnecken, Insekten und Beeren bilden ihre Nahrung, im Süden vertilgen sie namentlich Heuschrecken. Hochfliegende Insekten fangen sie sehr geschickt im Fluge. Ihre Stimme ist klar und laut und klingt wie kria rabenartig, aber sanfter und dla dla dla. Letztere Töne erinnern an das dja der Dohlen. Aus diesen und anderen Rufen entsteht eine Art gesanglicher Rufreihe.

<u>Die gelbschnäblige Alpendohle.</u> Vorkommen: Alpen und die Berge Südeuropas, Kleinasien Kaukasus und Himalaja. Die östlichen Vögel scheinen etwas größer zu sein als die westlichen. Die Alpendohle ist ein ausgesprochener Hochgebirgsvogel, den man immer in größerer Anzahl beisammen trifft, und der diese Regionen aufs angenehmste belebt, ja geradezu der Charaktervogel dieser Gegenden ist. Obwohl meist Standvögel, verlassen doch einige ihre Heimat, um etwas weiter nach Nahrung herumzustreichen. Vielfach aber steigen sie nur etwas in die Täler herab, um aber bald wieder ihre luftigen Höhen aufzusuchen. Auch sie nisten wie die Dohlen in Kolonien. Die Nester findet man in Nischen und Spalten steiler Felswände oft unmittelbar unter der Gletscherwelt. Äußerlich gleicht das Nest dem der Krähen, ist aber innen mit Tierhaaren, besonders Schafwolle sehr dick und warm ausgepolstert. Die 4-5 Eier sind etwas kleiner als die der Alpenkrähe, aber sonst diesen sehr ähnlich (38x26). Die Jungen gleichen fast den Alten, sind noch ohne Glanz des Gefieders. Schnabel und Füße sind bräunlich. Diese Dohlen erfreuen durch ihre schönen

(Die gelbschnäblige Alpendohle) Flugspiele den Wanderer. Sie schweben oft mit ausgebreitetem Schwanze. Ihr Betragen verrät die Dohlen. In steter Unruhe lassen sie ihre Stimme fleißig hören und machen bisweilen einen Heiden=Spektakel. Raubvögel verfolgen und necken sie gemeinschaftlich. Ihre Stimme ist ein Krü, Krü, Küri, Küri und ein dohlenartiges jack Kjäk. Ihre Nahrung besteht aus Schnecken, die sie samt den Schalen verschlucken, Regenwürmer, Beeren, Sämereien und allem, was ihnen sonst erreichbar ist. Auch an Aas gehen sie an und sollen selbst größere Tiere gemeinsam angreifen.

Die Dohle auch Klas. Vorkommen: Unsere westeuropäische Dohle bewohnt Mitteleuropa, Spanien und das benachbarte Afrika, kommt dort aber nur spärlich vor. Bei uns ist sie im allgemeinen Zugvogel, doch überwintern immer einige. Sie lebt gesellig in Ruinen, Felswänden, Kirchtürmen nistet aber auch in Baumhöhlen, und benutzt mangels einer Höhle auch die verlassenen Nester der Saatkrähen. Das Nest ist ein großer Bau aus Reisern, Heu, Stroh, Federn, Lappen u. dgl. und ist sehr warm gepolstert. Die Eier sind rundlich, hellblau mit einigen dunklen Punkten (34x25). Die Jungen sind anfangs bräunlich schiefergrau, Schnabel und Iris sind braun. Erst beim erwachsenen Vogel wird der Schnabel schwarz und die Iris weißlich-blau. Die Stimme ist ein dja und Kjäk die sie auch im Fluge hören läßt und an der man sie sofort erkennt. Sonst hört man noch das übliche Gekrächze und Geplauder. Wie die Elster hat sie für glänzende Gegenstände eine besondere Vorliebe. Sie lernt sehr leich Worte nachsprechen und wird überaus zahm, aber auch leicht frech. Die Dohle ist ein anmutiger kluger Vogel.

Raben

pyrrhocorax griech. (aus pyrrho, rot und
corax der Rabe) graculus, lat. lautnach-
ahmend, Dohle.
Die gelbschnäbllge Alpendohle ca 38 cm
Pyrrhocorax graculus
Fl. 27 cm

coleus, zu griech.
Koloios, Dohle
Koloian wie eine
Dohle schreien.
monedula, lat.
die Dohle
Coloeus monedula
Spermologus
Die Dohle
auch Klas ca 31 cm
Fl. 24 cm

(Die Dohle) der freilich dort wo er in Massen auftritt in den Kulturen bedeutenden Schaden anrichtet und auch als Nesträuber kurz gehalten werden muß. Allerdings vertilgt sie auch viele schädliche Insekten, die sie in Gemeinschaft namentlich mit den Saatkrähen hinter dem Pfluge auf liest. Im Süden verzehren sie große Mengen Heuschrecken und sind so sehr nützlich. In gepflegten Anlagen aber wo man auf die Vermehrung der Singvögel bedacht ist, muß man sie kurz halten, was bei diesen schlauen Vögeln nicht leicht ist.

<u>Die Schnee-Eule.</u> Vorkommen: Alle Gebiete um den Nordpol in Europa, Asien Amerika. Südwärts bis Nordskandinavien, bis zu den baltischen Provinzen und den sibirischen Tundren. Im Winter kommt sie jedoch viel weiter nach Süden und wird häufig in Deutschland angetroffen, im Osten geht sie noch weiter südwärts bis in die Mongolei. – Ein mir bekannter Jäger hat eine Schnee-Eule im Winter 1920 geschossen. – In ihrem Brutgebiet bewohnt sie waldlose Gegenden und ist abhängig von ihren Beutetieren, namentlich den Lemmingen und Mäusen. Im Winter trifft man sie bei uns auch in den Wäldern. Sie brütet in Vertiefungen des Bodens, die sie mit Heidekraut und Federn auspolstert. Die 4–6 Eier sind glanzlos weiß, feinkörnig und dünnschalig, sodaß der gelbe Dotter durchscheint (57,3 x 45,2) Im Dunenkleid sind die Jungen zuerst ganz weiß, erhalten dann aber ein

Nachtraubvögel.
Schnee-Eule ca 63 cm Fl 45 cm
Nyctea nyctea
Uhu ca 68 cm Fl. 46 cm
Bubo bubo
bubo tat der Uhu.

(Schnee-Eule) Jugendkleid aus graubraunen Federn mit weißen Enden. Die Schnee-Eule ist ein einsam lebender Vogel der fern von jeder menschlichen Ansiedlung öde Gebiete bewohnt. Ihr Flug ähnelt dem des Bussards und ist nicht eulen-artig ruhig, sondern rauschend. Es erklärt sich dies durch die harten Schwungfedern. Sie fliegt bei Tag und Nacht und ist immer lebhaft und auf der Nahrungssuche. Hervorspringende Punkte wählt sie sich zur Warte, um nach Beute zu spähen. Ihre Nahrung, die aus Kaninchen, Hasen, Mäusen, Lemmingen, Vögeln und Fischen besteht, zwingt sie oft zum Ortswechsel. Den Lemmingen lauert sie an ihren Schlupflöchern auf und folgt ihnen zur Zeit ihrer Wande-rung. Ihre Stimme ist ein krächendes Krah, sie verfügt aber noch über einige hellere gackernde Laute, die dem Geschrei des Seeadlers ähneln.

<u>Der Uhu.</u> Das Weibchen ist stets merklich größer als das Männchen.

Vorkommen: Fast ganz Europa. In Asien zahlreiche Nebenformen. Der Uhu liebt dichte Wälder, Felsengebirge, brütet aber bisweilen, auch in ebenen Steppen und Rohrniederungen. Im allgemeinen ist er Standvogel der nur in großer Nahrungsnot sein Revier verläßt und weitere Streifen unternimmt. Sein Nest baut er in Klüften des Gesteins, in altes Gemäuer, in weite Baumhöhlen, auf Baum-stümpfe, in alten Raubvogelhorsten, aber auch in Erdhöhlen und

(Der Uhu) und selbst auf dem Boden. Es besteht aus Reisern und ist innen mit Moos und Laub ausgepolstert. Die 2–3 Eier (4 sind selten) sind rauhschalig, weiß mit schwachem Glanz und in der Form den Hühnereiern ähnlich, oft allerdings etwas rundlicher (60 × 50). Die Jungen sind im Dunenkleid einfarbig weißlich bis rahmfarben, im Jugendkleid gelblich mit dunklen Querbändern. Im allgemeinen trifft man bei uns nur 2 Junge an, die durch Piepen und Zischen das Nest leicht verraten. Sie werden sehr oft dem Nest früh entnommen und für die Hüttenjagd aufgezogen. — Zur Jagd mit dem Uhu baut man sich die sogenannte Krähenhütte. Dies ist entweder eine gut gedeckte Hütte oder ein Unterstand für mehrere Schützen. In der Richtung der Schießscharte in guter Schußentfernung, sind auf sonst baumfreien Gelände, ein oder zwei Bäume sogenannte Hakbäume hergerichtet d.h. sie sind ihres Laubes ziemlich entkleidet, sodaß sie als bequeme Gelegenheit zum Aufhaken oder Aufbaumen von den Raubvögeln benutzt werden. Vor der Hütte sitzt auf einem Pfahl, auf dem ein Querholz angebracht ist (der sogenannten Jule) der an einem Fuß (Hand*) gefesselte Uhu. An der Fessel ist ein Wirbel und hier ist eine Leine eingehakt, die über Rollen nach der Hütte führt. Um den Pfahl, der etwa in der Mitte zwischen Hakbäumen und Hütte steht, genauer gesagt in einiger Entfernung davon ist ein Graben gezogen damit die evtl. geflügelten Krähen nicht mehr verschwinden können.

* Jägersprache

Der Uhu ist ein kräftiger Vogel mit scharfen Krallen, der Säugetiere bis zur Größe eines Hirschkalbes und Vögel in Auerhahngröße bezwingt und auch seine Jungen selbst gegen größere Feinde verteidigt. Seinen Jungen schleppt der Uhu im Übermaß Nahrung herbei. Sein Schrei ist das bekannte huhu, das namentlich des Nachts weithin vernehmbar schauerlich klingt, zumal es von den Felswänden widerhallt. Vom Weibchen hört man während des Huderns der Jungen ein hennenähnliches tuke tuke tuke. In Gefangenschaft werden alt gefangene kaum zahm und umgänglich. Man muß vor ihren scharfen Krallen stets auf der Hut sein. Die Gewölle des Uhus erreichen eine Größe bis zu 18×10 cm. – Schon die Insektenfresser scheiden unverdauliche Bestandteile der Nahrung, wie Flügeldecken der Käfer, Häute der Raupen etc. nicht durch den Darm als Kot aus, sondern sie speien sie zusammengepreßt in länglichen Ballen durch den Schnabel aus. Diese ausgespieenen Ballen nennt man Gewölle. In weit stärkerem Maße tritt diese Gewöllbildung bei den Raubvögeln auf, die gewöhnt sind ihre Beute mit Federn, Haut, Haaren und Knochen zu verschlingen. Diesen ist die Gewöllbildung eine Lebensnotwendigkeit. Gefangene Raubvögel würden bei reiner Fleischnahrung zu Grunde gehen. Für einige Raubvögel ist die Form und Größe und die Zusammensetzung der Gewölle sehr typisch. Z.B. Gewölle vieler Eulen aus Überresten von Mäusen und erscheinen verfilzt. – Der Uhu erspäht die Raubvögel u.s.w. schon viel eher als ein Mensch mit scharfen Augen sie zu sehn vermag, und zeigt sie an (markiert).

Nachtraubvögel.

Waldohreule ca 35 cm Fl 299 mm
Asio otus / Asio, lat.
Von Plinius übernommener Name einer Ohreule.
otus, griech. das Ohr.

Asio flammeus Pontopp
Sumpfohreule ca 38 cm Fl 312 mm
flammeus a um, lat. (zu flamma das Feuer)
feurig, glänzend, feuerrot

Die Waldohreule. Vorkommen: Europa und Asien bis zum Himalaja mit Ausnahme der Steppen und des Südens beider Erdteile, wo sie anscheinend auf dem Zug nur gelegentlich beobachtet wird. Ein großer Teil zieht regelmäßig, während viele auch im Winter ausharren. Die Waldohreule bewohnt Wälder jeglicher Art. Sie brütet in verlassenen Krähen- oder Raubvogelnestern, auf Kopfweiden, selten in Höhlen. Die Höhe des Horstes ist sehr verschieden. Die 5-7 Eier sind oft rundlich und schwachglänzend weiß (40,4 x 32,3). Die Jungen sind im Dunenkleid ganz weiß, im Jugendgefieder hellbräunlich-grau mit schwarzem Gesicht. Diese Eule lebt außer der Brutzeit oft gesellig. Ihr Flug ist schwankend und geräuschlos, sehr gewandt. Zur Balzzeit klatscht das Männchen mit den Flügeln. Ihr Ruf ist ein zweisilbiges huuh, die zweite Silbe etwas tiefer als die erste, öfter auch ein dreisilbiges huuuh, dann die mittlere Silbe höher als die andern. Man hört auch eine Rufreihe huuuuuuuu, in der die letzten Rufe im Tone etwas fallen, und noch ein tiefes wumb wumb. Die Jungen geben ein Kuuk von sich, solange sie noch im Neste sind. Nach dem Ausfliegen fiepen sie ähnlich wie junge Rehe. An Plätzen im Walde, wo sie am Tage sitzen und verdauen, hat man Gelegenheit ihren Speisezettel sehr genau zu kontrollieren. Sie werfen dort ihre Gewölle aus und diese enthalten fast nur Überreste von allen möglichen Mäusen. Die Federn der Brust haben braune durch den Schaftstrich gehende querverlaufende Zeichnungen, wodurch eine Querbänderung der Unterseite

(Fortsetzung Waldohreule) hervorgebracht wird im Gegensatz zu der Unterseite der Sumpfohreule, bei der die Brustfedern nur den braunen Schaftstrich haben, sodaß sie längsgestrichelt erscheint.

Die Sumpfohreule. Vorkommen: Fast ganz Europa, Nordasien und Nordamerika. Sie ist großenteils Zugvogel und zieht im Winter in die Mittelmeerländer und nach Nordafrika. Einige überwintern aber auch in Mitteleuropa. Sie bevorzugt sumpfige Ebenen und wechselt oft, ihrer Hauptnahrung, den Mäusen nachgehend, die Gegend. Das Nest, soweit man von einem solchen reden kann, steht auf dem Boden und ist nur eine lockere Anhäufung von dürrem Gras oder Laub. Meist aber baut sie überhaupt nicht, sondern legt die Eier einfach in eine Mulde des Bodens. Die Eier 4-7, bisweilen auch mehr, sind weiß (39,8 X 31,1). Die Jungen sind im Dunenkleid hell rahmfarben, erhalten dann ein unten gelbliches, oben dunkelbraunes Federkleid mit hellen Flecken, Binden und Säumen. Sie haben oft sehr verschiedene Größe, da sie nicht gleichzeitig ausschlüpfen, und die ersten sehr schnell heranwachsen. Die Eule fliegt auch oft am Tage schnell und gewandt und gleicht so eher einem Tagraubvogel als einer Eule, besonders, wenn sie in größerer Höhe jagt. Nur der dicke Kopf verrät die Eule. Sie rüttelt über der Beute wie ein Turmfalke. Bei ihren Balzflügen im Frühjahr erzeugt sie mit ihren Schwungfedern ein eigenartiges Geräusch, ähnen den Tönen, die man von der Bekassine hört, die diese mit den Schwanzfedern hervorbringt. Aber während

(Sumpfohreule) die Bekassine schräg herabgleitet, fällt die Sumpfohreule dabei eine Strecke ziemlich senkrecht herab. Ihre Stimme ist ein Käw Käw und ein kurzes bellendes wau wau. Auf Bäume setzt sie sich nicht gern, sondern ruht meistens auf dem Erdboden aus. Ihre Nahrung besteht hauptsächlich aus Mäusen und größeren Insekten, seltener vergreift sie sich an Vögeln. Auch diese Eule ist durch die große Menge von Mäusen, die sie verzehrt, äußerst nützlich und verdient jede Schonung.

Der Rauhfußkauz. Vorkommen: Nord- und Mitteleuropa. Im Norden geht er fast bis an die Waldgrenze. Er ist zumeist Standvogel, doch streicht er im Winter, auch im Herbst weit herum und kommt gelegentlich auch auf die Britischen Inseln, auf denen er nicht brütet. Er bewohnt Wälder und zwar die der Gebirge lieber als die der Ebene. Er ist häufiger als gewöhnlich angenommen wird, da er gelegentlich mit dem Steinkauz verwechselt werden dürfte. Er nistet in Baumhöhlen, besonders gern in Spechthöhlen und nimmt auch künstliche Nisthöhlen an. Die 4-7 Eier sind weiß mit schwachem Glanze und von feinem Korn. Sie ähneln denen des Steinkauzes (32,6 X 26,4). Die Jungen sind anfangs schmutzig gelblich-weiß, werden im ersten Federkleid aber bald dunkelbraun mit heller Unterseite. Diese kleine Eule hat einen ähnlichen Flug wie der Steinkauz, woraus sich die häufigen Verwechselungen erklären. Sein Ruf ist ein hundegebellähnliches wa wa wa und ein hohes wimmerndes wi wi, auch ein sanftes Kuuk Kuuk, etwas höher als das der Waldohreule. Die Jungen

Nachtraubvögel

Rauchfußkauz ca 26 cm Fl 17 cm
Aegolius tengmalmi

Aegolius, schon bei Plinius Bezeichnung eines Nachtvogels; tengmalmi, nach einem Ornithologen Tengmalm benannt.

Steinkauz ca 22 cm Fl. 16 cm
Athene noctua

Athenae, griech. Göttin, Beschützerin der Eulen. noctuus, a, um, lat. nächtlich.

(Der Rauhfußkauz) piepen. Die Nahrung besteht aus Mäusen, größeren Insekten, ab und zu auch einmal aus einem kleinen Vogel. Seinen Federkranz um die Augen kann er so stellen, daß er den Eindruck macht, als habe er kleine Federohren. Bei seinem geräuschlosen, schwankenden Fluge wurde er bisweilen auf dem Schnepfenstrich erlegt. Auch diese kleine Eule läßt sich, wie der Steinkauz, dazu benutzen, kleine Vögel bei Tage anzulocken, die sich um sie versammeln und durch aufgeregtes Gebahren ihren Unwillen über den Störenfried kundtun, auch sonst scheue Vögel kann man dadurch aus nächster Nähe beobachten.

Der Steinkauz. Vorkommen: Mitteleuropa. Er ist Standvogel und bewohnt alle ihm zusagende Örtlichkeiten mit Nistgelegenheiten, die ihm dunkle Räume, Löcher und Höhlen in alten Gebäuden, Ruinen, Steinbrüchen und hohlen Bäumen bieten. Die Eier, meist 4-5, selten 6-7 (34,6 x 29,2) legt er auf den natürlichen Grund, baut also kein Nest. Sie sind rein weiß und haben nur ganz schwachen Glanz. Die Jungen sind im Dunenkleid weiß, im Jugendgefieder braun mit weißen Federenden, unten hellgrau mit braunen Zeichnungen. Diese Käuze sind äußerst lebhafte Tierchen. Der Flug erfolgt in schwachen Bogenlinien ruckweise und garnicht eulenmäßig. Eher gleicht er dem der Haubenlerche. So fliegt er aber meist am Tag, den er durchaus nicht scheut; nachts dagegen hat er den typischen geräuschlosen Flug der Eulen. Seine Nahrung besteht aus Mäusen und großen Insekten, ab und zu auch aus Spatzen und anderen kleinen Vögeln. Er sitzt oft nach Würgerart auf einer

(Der Steinkauz) Warte und lauert auf Beute. Aber auch fliegend sucht er das Gelände nach Beutetieren ab. Seine Stimme ist sehr verschiedenartig. Er kommt auch in die Nähe der menschlichen Wohnungen und fliegt auch gelegentlich an die erleuchteten Fenster mit dem bekannten Kuwit Kuwit, das vom Volke als Komm mit gedeutet wird und den Vogel selbst in den Ruf eines Totenvogel gebracht hat. Außerdem hört man noch ein hung, ähnlich dem wumb der Waldohreule, auch ein giwkuck giwkuck und Kiff Kiff dem Gekläff eines kleinen Hundes ähnelnd. – Ich habe den Vogel gesehen klein geduckt, plötzlich machte er sich ganz lang und dünn und ließ unter Nicken sein Kuwitt Kuwit ertönen.

Die Sperbereule. Vorkommen: Nord-Skandinavien, Nord- und Mittelrußland Westsibirien. Meist Strichvogel, der im Herbst und Winter regelmäßig in Ostpreußen erscheint und sich gelegentlich auch weiter südlich und westlich verfliegt. In seiner Heimat wohnt er in Kiefernwäldern, geht aber auch weiter nördlich bis in die Birkenregion. Das Gelege besteht aus 6-8 weißen Eiern, die in einer Baumhöhle auf Holzmulm liegen. Bisweilen wird auch ein Krähennest benutzt. Die Eierzahl ist in mäusearmen Jahren oft nur 3-4 sonst mehr. Die Schale ist glatt und hat feine Poren (40 x 31,8). Die Jungen sind im Dunenkleid weiß, dann im Jugendkleid braun unten heller. Die Eule gleicht mehr einem Tagraubvogel, nicht nur in der Gestalt und Farbe, sondern auch in der Lebensweise. Das Gefieder ist anliegend, ihre Flügel sind lang und spitz, der Stoß ist lang. Ihre Bewegungen sind schnell und sehr geschickt, sodaß sie auch aus diesen Gründen den Namen Sperbereule verdient und nicht nur wegen des

(Sperbereule) gesperberten Gefieders auf der Unterseite. Sie fängt ihre Beute am hellen Tag, fliegt aber noch in der Dämmerung. Sie späht nach Würgerart von einer Warte nach Beute aus und fliegt und rüttelt wie ein Turmfalke. Wenn man sie mit schönem schwimmendem Flug daherfliegen sieht, zwischen den Flügelschlägen regelmäßig ein Schweben einschaltend, könnte man sie wirklich für einen Turmfalken halten, wenn nicht der dicke Kopf die Eule verriet. Die Stimme ist Ki Ki Ki Ki; außerdem schreit sie noch wenn sie verfolgt wird, wie ein Huhn das man ergriffen hat. Die Nahrung besteht aus Lemmingen, Mäusen und gelegentlich auch kleinen Vögeln. Ja, sie vergreift sich zuweilen sogar an Moorhühnern. Den Eichelhäher zu überlisten, ist ihr ein leichtes.

<u>Der Uralkauz</u> auch Habichtseule. Vorkommen: Nordeuropa, Ostpreußen einige Gebirge des östlichen Mitteleuropas, West und Mittelsibirien. Diese Eule ist ein typischer Standvogel. Sie liebt gemischte Waldungen und Fichtenwälder. Der Uralkauz brütet in Baumhöhlen, nimmt aber in Ermangelung einer solchen auch einen Bussardhorst als Unterlage für seine Eier. Sie sind weiß und ähneln denen des Waldkauzes sehr (49,4 x 41,2). Die Jungen sind im Dunenkleid, das sehr dünn ist, weiß mit blauem Schnabel, dann im Jugendkleid rahmfarben mit dunkler Querzeichnung wie die jungen Waldkäuze. Nur haben sie im Gegensatz zu diesen jetzt einen gelben Schnabel. Die nackte Haut um die Augen ist nicht wie bei den Waldkäuzen rot sondern schwärzlich. Die Jungen klettern frühzeitig aus dem Nest und fallen oft herunter. Die Alten tragen sie in das Nest zurück oder füttern wenn die Jungen schon zu groß

Nachtraubvögel.
Sperbereule ca 38 cm Fl 249 mm
Surnia ulula
Surnia lat. Name einer Eule, ulula lat.
(lautnachahmend) Käuzchen griech. ololyzo heulen.
Strix uralensis
Uralkauz oder Habichteule
ca 58 cm Fl 379 mm
Strix lat. die Ohreule
uralensis, lat. aus dem Ural stammend.

(Uralkauz) sind, auf dem Boden weiter. Diese Eule die in den ausgedehnten ostpreußischen Mischwäldern teilweise recht häufig ist, fliegt meist in der Dämmerung und in der Nacht nach Nahrung aus, doch jagt sie auch bei Tage. Sie frißt Käfer, Vögel und kleine Säugetiere überhaupt alles was sie bewältigen kann. Diese Eule scheint den Menschen der ihrer Brut zu nahe kommt bisweilen anzugreifen. Auf dem Nest mit kleinen Jungen sitzt sie sehr fest. Ihre Stimme ist ein cho-cho-cho oder chu-chu-chu. Letzteres scheint ihr eigentlicher Paarungsruf zu sein. Auch hört man noch ein Käweck-Käweck und dann noch ein eigenartiges leise beginnendes, dann anschwellendes wauwau wauwau und ein whumb-whumb. Beiden Alten scheinen Rufe gemeinsam zu sein, jedoch hört man vom Weibchen als Antwort ein wüstes Schreien ähnlich dem einer alten Hausgans.

Der Waldkauz. Vorkommen: Europa, Westsibirien, Kleinasien nördliches Syrien. Er ist fast nur Standvogel, der höchstens im Winter etwas streicht, sonst aber zäh an seiner Heimat festhält. Dieser Vogel variiert zwischen grauer und rotbrauner Färbung. – Auf der Jagd in Marwitz bei Velten hatte ich öfter Gelegenheit beim nächtlichen Ansitz, am Rande des Altholzes, einen Waldkauz zu beobachten; dieser hackte stets auf einem unteren trocken Aste eines Baumes der unmittelbar neben meinem Ansitzloch stand auf und blieb fast stets die ganze Nacht sitzen. – Der Waldkauz bewohnt fast nur Wälder oder Parkanlagen mit altem Baumbestand. Er nistet

Waldkauz ca 42 cm Fl 28 cm.
Strix aluco / Strix lat. die Ohreule
aluco, lat. alucus oder ulucus Kautz Eule,
Schallwort

Schleiereule ca 33 cm Fl 28 cm.
Tyto alba guttata (Brehm)
alba, albus, album lat. weiß
guttatus, a, um, lat (zu gutta der Tropfen) gefleckt.

(Waldkauz) in hohlen Bäumen, alten Horsten, ja auch schon auf Dachböden und in künstlichen Nisthöhlen. Er trägt manchmal etwas Nistmaterial ein, legt aber auch oft seine Eier ohne jede Unterlage ab. Die 3-4, selten 5 Eier sind rundlich, weiß mit kleinen pustelartigen Erhebungen und Längsrillen (47,8 x 38,8). Die Jungen sind im Dunenkleide fast ganz weiß im Jugendkleid mit dunkler Querbänderung. Dieser Vogel sitzt im Sommer bei Tage oft auf einem Baumast und zwar in der Nähe des Stammes, dagegen sucht er wenn das Laub von den Bäumen gefallen ist den Schutz der Höhle auf. Sitzend erkennt man ihn an seinem dicken Kopf und den braunen Augen, fliegend an den abgerundeten Flügeln. Dieser Kauz ist ein ausgesprochener Nachtvogel, der erst bei Eintritt der Dunkelheit auf Beute auszieht. Zur Verdauung suchen sie besondere Lieblingsplätze auf, unter denen man große Mengen ausgeworfener Gewölle findet, deren Untersuchung bestimmten Aufschluß über ihre Nahrung gibt. Sie besteht aus größeren Insekten und Raupen, in der Hauptsache aber aus Mäusen, durch deren Vertilgung der Waldkauz wie auch der Bussard großen Nutzen stiften. In Maikäferjahren vertilgt er unglaubliche Mengen dieses Schädlings. Der Vogel verdient deshalb vollen Schutz. Die Stimme ist das bekannte heulende hu hu hu hu in verschiedenen Modulierungen oft bis zum Trillern gesteigert. Auch ein kuwitt ein quäck und andere Töne. Diese Eule wird zuweilen anstatt des Uhus auf der Krähenhütte benutzt.

Die Schleiereule. Vorkommen. Die Schleiereule bewohnt das mittlere Europa von Südskandinavien an bis zu den Alpen, ist meist Standvogel, doch streichen die nördlichen im Winter oft in südlichere Gegenden. Sie wohnt in unmittelbarer Nähe der Menschen in alten Scheunen, Ruinen, auf Dachböden im Gebälk der Kirchtürme und selbst in Taubenschlägen. Ein eigentlicher Nestbau findet nicht statt. Die 4-6 Eier sind länglich, feinkörnig, glanzlos weiß und haben kleine pustelartige Erhebungen wie die meisten Euleneier (39,2 x 30,8). Es finden mehrere Bruten statt, ja man findet oft bis weit in den Spätsommer und Herbst hinein junge Schleiereulen, solche späten verspäteten Bruten mögen aber die Folge von Störungen früherer Bruten sein. Die Jungen sind im Dunenkleid zuerst weiß, werden aber dann, ebenfalls noch im Dunenkleid oben grau und unten gelblich. Im dann folgenden Jugendkleid gleichen sie bereits den Alten. Diese Eule mit ihrem seidenglänzenden, weichen Gefieder gehört zu unseren schönsten Vögeln. Schade, daß ihre laute kreischende Stimme so häßlich klingt. Von den Jungen hört man ein lautes Schnarchen, das dem eines schlafenden Menschen täuschend ähnlich ist. Die Nahrung besteht größtenteils aus Mäusen von denen sie sich zuweilen sogar kleine Vorräte ansammelt. In den zahlreich untersuchten Gewöllen fand man hauptsächlich Nagetiere, nur sehr wenig Vögel und zwar Spatzen. In der Not geht sie auch an Aas. Durch Vertilgung von Unmengen von Mäusen bringt sie dem Landmann großen Nutzen.

Auch in den Berliner Ruinen ist die Schleiereule zu finden. (S. Seite 263)

Gruppenmerkmale.

Striges.

Strigidae, Eulen.

Oberschnabel ohne Zahn, Spitze stark abwärts gekrümmt. Wachshaut und teilweise auch der Schnabelgrund von Gesichtsfedern bedeckt. Augen groß, nach vorne gerichtet ohne Eigenbewegung, dafür Kopf drehbar. Schleierbildung um die Augen. Füße stark meist ganz befiedert. Äußere Zehe Wendezehe. Krallen meist rund, stark gebogen und nadelspitz. Schwungfedern außen fein gezähnt. Flügel breit und stark gekrümmt. Kropf fehlt, Magen groß. – Schnee-Eule Schleier dicht, fast den Schnabel verdeckend. Zehen stark befiedert Schwanz abgerundet. – Uhu. Federohren groß. Krallen stark. Flügel breit und rund. Schwanz leicht gerundet. – Waldohreule Federohren groß. Flügel den Schwanz bisweilen überragend. – Rauhfußkauz. Kopf sehr dick ohne Federohren. Zehen dicht befiedert. – Steinkauz Flügel rund. Schwanz grade. Wachshaut dick. Schleier unvollkommen. – Sperbereule. Augen klein. Lauf kurz. Flügelspitz. Schwanz lang und keilförmig. Gefieder eng anliegend. – Schleiereule. Schnabel lang. Schleier in der Mitte geteilt. Flügel lang. Gefieder auffallend seidenweich.

Tagraubvögel.
Gruppenmerkmale.

Falconidae Falken.

Schnabel stark abwärts gekrümmt. Oberschnabel den Unterschnabel umschließend. Vielfach „Zahn" Wachshaut nackt. Nasenlöcher unterschiedlich. Füße sehr stark, Krallen gekrümmt. Unterseite beiderseits meist scharfschneidig. 10 Handschwingen, 12-16 Armschwingen. Schenkelfedern oft „Hosen" bildend. – Wanderfalken. Lauf vorne mit zahlreichen wabenförmigen Schildern, nur oben befiedert. Sohlen mit hohen Ballen.[F]

F siehe Seite –

Aquilidae Adler.

Oberschnabel meist ohne Zahn, Unterschnabel gerundet. – Steinadler Schnabel stark und langgestreckt mit sanft gerundetem Vorsprung. Unterschnabel ohne Auskerbung. Lauf und Zehen dicht befiedert. Krallen kräftig. Schwanz abgerundet. – Bussarde. Schnabel etwas gebogen. Nasenlöcher länglich. Lauf höchstens oben und vorne befiedert. – Weihen. Schnabel kurz und krumm. Gesichtfedern Schleier bildend. Lauf lang und dünn. Krallen sehr scharf, stark gekrümmt. Flügel lang und spitz. Gefieder weich. – Habichte. Lauf quergetäfelt. Schwanz sehr lang. Flügel kurz und rund – Milane. Kopf klein, Oberschnabel mit „Zahn". Lauf kurz, halbbefiedert. Vorne einige Quertafeln sonst beschildert. Flügelenden den Schwanz überragend. Schwanz lang und ausgebleichtet. – Seeadler. Schnabel groß und dick, Lauf kurz, vorn in der Mitte quergetäfelt, sonst beschildert. Schwanz kurz und keilförmig bis schwach gerundet. Wespenbussard. Kopf mit schuppenartigen Federn bedeckt. Wachshaut fast halb so lang wie Oberschnabel. Nasenlöcher schlitzförmig. Flügel lang. – Fischadler. Flügelspitze den Schwanz überragend, Außenzehe Wendezehe, Lauf kurz, unbefiedert, mit schuppenartigen Schildern. Krallen rund und sehr stark gebogen. Zehenunterseite rauh mit spitzen Schuppen.

Tagraubvögel.

Wanderfalke ca 45 cm Fl 33 cm Krähengröße
Falco peregrinus; Falco spätlat. der Falke
peregrinus lat. wandernd, Der Wanderer.
Lange, schmale, spitzauslaufende Flügel, schmaler, nach hinten spitzer werdender Stoß.
Schwarzer Bartstreif bei guter Beleuchtung
zu sehen.

Der Baumfalke oder Lerchenfalke
ca 32 cm Fl 26 cm Falko subbuteo
subbuteo lat. aus; Vorsilbe (Unter-)
und buteo (Bussard)

Der Wanderfalke. Vorkommen: Europa vom hohen Norden bis zu den Pyrenäen und Alpen. Im übrigen Europa sowie in Asien Afrika und Amerika sind zahlreiche Nebenformen vertreten. Bei uns ist er Standvogel, meist jedoch Strichvogel. Die uns verlassenden Falken werden oft im Winter durch nordische ersetzt. Er ist in Deutschland schon ziemlich selten, durch viele Verfolgungen ist er aber so heimlich geworden, daß er oft lange nicht entdeckt wird. – An einem Sommerabend des Jahres 1940 ging ich, bei anbrechender Dämmerung, in Berlin, über den Küstriner Platz (Nähe Schlesischer Bahnhof). Dort sah ich einen Wanderfalken mit einer lebenden Taube in den Fängen (dieselbe drehte er) nach einem Ruheplatz fliegen, um hier zu rupfen und zu kröpfen. – Er brütet an Felswänden, in verlassenen Steinbrüchen, auf Ruinen, besonders solchen, die sich nahe am Walde befinden, ja selbst auf Kirchtürmen inmitten der Großstädte, bezieht aber auch bisweilen verlassene Krähennester oder Raubvögelhorste auf Bäumen. Er selbst baut eigentlich kein Nest, sondern legt die Eier (3–4) meist ohne Unterlage. Die hellrötliche Grundfarbe ist so stark mit dunkelbraunen oder rostroten Punkten und Flecken übersät, daß von ihr wenig mehr zu sehen ist (51,2 X 40,4). Die Jungen sind im Dauenenkleid fast ganz weiß. Das erste Jugendkleid ist oben dunkelbraun mit hellen Federrändern, unten gelblichweiß mit braunen Längsstreifen bezw. Flecken die an den Seiten des Köpers am breitesten sind. Die Füße (Fänge) sind gelb. Erst wenn sie 3/4 oder 1 Jahr alt sind, beginnt die Mauser ins Alterskleid.

(Wanderfalke) Seine Beute ergreift er im Fluge, und bei seiner Schnelligkeit entgeht ihm kaum ein Vogel von der Schwalbe bis zur Ente; ja sogar Wildgänse fallen ihm zum Opfer. Die Tauben sind seine Lieblingsbeutetiere. Über Winter erwählt er oft die Kirchturmspitze der Großstadt zu seinem Standquartier und zehntet die Tauben, die er frei sitzend verzehrt. Die erbeuteten Vögel werden vor dem Verspeisen (Kröpfen) großenteils gerupft. Seine Stimme ist ein Kajak Kajak und gë gë gë. Dieser Falke ist das Urbild der Kraft und Gewandtheit. Man hat ihn früher zur Beizjagd verwendet.

__Der Baumfalke oder Lerchenfalke.__ Vorkommen: Fast ganz Europa, Westsibirien. Er ist Zugvogel und überwintert im tropischen Afrika und in Nordwestindien. Er kommt erst spät, oft erst im Mai und verläßt uns wieder im September. Er bewohnt Wälder und Feldhölzer und nistet meist in alten Krähen- oder Elsternnestern auf hohen Bäumen, aber auch in Felsspalten, ja zuweilen sogar in weiten Baumhöhlen oder auf dem Boden. Die 3-4 Eier sind glänzend, hellgelblich bis hellrostgelblich mit rostroten Spritzern und braunroten Flecken. Manchmal ähneln sie den Turmfalkeneiern. (41,8X32,7). Die Jungen sind anfangs im Dunenkleid weiß, später oben hellblaugrau und unten rötlichweiß. Das Jugendkleid ist oben dunkelbraun mit hellen Federsäumen, unten hellrostgelb mit dunkelbraunen Längsflecken. Dieser Baumfalke ist in allem das kleinere Ebenbild des Wanderfalken und einer der

(Baumfalke) allergewandtesten Flieger, der selbst Lerchen und Schwalben im Fluge erbeutet. Aber auch fliegende Insekten, Heuschrecken, Käfer und besonders Libellen fängt er. Die Jungen erhalten von den Alten förmlichen Unterricht im Erhaschen der Beute. Sie lassen aus großer Höhe einen erbeuteten Vogel fallen, um ihn dann von den Jungen auffangen zu lassen. Verfehlen diese ihn, so stürzen die Alten dem fallenden Vogel nach und ergreifen ihn, noch bevor er den Erdboden erreicht. Das Spiel wird so lange wiederholt, bis die hungrigen Jungen den Bissen aufzufangen gelernt haben. Die Stimme ist ein hohes Kih-Kih-Kih oder Kück-Kück-Kück-Kück. Auch diese Falken wurden früher vielfach als Beizvogel verwendet.

Der Turmfalk. Vorkommen: Europa, Nordafrika, Nord- und Westasien. Er ist in den nördlicheren Gegenden Zugvogel der im September den Süden aufsucht und oft schon im März zurückkehrt. In Süddeutschland aber und noch weiter südlich bleiben sie gewöhnlich das ganze Jahr. Er bewohnt offenes Gelände fehlt aber auch im Walde nicht. Er liebt Ruinen, Kirchtürme Felswände und dergleichen Plätze – In den Jahren 1928/29 haben ich eine Anzahl Turmfalken öfter in nächster Nähe des Domes Unter den Linden gesehen. – (In der Höhe der Türme kreisend) – Sein Nest baut er in Mauerlöcher, Ruinen, in Baumhöhlen, auf alte Krähen- und Elsternester; in Macedonien brütet er unter den Dächern der Häuser ja selbst auf dem Erdboden hat man schon sein Nest gefunden. In Höhlungen legt er seine Eier ohne jede

Flugbild Turmfalke.
Tagraubvögel.
Falco spätlat. der Falke
tinnunculus lat. (wohl zu tinnire klingeln)
der Rüttler, Turmfalke
Turmfalken ca 33,5 cm Fl 24,5 cm
Falco tinnunculus
vespertinus, lat. abendlich.
Rotfußfalk auch Abendfalk ca 29 cm
Fl. 25 cm
Falco vespertinus

(Turmfalk) Unterlage ab. Es ist deshalb noch unsicher ob er überhaupt ein Nest baut, oder nur immer vorhandene Nester benutzt wo er auf Bäumen nistet. Er brütet öfter in Gesellschaften. Die 4–6 Eier sind hellgelblich bis gelblichweiß aber so stark mit rotbraunen Flecken und Wolken bedeckt, daß die Grundfarbe oft ganz verschwindet. Manche Eier haben eine prächtvolle purpurne Färbung (38,8 X 30,6). Das Dunenkleid der Jungen ist ganz weiß, dann hellgrau. Noch im Nest erhalten sie das Jugendkleid, in dem sie dem Weibchen ähneln, bis auf die breiteren Fleckenzeichnungen und Bänder der Alten. Erst im 3. Lebensjahre erhält das Männchen sein Prachtkleid mit dem Grau am Kopf und Schwanz. Dieser reizende gewandte Vogel belebt durch sein munteres Betragen die Türme der Großstädte. Sein heller Ruf klingt wie Kih Kih Kih oder wie Kli Kli Kli. Die Jungen schreien im Nest ziemlich laut zirrr zirrrrr. Dieser Falke ernährt sich von Mäusen, Heuschrecken, Laufkäfern und Eidechsen. An Vögel geht er sehr selten. Er fliegt gewandt, rüttelt oft über der Beute, weshalb man ihn auch Rüttelfalk genannt hat.

<u>Der Rotfußfalk. (Abendfalk).</u> Vorkommen: Osteuropa, im Westen bis in die russ. Ostseeprovinzen und Polen Ungarn, Westsibirien. In Schlesien wurde er gelegentlich als Brutvogel angetroffen. Auf dem Zuge jedoch im Herbst und Frühjahr häufig in Ostpreussen, Schlesien und anderen Teilen Deutschlands. Er kommt auf die britischen Inseln, nach Frankreich, Spanien und überwintert in Afrika. Er ist Bewohner

(Rotfußfalk) der Ebene, wo kleine Feldgehölze sich befinden. Auch die Ränder ebener Wälder wählt er sich zum Aufenthalt. [— Bei Beginn der Dämmerung, eines Abends, Mitte August 1930, kam ich vom Legen einer Aalschnur, im Bober in der Nähe der Försterei Tillendorfer Heide, bei Bunzlau in Schlesien. Ich ging um die Ecke eines lichten Auwaldes, da sah ich auf einem kleinen gemähten Wiesenstück, in einer Entfernung von etwa 50-60 m, einen Vogel, in der Größe von ca. einer Dohle, oben und unten, stahlgrau auf und nieder flattern. Mein Freund in dessen Begleitung ich war, fragte mich was ist das für ein Vogel? Als wir näher kamen, sah ich, daß ein Rotfußfalk einen Jungfasan (er war noch warm) geschlagen hatte. Der Falk war ganz vertraut und hatte in nächster Nähe auf einem Baume aufgehakt. —]

Er nistet auf Bäumen, oft kolonienweise beisammen und nimmt als Unterlage gerne die Nester Saatkrähen-Kolonien — Wie mir der Förster sagte kommt er dort seltener vor, er glaubte zuerst ich hätte den Rotfußfalk mit dem Merlinfalken verwechselt. — Die Eier meist 4-5 sehen denen des Turmfalken sehr ähnlich, oft etwas weniger rot (36,8 X 29,4). Die Jungen sind im Dunenkleid fast weiß, im Jugendkleid, sind sie oben hellbräunlich mit grauer Bänderung. Flügel und Schwanz wie beim alten Weibchen. Unten blaß rahmfarben mit braunen Längsstreifen. Die Nahrung dieser netten kleinen Falken besteht hauptsächlich aus Insekten. Den Heuschreckenschwärmen folgt er wie der Rosenstar in ganzen Trupps.

In Maikäferjahren taucht er bei uns auf, verschwindet aber bald wieder. Da er seine Beute hauptsächlich spät am Abend bis in die Nacht hinein jagt, erhielt er den Namen Abendfalke. Seine Stimme ist hellklingend ki ki ki ki ki und den Rufen des Baumfalken oder des kleinen Buntspechtes nicht unähnlich.

(Rotfußfalk) Im Flug läßt er sich vom Turmfalken durch den kürzeren Schwanz und die längeren Flügel unterscheiden. doch gehört dazu schon ein geübtes Auge, zumal beide Vögel in gleicher Weise rütteln. Eine weitere Verwechslung wäre mit dem Baumfalken möglich, der aber viel schneller fliegt und nicht rüttelt. Auch außerhalb der Brutzeit liebt er die Gesellschaft seinesgleichen und schließt sich auch anderen Falken an.

Der Merlinfalke. Vorkommen: Nordeuropa, Großbritanien, Westsibirien. In Deutschland kommt er häufig auf dem Zuge vor und überwintert gelegentlich auch an milderen Plätzen, meist jedoch in Südeuropa und Nordafrika. Alle älteren Nachrichten von Brutvorkommen sind mit Vorsicht aufzunehmen, doch ist an seinen allerdings spärlichen Bruten am Riesengebirge nach neueren Feststellungen nicht zu zweifeln. Er bewohnt die Moore und Tundren und liebt offenes Gelände zur Jagd. Seine Eier werden entweder in Vertiefungen des Bodens gelegt, oder ein Krähennest dient als Unterlage. Ob er selbst je einen Horst baut ist nicht erwiesen. Die 4-5 Eier sind denen des Turmfalken sehr ähnlich, doch gewöhnlich etwas dunkler (39,3X37,2). Männchen und Weibchen brüten abwechselnd. Die Jungen sind im Dunenkleid fast weiß, später etwas bräunlichgrau auf dem Rücken. Im Jugendkleid werden sie den Weibchen ähnlich. Dieser Falke ist im Fluge nicht so gewandt wie der Baumfalke mit seinen längeren Flügeln, doch ist er imstande fliegende Vögel mit großer Sicherheit wegzufangen. Er wagt sich sogar an Vögel, die an

Merlinfalk ca 28,5 cm Fl. 20 cm
Falco columbarius aesalon
falko, spätlat. der Falke columbaris, lat. zur Taube gehörig
aesalon griech. aisalon, Bezeichnung einer kleinen
Falkenart schon bei Aristoteles.

(Merlinfalk) Gewicht übertreffen. Fliegend gleicht er einer großen Schwalbe. Seine Stimme erinnert an die des Baumfalken, doch ist das Kück Kück Kück etwas höher. Ferner hört man noch ein Keihä. Auch er wurde früher oft zur Jagd verwendet, besonders in Rußland.

<u>Der Seeadler:</u> Vorkommen: Nordeuropa, Südosteuropa, Nordasien, Nordostafrika. In Norddeutschland war er früher häufiger Brutvogel, jetzt sind noch wenige Brutpaare in Pommern, Mecklenburg etc. Im Winter dagegen ist er an der norddeutschen Küste noch häufig anzutreffen und auch weiter im Binnenland. – Ich habe auf der Jagd in Schwante den Seeadler, den man an dem weißen Stoßende (Schwanzende) gut erkennen kann, vor Jahren fliegen gesehen. – Die Jungen streichen einige Jahre herum, bis sie nach 3-4 Jahren fortpflanzungsfähig geworden sind. Ihren Horst bauen sie je nach ihrem Wohngebiet an Felsen, auf Bäumen oder auf den Boden. Er ist ein großer Bau aus Ästen, die nach oben dünner werden. Er ist oft 2 m im Durchmesser und wird allmählich über 1 m hoch. In den Nestwandungen machen sich oft Feldsperlinge heimisch. Die 2, selten 3 Eier, sind weiß mit schwachem Glanz und tiefen Poren. Die Schalensubstanz ist grünlich. Gezeichnete oder gar gefleckte Eier gehören zu den größten Seltenheiten (73,4x57,6). Die Jungen sind anfänglich mit einem hellgrau-bräunlichen, später mit einem dunkelbraunen Dunenkleid bedeckt. Das erste Federkleid ist dunkel schokoladenbraun mit hellen. Flecken. Der Schwanz ist dunkelbraun gefleckt,

Tagraubvögel.

Seeadler ca 100 cm Fl. 61 (♂) und 68 cm (♀)
Haliaeëtus albicilla; haliaetus griech (das Meer: hals, der Adler: aietos) der Meeradler; albus, a, um, lat. weiß

Steinadler, Goldadler, weißschwin-giger Adler ca 86 cm Fl: 65 cm Klaffert bis 220 cm
Aquila chrysaëtos; Aquila, lat. der Adler; chrysaëtos griech. aus chrysos Gold und aietos Adler. Der Goldadler.

(Seeadler) der Schnabel schwarz. Das alte Weibchen ist stets heller als das Männchen. Er ernährt sich von Fischen und Wasservögeln, Hasen, Rehkälbern und anderen Landtieren, auch Aas. Große Fische oder Robben, in die er sich bisweilen verkrallt, ziehen ihn mit in die Tiefe. Er stürzt seiner Beute, die er im Wasser schlägt, nach, sodaß sich die Fluten oft über ihm schließen. Zum Ausruhen läßt er sich oft auch auf die Wasserfläche wie ein Schwimmvogel nieder. Er ist ein kräftiger Räuber, der mit einem Schwan bequem fertig wird. Seine Stimme ist ein tiefes Kra-kra oder Krau Krau. Auch läßt er ein hohes Kri Kri Kri ein hi hi hi und ein Kai Kai hören. Als stolzer und kühner Vertreter des Raubvogelgeschlechts verdient er wegen seiner Seltenheit unbedingten Schutz.

Der Steinadler. Vorkommen: Europa, westliches Asien und die Ebenen Sibiriens. Bei uns in Deutschland ist dieser stattliche Vogel sehr seltener Brutvogel. In den ausgedehnten Wäldern Ostpreußens horstet er noch bisweilen. In den Gebirgen Südeuropas ist er noch häufiger. Bei uns und in der Schweiz ist er ein geschütztes Naturdenkmal. — Ich habe s. Zt. in der internationalen Jagdausstellung 5 Steinadler lebend gesehen, die jeder auf einem Block mit Fesseln saßen. — Er horstet in Ebenen auf hohen Bäumen, Eichen oder Kiefern, und legt hier einen Horst an, der nach jahrelanger Benutzung unförmlich groß wird. In den Gebirgen baut er in Felsennischen, fast stets an

Festgestellt lt. Jäger Zeitung 1949
in einem Revier an Rhein und
Sieg.
Der Stoß ist noch nicht ausgefärbt.
Stoßspitze nur wenig weiß.
2-3 jähriger Seeadler am Horst

(Steinadler) unzugänglichen Stellen. Die Unterlage bilden dicke Prügel und Äste, die nach oben immer kleiner werden. Das Innere wird mit Zweigen Pflanzenstengeln, Heidekraut und Tierhaaren ausgepolstert. Ein alter Horst hat oft einen Durchmesser von 2 m und eine Höhe von 1 m. Die Mulde für die Eier ist sehr flach. Gewöhnlich sind es 2, kurz und häufig weiß mit bräunlichen Zeichnungen und grauen Flecken. Rein weiße sind selten (76,7 x 59,4). Die Jungen haben ein weißes Dunenkleid, oben etwas bräunlichgrau getönt. Die Alten verteidigen ihre Jungen oft sogar gegen den Menschen, den sie sonst vorsichtig meiden. Über dem Horst führen die Alten prachtvolle Flugspiele aus. Die Beute besteht aus mittelgroßen Säugetieren und Vögeln, Hasen, Kaninchen, Rebhühnern und dgl. Junge Lämmer werden öfter von ihnen geraubt. In der Not gehen sie auch an Aas. Von asiatischen Völkern wird dieser Räuber als Beizvogel benutzt. Seine Stimme ist ein helles Bellen und ein langgezogenes Miauen, dem des Bussards ähnlich.

<u>Der Kaiseradler.</u> Vorkommen: Südeuropa, Kleinasien mittleres Asien. Der Kaiser oder Königsadler ist etwas kleiner und plumper als der Steinadler. Er bewohnt hügelige Gegenden, am liebsten aber die Ebenen und ~~richtet~~ errichtet seinen Horst auf alten Bäumen in verschiedener Höhe. Er ist aber in bezug auf seinen Brutplatz gar nicht wählerisch, sondern setzt seinen Horst auch in Felsspalten, ja selbst auf den Boden. Der Horst ist im allgemeinen nicht so groß wie der des Steinadlers. Das Gelege besteht meist aus

Gruppenmerkle der Adlers Seite 267, 268.

Tagraubvögel.
heliacus, griech zur Sonne gehörig, der Sonne zustrebend
Pandion, griech. Eigenname u.a. Name eines Königs von Athen.
Aquila, lat. der Adler
Kaiseradler ca 74 cm Fl 61 cm
Aquila heliaca
Fischadler ca 67 cm Fl 50 cm
Pandion haliaëtus
haliaëtus, griech der Meeradler (s. Seeadler)
Flugbild des Fischadlers.

(Kaiseradler) nur 2 Eiern mit rauher, fast glanzloser Schale. Sie sind
schmutzig-weiß und tragen bräunliche Zeichnungen und graue Flecken
(73,7 x 56,5). Die Dunenjungen sind rein weiß. Das Jugendgefieder ist am
Kopf, Hals und auf der Unterseite rostgelb, die Unterseite bisweilen bräunrötlich
längsgestreift, am Nacken und Rücken braun. Er ist also im Jugendkleid
leicht vom Steinadler zu unterscheiden, dessen Farben heller und unreiner als
die der alten Vögel sind. Dieser Adler begnügt sich seiner geringeren Größe
entsprechend mit kleineren Beutetieren, unter denen besonders das Ziesel, ein im Süden
sehr häufiger und lästiger Nager sehr stark vertreten ist. Daraus erklärt
sich seine Vorliebe für die Ebenen und sein häufiges Aufbäumen auf
niedere Bäume. Man trifft ihn auch in unmittelbarer Nähe der Ort-
schaften, deren Einwohner seinen Nutzen erkennen und ihn darum dul-
den. Seine Haltung ist mehr nach Art der Raben als der Adler, da er
den Körper mehr horizontal trägt. Seine Stimme ist ein rauhes Krah
Krah oder Krau Krau Krau, ähnlich dem Bellen eines Hundes. Neben
diesen rauhen Lauten gibt er noch einige tiefere schwächere Töne von sich
und zischt auch gelegentlich.

Der Fischadler. Vorkommen: Europa, Nordafrika, Südarabien, Nordasien. Im Norden ist er Zugvogel, der bis nach Südafrika und im Osten bis auf die Sundainseln zieht. Er bewohnt offene Gewässer und hält sich also nur an Fluß- oder Seeufern auf, seltener kommt er an der Meeresküste vor. Er baut seinen Horst meist auf Bäume, setzt ihn aber auch in Ermangelung von solchen auch auf den Boden. An Küsten findet man ihn auch an Felsen. Es ist ein umfangreicher Bau aus dicken Knüppeln, die er meist aus dem Wasser auffischt. Die Nistmulde ist mit feineren, vermutlich auch aus dem Wasser aufgefischten Stoffen ausgelegt. Die 2-3 Eier sind blaßbläulich mit großen schönen braunroten Flecken und blaß-lila-grauen Schalenflecken. Andere sind hellrot mit fuchsroten Flecken. Sie sind also sehr verschieden. Ihre Schale ist rauh, die Poren sind fein (61,6 x 46,4). Die Jungen sind im Dunenkleid nußbraun, der Seitenstreif am Kopf ist schon deutlich sichtbar. Auf der Mitte der Oberseite läuft ein heller Streif. Später im Jugendkleid ist die Oberseite braungrau bis schwarzgrau, Kopf und Nacken tragen weiße Flecken. Die Unterseite ist ganz weiß, die Iris braun. Im Alter sind Männchen und Weibchen gleich. Dieser prächtige Vogel belebt Fluß- und Seelandschaften und bietet ein herrliches Bild, wenn er nach Beute suchend mit weit ausladenden Flügeln, deren fingerartig gespreizten Enden ihn sofort kennzeichnen, daherkommt, rüttelt und plötzlich schräg ins Wasser stürzt und mit einem Fisch in den Krallen

(Fischadler) schräg nach oben abfliegt, um einen Ruheplatz aufzusuchen. Den erbeuteten Fisch trägt er den Kopf nach vorne, und wendet ihn, falls er ihn anders gepackt hat, in diese Richtung, bevor er davonfliegt. Es ist schon beobachtet worden, daß ein Fischadler, der sich an einen zu großen Fisch gewagt hatte und hartnäckig an ihm festhielt, im Kampf ermattet mit seiner Beute zugrunde ging. – Den Fischadler habe ich an der Weichsel in der Nähe von Böslershöhe bei Graudenz gesehen.

Der Kleine Schreiadler. Vorkommen: Östliches Europa, Kleinasien. Bei uns horstet er im mittleren und östlichen Norddeutschland noch ziemlich häufig. (Schorfheide) Nach dem Westen kommt er selbst auf dem Zug nur selten. Er verläßt uns im September und kehrt Ende März Anfang April zurück. Er bewohnt gerne die Laubwälder und Mischwälder der Ebenen. Sein Horst steht immer auf Bäumen, vorallem auf Buchen, meist in der Nähe des Stammes in Höhen von 5–20 m, und besteht nach Art anderer Raubvogelhorste aus stärkeren und dünneren Ästen, ist verhältnismäßig flach und mit seichter Nistmulde. Zuweilen benutzt er auch alte Bussardhorste als Grundlage für seinen Nestbau. Das Nest findet man öfter mit grünem Buchenlaub ausgelegt. Ungestört benutzt er den gleichen Horst jahrelang. Das Gelege besteht aus 1–2 Eiern, die rauhe Oberfläche der Eier hat einen schwachen Glanz und ist von grünlich weißer Grundfarbe. Violette Schalenflecke und sehr reichlich zerstreute, dunkle, braunrote Flecke in verschiedener Größe geben diesen Eiern ein sehr schönes Aussehen und machen sie leider für Sammler begehrenswert

Tagraubvögel.
Kleiner Schreiadler ca 63 cm
Fl 49 cm
Aquila pomarina
pommarinus, a, um, aus Pommern
Aquila lat. der Adler
clangus, a, um lat. Klangreich,
von clangere schallen.
Großer Schreiadler 64 cm Fl 52 cm
oder Schelladler Aquila clanga

Der Kleine Schreiadler (62,9 x 50,7). Die Jungen sind im Dunenkleid bräunlich-weiß, am Kopf bräunlich. Dieser Adler ist im Fluge sofort vom Bussard zu unterscheiden durch die an den Spitzen herabgebogenen Flügel und die schnelleren Flügelschläge. Seine Stimme ist ein gedehntes wuih, klingt hell und angenehm. Auch hört man ein kurzes wuik und vor allem ein jöe oder je, einen wohlklingenden, hohen Pfeifton. Während der Paarungszeit rufen sie häufig und vollführen hoch in den Lüften Kreise nd ihre Flugspiele. Die Nahrung besteht aus Eidechsen, Fröschen, Schlangen, ja bisweilen sogar Fischen, weshalb sie Wälder in der Nähe von Gewässern bevorzugen. Sie erbeuten auch alle möglichen kleinen Säugetiere und gelegentlich auch Vögel, besonders während der Brutzeit.

Der große Schreiadler oder Schelladler: Vorkommen: Osteuropa, Nordasien, (Schorfheide) Auf dem Zuge April und September kommt er gelegentlich nach Deutschland. Er brütete auch schon mehrfach in Schlesien und auch in Mecklenburg und in Braunschweig sind zur Brutzeit Paare des großen Schreiadlers geschossen worden. Sein Horst steht fast immer auf Bäumen in Steppengegenden aber auch im niederen Gebüsch und enthält 1-3 Eier die denen des Kleinen Schreiadlers sehr ähnlich sind, sie erscheinen aber infolge ihrer schwächeren Zeichnung etwas blasser (68,2 x 54,2). Die Jungen sind im Dunenkleide schmutzigweiß. Seine Lebensweise ähnelt der des Kleinen Schreiadlers Er sitzt aufrecht wie der Steinadler.

Der große Schreiadler: Die Stimme gleicht dem Bellen eines kleinen Hundes jeff jeff. Er ist ein träger und wenig gewandter Vogel, der sich meist von kleinen Säugetieren ernährt, doch auch Amphibien und Reptilien nicht verschmäht. An Vögel geht er nur im Winter, wenn ihn der Hunger treibt, sonst ist er für diese zu bequem und zu wenig gewandt. Während der Brutzeit verliert er jedoch vollständig sein Phlegma. Das Paar vollführt dann über dem Brutplatz prachtvolle Flugspiele, bei denen sie sich kreisend in große Höhen hinaufschrauben, dann herabstürzen, sich dabei bisweilen überschlagend und den Aufstieg kreisend von neuem beginnen. Die Flugspiele vieler Raubvögel sowie die dabei ausgestoßenen Rufe sind überraschend ähnlich. So überschlägt sich der Fischadler fast ganz genau so wie der Schreiadler beim Balzflug, ja auch Rohr- und Wiesenweihe gebärden sich ganz ähnlich. Die Schreie bei Schreiadler, Fischadler und Rohrweihe sind fast gleich.

<u>Mäusebussard</u>. Vorkommen: Europa. Der Bussard ist meist Standvogel, doch ziehen die nördlicher wohnenden nach Süden und wandern oft in großen Scharen durch Deutschland. Selten überfliegen sie das Mittelmeer sondern bleiben im südlichen Europa. Der Bussard bewohnt Wälder und horstet auf Bäumen, hat sich aber auch in England daran gewöhnt an Felsen zu horsten. Der Horst besteht aus Zweigen, Pflanzenstengeln, Moos und Heidekraut. Auch dieser Vogel trägt grüne Blätter in sein Nest.

(Mäusebussard) Die 3 oder 4 Eier sind feinkörnig, bauchig, schwach glänzend grünlich-weiß mit bräunlichen oder rotbraunen Flecken. Sie ähneln oft täuschend denen vom roten und schwarzen Milan (548 X 43,9). Die Jungen sind im Dunenkleid bräunlichgrau mit heller Unterseite, oft fast ganz weiß. Der Bussard ist der einzige große Raubvogel, den man noch überall zu Gesicht bekommt. Sein Flugbild ist sofort kenntlich an den breiten Flügeln und den abgerundeten Schwanz. Sein Flug wird von langsamen Flügelschlägen getragen und wird häufig durch Schweben unterbrochen. Zur Paarungszeit zieht das Paar hoch in den Lüften seine Kreise. Über seiner Beute sieht man ihn zuweilen rütteln. Die Stimme ist ein rauhes Miauen hiä, das der Eichelhäher täuschend nachzuahmen versteht, ferner ein gäck gäck. Die Nestjungen kichern hell. Seine Nahrung besteht aus Mäusen, Hamstern, Wieseln und anderen kleinen Tieren, die er, niedrig über den Boden dahinstreichend oder von seinem Sitzplatz auf einem Pfahl oder Erdhügel erspäht. Wie schon der Name sagt bilden Mäuse seine Hauptnahrung, und er wird durch deren Vertilgung dem Landwirt sehr nützlich. Er steht daher auch unter gesetzlichem Schutz, der ihm auch von den Jägern gewährt werden sollte, wenn er auch einmal einen Junghasen zu Horste trägt. Dem Wanderfalken nimmt er seine Beute ab, wenn er ihn irgendwo mit einer solchen überrumpeln kann, und dieser überläßt sie ihm ohne Gegenwehr. Es ist erstaunlich, in wie verschiedener Färbung Bussarde angetroffen werden z.B. braune, schwarze, helle, rötlich dunkelbraune und weiße

Tagraubvögel

Flugbild ♂

Mäusebussard auch Mauser
ca 53 cm Fl 38,5 cm
Buteo buteo
buteo, lat. Falkenart, Bussard
bubo wie buteo sind Schallworte

Flugbild ♀ (größer)

Die Mäusebussarde sind mir auf der Jagd
der Gemeinde Marwitz bei Velten (8000 Morgen)
begegnet u. a. anderen Jagden.
Am Werbellinsee habe ich ihn auch
oft gesehen.

Rauhfußbussard
ca 57 cm Fl 43 cm
Buteo lagopus
buteo s. Mäusebussard
lagopus, griech. (aus lago Hase und
pus Fuß) Hasenfuß.

(Beschreibung s. Seite)

Der Rauhfußbussard. Vorkommen: Nordeuropa, besonders die Tundren. Daß er in Deutschland gebrütet hat, ist oft behauptet aber nicht bewiesen, doch ist er häufiger und regelmäßiger Wintergast bei uns. Sein Horst steht auf Bäumen, aber auch an Felsen und auf dem Boden. Die 3–5 Eier ähneln denen des Mäusebussards haben meist mehr Kritzeln. In seiner nordischen Heimat frißt er Lemminge und andere kleine Säuger geht aber auch an kleine Vögel und in der Not an Rebhühner. Bei uns im Winterquartier nimmt er alles was er bewältigen kann. Er gleicht in seiner Lebensweise im übrigen sehr dem Mäusebussard soll aber häufiger rütteln als dieser. Seine Stimme ist heller als diese des Mäusebussards. Im Flug ist er kaum von diesem zu unterscheiden, außer wenn man in der Nähe einen dunklen Fleck auf der Unterseite der ausgebreiteten Flügeln in der Nähe der Handgelenke sehen kann. Seine Läufe sind bis auf die beschilderte Hinterseite befiedert. Auch dieser Vogel ist wie der Mäusebussard sehr verschieden gefärbt. Junge Vögel haben aber stets mehr weiße Farbe als alte. Der Schwanz ist an seiner Wurzel stets weiß wodurch er sich hauptsächlich vom Mäussebussard unterscheidet. Auf Eulen die er am Tage antrifft stößt er heftig, was bei der Krähenhütte stark auffällt.

(5 Seite 108

<u>Der Wespenbussard</u> Vorkommen: Europa, Kleinasien. Bei uns in Deutschland gehört er zu den seltenen Brutvögeln. – Ich habe ihn im Isergebirge (Bad Schwarzbach) gesehen. – Er kommt oft erst Ende April oder Anfang Mai und verläßt uns manchmal schon im August oder im September um seine Winterquartiere die bis nach Südafrika reichen aufzusuchen. Er liebt Laub- und Mischwälder und bevorzugt die der Ebenen oder Mittelgebirge. Seinen Horst baut er auf Bäume oft recht hoch. Dieser ist nicht sehr umfangreich und besteht aus dürren Reisern, oben legt er ihn mit grünen Zweigen aus. Die 2 Eier sind meist weißlich, doch ist der weiße Grund durch die dunkelbraune Zeichnung völlig verdeckt (50,8×41,1). Die Jungen sind im Dunenkleid weiß, die langen Kopfdunen und der Rücken haben gelblichen Schimmer. Später im Jugendkleid werden sie oben dunkelbraun mit weißen Federspitzen unten weiß, am Kopfe bräunlich-weiß. Wachshaut und Unterschnabelwurzel gelb. Im Nest sitzen sie aufrecht wie junge Adler. Das erwachsene Weibchen ist kaum größer als das Männchen. Dieser Vogel ähnelt auf dem Boden eher einem Raben in Haltung und Bewegung als einem Raubvogel. Im Fluge erinnert er jedoch sehr an den Mäusebussard. Doch verraten ihn der etwas längere Stoß und die etwas spitzeren Flügel dem geübten Auge. Der Ruf ist durchaus nicht bussardähnlich. Er klingt wie Kik Kik Kik Kik. Seine Nahrung besteht aus Raupen, Heuschrecken, Hummeln und Wespen und deren Brut. Er verschmäht aber auch Reptilien, Vögel,

Tagraubvögel.

Wespenbussard ca 58 cm Fl: 41 cm
Pernis apivorus; pernis oder pernes griech. ein Raubvogel bei den Alten. apivorus lat. aus apis die Biene und voro ich verschlinge. bienenfressend.

Schlangenadler ca 65 cm Fl: 51-56 cm
Die ♂ sind nicht immer größer als die ♀
Circaëtus gallicus
circaëtus aus lat. circus Kreis und griech. aietos Adler; gallicus lat. gallisch
Ist in der Schorfheide zu sehen.

(Wespenbussard) Eier und kleine Säugetiere keineswegs, besonders nicht zur Zeit der Aufzucht seiner Jungen, die sehr lange Zeit in Anspruch nimmt, weshalb die Familie sehr lange beisammen angetroffen wird.

Der Schlangenadler. Vorkommen: Mittel- und Südeuropa, Asien bis zum fernen Osten, hier aber nur spärlich, Westindien, Nordafrika. Im nördlichen Gegenden ist er Zugvogel. In Deutschland gehört er zu den selteren Raubvögeln. (War in der Schorfheide anwesend.) Er kehrt erst Ende April oder Anfang Mai aus dem Süden zurück und begiebt sich im August schon wieder auf Wanderschaft. Er bewohnt Wälder, braucht aber zu seiner Jagd offenes Gelände und bevorzugt die Nähe von Wasser. Der Horst steht meist auf Bäumen. Er ist aus Reisern und Zweigen erbaut und oben mit grünen Zweigen ausgelegt. Er enthält nur ein Ei, das auffallend groß ist im Vergleich zur Größe des Vogels. Es hat ungefähr die Größe des Seeadlereies (72,8 x 57,5) Die Schale ist rauh mit deutlichen Poren, mattweiß und scheint grünlich durch, ist aber viel dünner als beim Seeadler. Das Junge ist im Dunenkleid schneeweiß. Später im Jugendkleide gleicht es den Alten. Man unterscheidet beim Schlangenadler drei verschiedene Farbenvaritäten: 1. Kehle und Kropf einfarbig erdbraun, 2. Kehle und Kropf mit verschiedenen breiten Längsstreifen, 3. Kehle und Kropf mit hellrostfarbenen Flecken. Er lebt vorwiegend von Schlangen, ganz gleichgültig,

(Der Schlangenadler) ob giftig oder nicht. Er verschmäht aber andere Nahrung nicht und geht auch an Frösche Schnecken Regenwürmer, Krebse, Fische, Insekten und kleine Nagetiere. An Vögeln vergreift er sich selten. Schlangen bleiben seine Lieblingsnahrung. Er hat insbesondere Geschick darin mit diesen fertig zu werden, die er hinunterwürgt ohne sie zu zerstückeln. Die ausgespieenen Gewölle bestehen oft ganz aus den Schuppen und Knochen von Schlangen. Die Stimme ist ein helles hi hi hi, dem Ruf des Bussards etwas ähnelnd. Die Alten führen über dem Horst schöne Flugspiele auf.

Die Rohrweihe. Vorkommen: Europa und Westasien. Sie ist Zugvogel. Feuchte Niederungen mit Seen, Teichen und Sümpfen, die ihr Nahrung liefern sind ihre Lieblingsplätze (Eiserbuder See am Forsthaus Eiserbude bei Sophienstädt-Rosaliendorf). Gewöhnlich ins Rohrdickicht, aber auch ins Weidengezweig, in Getreidefelder in der Nähe des Wassers nahe über dem Boden bauen sie ihren Horst. Dieser ist ein hoher Bau aus Reisern, Binsen, Rohr, Schilf, Gras und hat oben eine flache Mulde. Die 4-5 Eier sind glanzlos, gräulich bis grünlichweiß und meist ungefleckt. Die Jungen sind im Dunenkleid weißlich bis weißgrau und meist ungefleckt. Die Jungen sind dann im Jugendkleide dunkelbraun mit rostgelben Flecken am Scheitel und Brust und gelben Flecken auf dem Rücken. Die Rohrweihe ist ein gewandter Vogel. Im gaukelnden Fluge streicht sie niedrig über das Jagdrevier rechts und links nach Beute sich umsehend. Auf die erschreckte Beute läßt sie sich niederfallen und verzehrt sie gleich an Ort und Stelle. Sie frißt Amphibien und Reptilien, noch lieber aber allerlei Wassergeflügel, das sie stark lichtet. Sie ist auch eine arge Nestplünderin und der Schrekken der jungen Wasserhühner, Enten, Gänse u.a. Wo ein Pärchen Rohrweihen sich niedergelassen hat, ist die Vermehrung der anderen Vögel gefährdet. Auch an nahe der Oberfläche schwimmenden Fischen soll sie sich bisweilen vergreifen. In

Gegenden, wo man Kleinvögel und das Wassergeflügel schützen will, darf man diesen kühnen Räuber nicht hochkommen lassen. Es ist ihnen aber schwer beizukommen, da sie als gewandte Vögel es vortrefflich verstehen, sich außer Schußentfernung zu halten. Zur Balzzeit vollführt das Männchen, sehr hoch steigend und sich fallen lassend, sich oftmals überschlagend, herrliche Balzflüge über dem Horste. Während dieser Zeit hört man auch ihr Kei Kei oder Kau Kau und dem Miauen der Katzen ähnliche Laute, ferner ein Piepen der Weibchen und bei Gefahr schirpende, turmfalkenähnliche Laute. Man hört sie aber selten.

<u>Wiesenweihe.</u> Vorkommen: Mitteleuropa, Mittelasien, Nordafrika. In Deutschland in den Niederungen des Nordens im allgemeinen ein seltener Brutvogel. Sehr häufig dagegen in den Donau-Niederungen. Sie zieht im März-April und im Oktober und kommt bis nach Südafrika und Südasien. Ihren Brutplatz wählt sie in ebenem baumlosen Gelände in Getreidefeldern in Wiesen und am Rande von Sümpfen. Nistweise und Horst haben viel Ähnlichkeit mit denen der Kornweihe. In Gegenden wo sie häufig vorkommt brütet sie dicht beieinander sodaß man fast von Kolonien sprechen kann. Die 4-5 Eier sind fast glanzlos, bläulich-weiß, mit, meist ohne Flecken mit feinen Poren (41,5x32,7). Selten findet man die Eier vor Mitte Mai. Die Dunen-

(Wiesenweihe) jungen sind weiß mit rötlichem Schimmer auf der Oberseite. Im Jugendkleid ähneln sie dem Weibchen. Dieser Vogel macht im Fluge einen schlankeren Eindruck als die anderen Weihen. Die langen spitzen Flügel, der geschlossene Schwanz läßt ihr Flugbild fast dem einer Möwe gleichen. Auch rüttelt sie bisweilen in größerer Höhe über ihrer Beute, um sich dann jäh auf diese herabfallen zu lassen. Bei ihren schönen Balzflügen und Flugspielen während des Frühjahrs hört man auch bei ihr einen durch die vibrierenden Federn hervorgebrachten meckernden Ton, ähnlich wie bei der Bekassine und der Steppenweihe. Bei ihrer großen Beweglichkeit und ihrem großen Jagdgebiet ist es sehr schwer, ihren Brutplatz zu ermitteln. Ihre Nahrung besteht aus kleinen Säugetieren, Vögeln, Amphibien und Insekten. Fliegende Vögel erbeutet sie kaum jemals, aber sie überrascht die sitzenden und fängt auch manches Vogelweibchen vom Nest weg.

Die Kornweihe. Vorkommen: Europa, Mittel- und Nordasien. Sie ist Zugvogel und überwintert in Nordafrika, Nordindien, China und Japan. Einige bleiben in warmen Wintern bei uns in Deutschland. Sie liebt offenes Gelände, baumlose Ebenen, nasse Wiesen und Sümpfe. Ihr Horst steht stets am Boden, z.B. in Getreidefeldern und Rapsäckern. Es ist ein wenig umfangreicher flacher Bau aus Rohrstengeln, Schilf, Gräsern auch Reiser und dergl. Die Nestmulde ist zierlich mit Gräsern ausgelegt und enthält 4-5 Eier von verschiedener Form, bläulich-weiß, glanzlos und feinkörnig. Bisweilen haben sie

Tagraubvögel.
Die Weihen habe ich auf den
großen Ruhlsdorfer Wiesen an
der Heidekrautbahn (Nähe Schorf-
heide, sowie am Rande der Schorf-
heide bei Sophienstädt am Belauf
Eiserbude (Lehrrevier der Forstakade-
mie Eberswalde) gesehen.
Wiesenweihe ca 45 cm Fl 37 cm
Circus pygargus ♀ braun
circus lat. Kreis, pygargus griech.
aus pygë der Steiß und argos
weiß = Weißsteiß.
Rohrweihe ca 48 cm Fl 40 cm
Circus aeruginosus
aeruginosus, a, um, lat. Kupferrot

(Kornweihe) rötlich-graue Flecken oder Wolken (46x36,2). Die Jungen sind im Dunenkleid weißlich mit schwach rötlichen Schimmer, besonders auf der Oberseite. Im Jugendkleid ähneln sie den alten Weibchen. Die Iris ist braun. Dieser Vogel streicht den ganzen Tag und auch spät abends noch mit sanftem gaukelndem Flug dicht über dem Boden dahin, oft von Schweben oder schwachen Flügelschlägen unterbrochen. Er meidet Bäume und hält auch seine Nachtruhe meist auf dem Boden oder in einem niedrigen Busche. Zur Brutzeit macht das Männchen schöne Balzflüge, fliegt senkrecht in die Höhe um sich mit angezogenen Flügeln fallen zu lassen. Das Spiel wird oft wiederholt. Ihr Ruf ist ein weiches gägergäg, ferner vernimmt man ein Piepen und ein Schirken. Die Jungen piepen wie Junghühner. Ihre Nahrung besteht aus Vögeln und deren Eiern Mäusen, Reptilien und Heuschrecken. Für die kleinen Feldvögel ist die Weihe mindestens so gefährlich wie der Sperber. Auch Rebhühner überrumpelt sie, kann diese aber nicht im Fluge schlagen. Zur Brutzeit haben sie ein bestimmtes Revier, das ihnen Nahrung spendet. Außerhalb derselben streichen sie sehr weit herum und erscheinen mit großer Regelmäßigkeit pünktlich zur bestimmten Zeit an bestimmten Plätzen.

Die Steppenweihe. Vorkommen: Südeuropa, Mittel- und Südrußland, Teile von Asien. In Deutschland brütet sie äußerst selten. Gelegentlich

(Steppenweihe) wurde sie in Braunschweig und Westfalen beobachtet. Auf dem Zuge dagegen ist sie in Deutschland sowie im übrigen Mitteleuropa häufig anzutreffen. Sie nistet wie die anderen Weihen auf dem Boden und baut einen Horst aus Stengeln, Stroh und Gras ins Getreide oder in eine Wiese. Meist baut sie erst spät. vor Mitte Mai wird man selten Eier finden. Die 4–5 Eier sind weiß, rundlich, häufiger und mehr gefleckt als die Eier von Wiesen- und Kornweihe (44,6X34,7). Die Jungen sind im Jugendkleid oben dunkelbraun mit rostgelben Flecken, unten ungefleckt rostfarben. Diese Weihen sind ebenso wie die anderen eine Geißel für die Kleinvogelwelt und deren Bruten. Sie schlagen alle Vögel bis zur Größe eines Rebhuhns. Feldlerchen und deren Brut verzehren sie sehr gerne, aber auch die Rohrvögel und das Wassergeflügel fallen ihnen zahlreich zur Beute. Wie die anderen Weihen, so darf man auch diese schönen Vögel nicht hochkommen lassen, wo man auf die Vermehrung anderer Vögel bedacht ist. Außerdem verzehren sie noch Mäuse, Reptilien und größere Insekten. Ihre Stimme klingt schäkkernd und pfeifend. Man hört sie außer der Brutzeit nur sehr selten. Auch hört man ihr meckerndes Geräusch, das sie während des Herabstoßen bei den Balzflügen im Frühjahr mit ihren Flügeln hervorbringen soll. Da sie die Balzflüge über dem Neste ausführen, so hat man dadurch einen Anhaltspunkt, wo man das Nest finden kann. Als scheue und vorsichtige Vögel sind sie schwer zu erlegen, am besten noch vor dem Uhu, den sie besonders heftig angreifen.

Kornweihe ca 48 cm Fl 39 cm

circus cyanus

circus zu griech. Kirkos, Kreis schon bei den Griechen Name eines kreisenden Raubvogels
cyanus, a, um griech, blau Kornblumblau.

Steppenweihe ca 48 cm Fl. 35 cm
circus macrourus   circus, Kornweihe
macrurus, a, um, griech. (makro lang und ura Schwanz) langschwänzig.

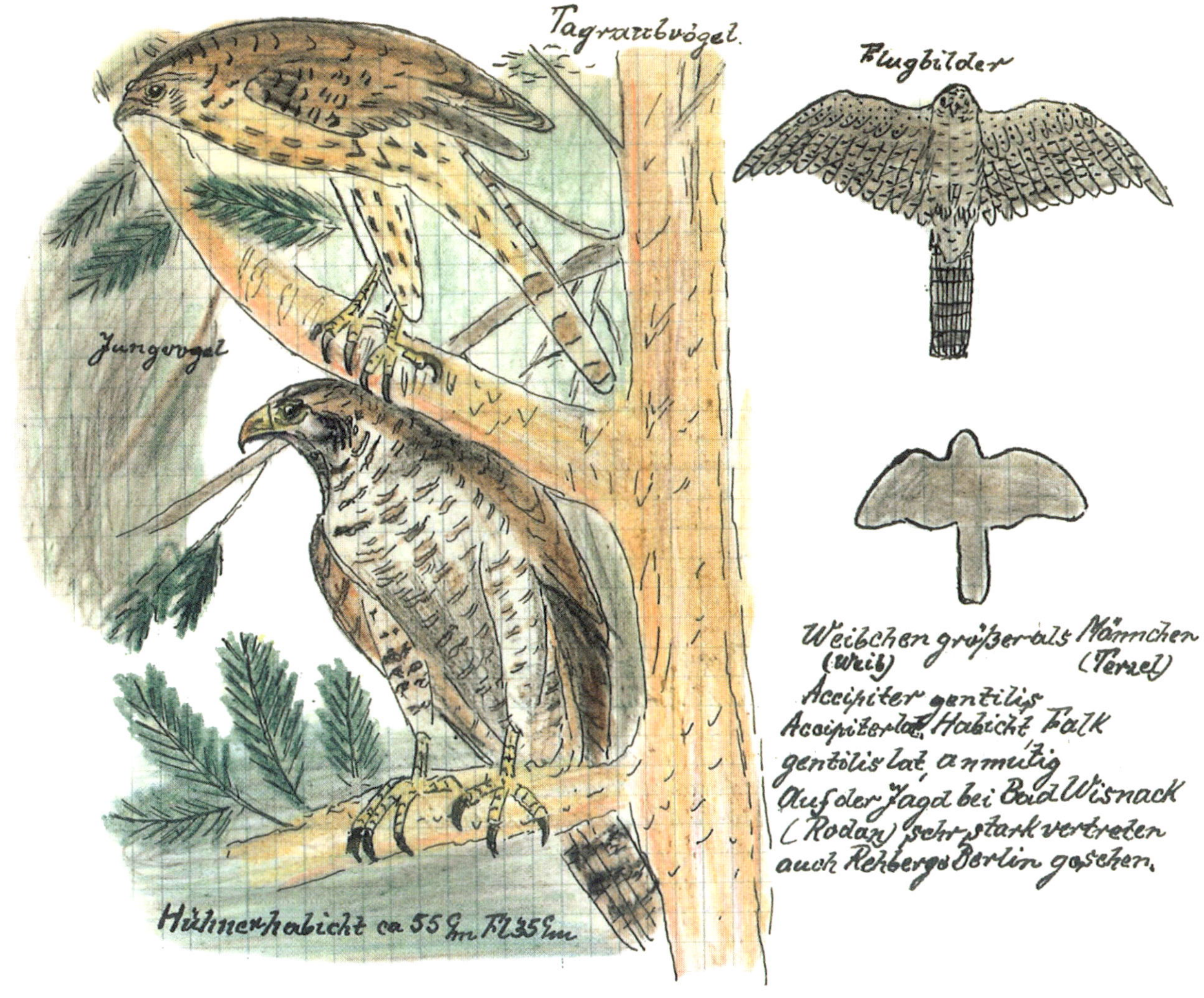
Tagraubvögel.
Flugbilder
Jungvogel
Hühnerhabicht ca 55 cm Fl 35 cm
Weibchen größer als Männchen
(Weib) (Terzel)
Accipiter gentilis
Accipiter lat. Habicht Falk
gentilis lat. anmutig
Auf der Jagd bei Bad Wisnack
(Rodan) sehr stark vertreten
auch Rehbergs Berlin geschen.

Sperber ca 31 cm Fl 19 cm Männchen (Terzel)
Weibchen ca 37 cm Fl 24 cm (Weib)

Sperber sind in den Rehbergen (Berlin) zu finden habe sie dort gesehen.

Accipiter nisus   Accipiter lat. Habicht Falk
nisus griech. Nisos König in Megara soll der Sage nach
(Ovid, metamorphosen 8,8) in einen Sperber verwandelt sein

Der Hühnerhabicht. Vorkommen: Europa, Kleinasien, Palästina, Marokko. Obwohl er meist Standvogel ist ziehen doch einige besonders junge Exemplare im Winter nach dem Süden. Der Habicht bewohnt Wälder der Ebenen und Gebirge, wenn diese an freie Gelände angrenzen. Er bevorzugt kleinere Waldungen in der Nähe der Ortschaften. Seinen Horst legt er ziemlich hoch auf Bäumen an, meist in der Nähe des Stammes. Er besteht aus Reisern, die nach oben immer dünner werden. Die Habichte beziehen einen einmal erbauten Horst jahrelang und durch den jährlichen Ausbau wird der Horst immer umfangreicher bis zu 1m Durchmesser. Die Nestmulde ist flach. Die 3-4 Eier sind ohne Glanz graugrünlichweiß, meist ungefleckt (58X452). Die Jungen sind im Dunenkleid schmutzigweiß, oben etwas graugetönt, im Jugendkleid unten ockerfarbig, oben bräunlich. Das Jugendgefieder hat auf der Unterseite dunkelbraune Schaftstriche. Erst vom Spätherbst des zweiten Jahres beginnt die Mauser ins Alterskleid. - Ganz alte Weibchen gleichen den Männchen. Der Habicht ist ein kühner Räuber, der meist von Vögeln lebt, aber auch kleinere Säuger verzehrt. Gewöhnlich überrumpelt er sie ohne lange Jagd namentlich die Waldohreulen. Tauben und Hühner holt er sich von den Höfen. Er hat sehr scharfe Krallen, deren Zugriff das Opfer fast augenblicklich tötet. Er bringt seine Beute zu einer Kröpfstelle, um sie in Ruhe zu verzehren. Seine Fraßplätze sind durch Federn gekennzeichnet. Zur Brutzeit gleicht der Horst einer Schlachtbank. Seine Stimme ist ein gia giak giak und ein kreischendes Kirk Kirk Kirk. Den Habicht kann man auch anstatt des Uhus auf der Krähenhütte verwenden. - Auf der Jagd Rodan bei Bad Wilsnack waren die Hühnerhabichte sehr zu Hause, sie hielten

(Hühnerhabicht) sich hauptsächlich an das Hofgeflügel. Einmal habe ich einen Habicht, als ich im Auto zusammen mit Herrn Spielhagen (den Fabrikant des Bullrich-Salz) im Walde angefahren kam, an der Kröpfstelle überrascht. Obgleich die Habichte erlegt wurden war immer wieder Nachschub da.

Der Sperber. Vorkommen: Europa und Westasien. Einige ziehen im Herbst nach dem Süden, während viele zurückbleiben. Er bewohnt Feldhölzer Kleine Wälder in der Nähe der Ortschaften Parks. Sonst ist er überall wo Bäume und Hecken nicht ganz fehlen. Sein Horst steht auf Bäumen, gern auf Fichten und ist sehr umfangreich. Oft benutzt er als Unterlage alte Nester von Elstern, Krähen Eichhörnchen, um darauf seinen großen Bau anzubringen der aus vielen Zweigen von Nadelholz besteht. Dünne Kiefernrinden-stücke bilden den Belag der (Nisthöhle) flachen Nestmulde. Die 4-6 Eier sind von schwachem Glanz, weißlich bis bläulich, oder hell grau bläulichgrün mit dunkelroten oder braunen Flecken. Die Zeichnung ist sehr verschieden und kann bisweilen wenn auch selten, ganz fehlen (39,9 x 32). Die Jungen sind im Dunenkleide weiß, oben mit rahmfarbenen Schimmer, im Jugendkleid werden sie oben graubraun unten weiß mit Längsflecken an Kehle und Hals und Querbändern an Schenkeln und Bauch. Der Sperber ist der Habicht im Kleinen. Er zehntet die Kleinvogelwelt und ist so tollkühn, daß er seine Beute bis in die Zimmer der Menschen hinein verfolgt. Zum Glück bilden die Spatzen einen großen Teil seiner Nahrung. Seine Stimme ist ein hohes Kjü Kjü Kjü. Er ist im Fluge sofort

(Sperber) durch die kurzen Flügel und langen Stoß kenntlich. Ganz junge im Dunenkleide dem Neste entnommene Sperber lassen sich zähmen und später als Beizvögel abtragen, wozu man hauptsächlich die größeren und stärkeren Weibchen nimmt. Sobald aber schon die Federkielen das Dunenkleid durchbrochen haben, ist nicht mehr viel mit ihnen anzufangen, da sie dann ihr wildes störrisches und unbezähmbares Weßen zeigen. – – An einem Juniabend 1949, als ich aus dem Fenster Oderstraße 51 sah habe ich deutlich einen Sperber (die mir schon öfter begegnet sind) gesehen. Daher haben auch die vielen Spatzen schon abgenommen. – In den Rehbergen war früher eine Station der Vogelwarte Rositten, hier wurden Vögel zum Teil mit Netzen gefangen und beringt, darauf wieder in Freiheit gelassen. Die Raubvögel wurden teils wie ich gesehen habe, mit dem Habichtkorb gefangen und beringt. – Früher beherbergten die Rehberge 52 verschiedene Vögelarten. –

Der rote Milan, oder Gabelweihe. Vorkommen: Europa, Kleinasien und Palästina, Nordwestafrika. Bei uns in Deutschland ist dieser schöne Vogel mit dem tiefgegabelten Schwanz der ihm auch seinen Beinamen gab schon selten geworden. Er ist Zugvogel und kommt im März zurück und verläßt uns im September oder Oktober wieder. Einige bleiben auch zurück oder werden durch Zuzug aus dem Norden ersetzt. In Südeuropa ist er oft Standvogel. Er bewohnt Wälder

(Der rote Milan) und zwar mehr der Ebenen als des Gebirges. Sein Horst steht nahe am Stamm von Laub- und Nadelbäumen, im allgemeinen aber immer in beträchtlicher Höhe. Er ist aus Zweigen und Stengeln errichtet und die flache Mulde ist mit Gras, Lumpen, trockenen Dünger und Papierfetzen die bisweilen auch über den Rand hinaus-hängen, ausgepolstert. Das Gelege besteht aus 2–4, jedoch meist 3 Eiern. Sie sind weiß oder grünlich-weiß matt glänzend und mit Kritzeln und Wurmlinien von lehm oder rotbrauner Färbung bedeckt (55,8 X 45,2). Die Jungen sind im Dunenkleid oben rostbraun, unten rötlichweiß. Die langen Kopfdunen sind weißlich. Hinter dem Auge befindet sich ein dunkler Fleck. Der Schnabel ist schwarz. Im Jugendkleid sind sie heller als die Alten und haben weißliche Federspitzen am Kopf. Prachtvoll ist der Anblick wenn im Frühjahr das Paar sich über seinem Horste scheinbar ohne Flügelbewegung zu großer Höhe emporschraubt und hoch im Äther seine wundervollen Kreise zieht. Sitzend macht der Vogel einen plumpen Eindruck. Sein lauter Ruf hiäh-hihi-hiäh ist nicht unangenehm. Zur Paarungszeit hört man noch einen Triller wie er überhaupt zu dieser Zeit, seine Stimme weit häufiger hören läßt. Seine Nahrung besteht in allerhand Geflügel, so wird er den jungen Küken und Enten sehr gefährlich und fügt dem Landmann manchen Schaden zu. Er nimmt aber auch kleinere Säugetiere, Amphibien und Reptilien, selbst Fische sofern er sie an der Oberfläche des Wassers fassen kann. Sogar an Aas und tote Fische geht er.

Tagraubvögel.
Flugbild des roten Milans
Roter Milan
oder Gabelweihe
ca 67 cm Fl: 50 cm Milvus milvus
milvus, lat. der Weih, Gabelweih
Schwarzer Milan
ca 55 cm Fl: 45 cm
Milvus migrans;
migrans lat. wandernd.
Schwarzer Milan

Der schwarze Milan. Vorkommen: Europa, Mittelasien, Nordwestafrika. Er ist Zugvogel, kommt im Märx und verläßt uns im September oder Oktober. Er bewohnt Wälder, die an fischreiche Gewässer grenzen und siedelt sich daher oft in der Nähe der Reiherkolonien an. Sein Horst steht meist sehr hoch in der Krone alter Bäume. Die flache Mulde des aus Reisern bestehenden Horstes ist ebenfalls mit alten Lumpen und Fetzen ausgelegt wie beim roten Milan. Die 2 Eier (selten mehr) sind meist grünlich-weiß mit scharf abgegrenzten rostfarbigen oder dunkelroten Flecken, Kritzeln und Wurmlinien (52,9 X 43,3) Im Jugendkleid werden sie dunkelbraun mit hellen Streifen an Kopf und Hinterhalz. Der Flug dieses Vogels ist schwimmend und gewährt einen schönen Anblick. Er vermag sehr lange zu schweben und besonders in der Paarungszeit hoch in den Lüften schöne Kreise am liebsten über einer Wasserfläche. Er macht dann noch besondere Balzflüge, indem er sich aus bedeutender Höhe plötzlich bis dicht über den Wasserspiegel herabfallen läßt. Dann fliegt er hin und her, rüttelt dazwischen, und schraubt sich wieder mühelos in die Höhe, von wo aus das Spiel von neuem beginnt. Dieser Milan bevorzugt Fische als Nahrung, aber auch totes Getier und Abfälle jeglicher Art, so daß er, wie der rote Milan, nicht zu den edlen Räubern gehört. Er geht auch an lebende Tiere und vergreift sich oft an Hausgeflügel. Er sucht die Hühnerhöfe mit einer gewissen Pünktlichkeit heim, ebenso wie es der rote Milan tut. Aber gerade dadurch ist Abwehr sehr leicht möglich. Seine Stimme ist ein hohes Trillern, das langsam mit hi-hi-hi beginnend in einen vibrierenden Ton übergeht.

Tauben.
Felsentaube ca 32 cm Fl 22 cm
Columba livia, columbia, lat. die Taube
livius, a, um lat. bläulich
Hohltaube ca 34 cm Fl 22 cm
Columbia oenas
oenas, griech. auf onios Wein
weinfarbig.

Ringeltaube ca 43 cm Fl. 25 cm
Columba palumbus
palumbus, lat. wilde Taube, Holztaube.

Die Felsentaube. Vorkommen: Mittelmeerländer, Küsten Großbritanniens, Kleinasien, Kaukasus, Nordpersien, Ural. Sie ist Standvogel. Die Felsentaube ist die Stammform unserer Haustauben, und wo letztere sich selbst überlassen verwildern, werden sie der wilden Stammform wieder ganz ähnlich. Man findet auch bei den Felsentauben gelegentlich verflogene Haustauben. Die Felsentauben nisten in Höhlen und Spalten von Felswänden meist gesellig. Das Nest besteht nur aus einigen zusammengetragenen Reisern, das Gelege aus 2 Eiern von weißer Farbe mit matten Glanz (39,3 X 29,2). Die Eier werden 17½ Tage von beiden Eltern abwechselnd bebrütet. Sie machen eine Brut nach der anderen und setzen oft nur im Winter damit aus. Die Jungen sind im allgemeinen matter und trüber gefärbt als die Alten. Am Halse fehlt ihnen das metallische Schillern. Diese Taube ist äußerst scheu und schnell. Ihr Flug ist von einem pfeifenden Geräusch begleitet. In der Stimme dem bekannten Rucksen, sowie im Benehmen, namentlich dem des Täubers zur Balzzeit bietet unsere Haustaube noch ein genaues Abbild ihrer Stammform. Sie badet häufig in klarem Wasser und läßt sich gerne beregnen, wobei sie sich auf die Seite legt und die Flügel lüftet, damit auch die sonst bedeckten Seiten benetzt werden. Die Nahrung besteht in allen möglichen Sämereien, Wurzelknollen u. dergl. Mehl- und ölhaltige Körner wie Erbsen, Wicken, Linsen, Hirse, Raps, Lein, Hanf, Getreide, Mohn und Wolfsmilchsamen, Nadel.

(Felsentaube) baumsämereien und Beeren. Kleine Gehäuseschnecken und Insektenlarven verzehrt sie ebenfalls.

Die Hohltaube. Vorkommen: Europa, Teile Nordafrikas, Kleinasien. Bei uns ist die Taube Zugvogel, der im März kommt und im September und Oktober fortzieht, um in den Wäldern Südeuropas zu überwintern. In Nordafrika wird sie im Winter häufig angetroffen. Sie bewohnt Wälder mit Vorliebe Mischwälder und ist abhängig von Bruthöhlen, doch wird ihnen der Besitz häufig von Dohlen, Blauracken und Spechten streitig gemacht. Gewöhnlich unterliegen sie und müssen sich eine andere Höhle suchen. Man kann ihnen durch Anbringung künstlicher Nisthöhlen helfen sonst verschwinden sie aus der Gegend. In Deutschland ist diese Taube deshalb in manchen Gegenden schon selten geworden. Man trifft sie nur noch in Waldgebieten weit entfernt von menschlicher Kultur, wo noch Schwarzspechte häufiger sind. Auf dem Boden der Nisthöhle wird durch einige Reiserchen eine Unterlage geschaffen. Die 2 Eier sind etwas rundlicher als die anderer Tauben und haben einen ziemlich starken Glanz (38,8x28,9). Die Jungen sind matter gefärbt als die Alten und haben nicht den schillernden Glanz am Hals. Der Schnabel ist graubraun mit gelblicher Spitze. Die Taube unterscheidet sich von den andern durch das huh-kuh, das oft 7-8 mal hintereinander wiederholt wird. Zur Paarungszeit heult der Tauber

(Hohltaube) sehr anhaltend. Ihre Nahrung ist die anderer Tauben. Gerste und Wicken fressen sie besonders gerne. Sie lieben die Gesellschaft ihresgleichen sehr deshalb trifft man zur Zugzeit im Frühjahr und Herbst oft große Schären an, die auf den Rastplätzen die Felder nach Nahrung absuchen. Mir ist die Hohltaube auf der Jagd bei Velten (Marwitz) begegnet.

Die Ringeltaube.) Vorkommen: Europa, Südwestasien. In nördlicheren Gegenden Zugvogel. Bei uns in Deutschland kehrt sie oft schon im Februar zurück und verläßt uns wieder im Oktober nachdem sie sich vorher zu großen Flügen vereinigt hat. Einige bleiben bei uns in Deutschland über Winter. In neuerer Zeit ist sie innerhalb von Anlagen und Parks in den Großstädten heimisch geworden. Im Tiergarten in Berlin wo sie, (vor dem letzten Kriege) nahe beieinander nisteten waren sie so zahm wie Haustauben. Sonst bauen sie ihr Nest ziemlich hoch auf Bäume oft ins Stangenholz. Meist steht es nahe am Stamme. Es ist ein locke-rer Bau aus Reisern, sehr flach und dünn und die Eier scheinen bisweilen unten durch. Auch werden alte Krähen- und Eichhörnchen nester benutzt. Die zwei Eier sind glänzend weiß mit großen Poren (40,7 x 29,4). Die Jungen haben zuerst ein gelbliches Dunenkleid, später sehen sie den Alten ähnlich nur sind alle Farben matter und der Glanz an den Halsseiten fehlt. Diese große stattliche Taube ist ein gewandter Flieger. Beim Abflug klatschen die Flügel, während des Fluges hört man

(Ringeltaube) ein pfeifendes Geräusch. Zur Frühjahrzeit macht der Tauber herrliche Balzflüge. Er erhebt sich schräg in die Luft, klatscht heftig mit den Flügeln, breitet den Schwanz aus und läßt sich wieder schräg herab wobei er die Flügel hochhält. Die Täubin läßt sich die Huldigungen gefallen und begleitet sie mit Kopfnicken. Bisweilen fliegt sie auch mit ihm mit klatschendem Flügelschlag. Das Rucksen des Taubers zur Paarungszeit, klingt wie kurr kruuh kurr kurr oder gu gruuh gur gur. Die zweite Silbe ist etwas höher und betont. Sonst hört man noch ein kurzes hu und ein heulendes hu hu. Den balzenden Tauber anzuschleichen oder anzuspringen gehört zu den Vergnügen der Jagd im zeitigen Frühjahr. – Ich habe Ringeltauben auf der Jagd in Dollfußbruch, bei Schneidemühl geschoßen. In freier Wildebahn ist der Ringeltaube sehr vorsichtig. Der Jäger sagt, sie hat auf jeder Feder ein Auge und daher nicht leicht zu erlegen. –

Turteltaube ca 30 cm Fl 18 cm
Streptopelia turtur

Tauben

Streptopelia griech (streptos gewunden, gelenk und peleia die Taube)
turtur, lat. die Turteltaube.

(Gruppenmerkmale).
Columbidae, Tauben

Schnabel nur vorn hart und nach unten gekrümmt.
Von der Stirn deutlich abgesetzt.
Nasenlöcher schlitzförmig.
Lauf vorn getäfelt, sonst geschildert oder glatt.

Die Turteltaube, Vorkommen: Europa, Nordafrika Kleinasien. In Europa geht sie nicht weit nach Norden nur bis zum südlichen Schweden. Sie kommt manchmal erst Anfang Mai und verläßt uns schon wieder im August oder September. Sie bewohnt Feldhölzer, lichte Wälder Parkanlagen und alte Gärten. Sie baut meist nicht sehr hoch (1-5 m) ihr Nest auf Büsche oder Bäume. Es ist so flach und dünn, daß nicht nur die Eier durchscheinen, sondern daß man die Taube von unten sitzen sieht. Die beiden Alten lösen sich beim Brutgeschäft ab. Die 2 Eier sind rein weiß mit schwachem Glanz (30,3 X 22,6). Die Jungen sind oben braun unten hellgrau, Bauch weiß. Die Turteltauben sind gegen Störungen ihrer Brut sehr empfindlich und verlassen die Eier beim geringsten Anlaß. Zu den Jungen dagegen zeigen sie große Anhänglichkeit. Auf dem Zweige sitzend, bewegt der Tauber den Kopf etwas nach unten und läßt ein eifriges Girren hören, das wie turr turr turr turr klingt und ihm den Namen eingetragen hat. Zwischen den einzelnen Girrtönen hört man in der Nähe noch einen eigenartigen Ton, der vom Einziehen der Luft herrührt.

Hühner

Die Großtrappe. Vorkommen: Mittel- und Südeuropa, Westasien. In Deutschland ist sie in den Kultursteppen Mittel- und Ostdeutschlands noch regelmäßiger Brutvogel. Diese großen Vögel streifen im Winter oft weit umher. Sie lieben die ausgedehnten Güter der nord- und mitteldeutschen Ebene mit Raps- und Getreidefeldern, sumpfige Niederungen, (Kremmner Luch) Gebirge und Wälder meiden sie. An ihren Brutplätzen, meist mitten in einem Getreidefeld, scharrt sich das Weibchen zur Ablage der Eier, in der Regel 2, sehr selten 3 eine Vertiefung in den Boden. Ab und zu ist diese mit Hälmchen ausgelegt. Die Eier sind gewöhnlich rauh, von wechselnden Glanze und von hellgraubrauner oder graugelber Grundfarbe mit einigen deutlichen Flecken (79,4 X 56,8). Die Jungen sind im Dunenkleid weißbräunlich, im Jugendkleid mit schwarzer Streifen auf der Oberseite. Unten sind sie hellrostgelblich, am Halse schwarzgefleckt. Später werden sie den Weibchen ähnlich. Die alten Männchen haben zur Balzzeit ein eigenartiges Benehmen, dem des Truthahns vergleichbar. Sie sind dann sehr erregt, schreiten mit aufgeblasenem Kehlsack gewichtig einher. heftige Kämpfe werden um die Weibchen geführt und es tritt erst wieder Ruhe ein, wenn die Paare sich gefunden haben. Um das Brutgeschäft kümmert sich der Hahn nicht. Später aber verteidigt er die Jungen. Die Trappen sind außerordentlich mißtrauische und vorsichtige Tiere. Ihr Auge ist sehr scharf, sodaß es fast

(Großtrappe) unmöglich ist, sich ihnen zu nähern. Daher hört man ihre Stimme ein eigenartiges Schnurren, obwohl sie es zu allen Zeiten vernehmen lassen, nur selten. Zur Paarungszeit hat man noch einem dem hu-hu-hu des Taubers vergleichbaren Paarungsruf vernommen. Die Trappe läuft sehr rasch, zum Flug erhebt sie sich mit einem Anlauf von einigen Sprüngen und streicht mit langsamen Flügelschlägen in ziemlicher Höhe rasch dahin. In der Flughaltung mit ausgestrecktem Hals und Beinen erinnert sie an eine fliegende Gans. Die Nahrung besteht in allerlei grünen Pflanzenteilen und Getreidekörnern. Im Sommer verzehren sie Insekten, mit denen sie auch hauptsächlich ihre Jungen hochbringen. – Die Trappen lieben Gegenden in denen keine Bäume und Sträucher in der Nähe sind. Sie stellen direkt Posten aus und lassen einen Jäger höchstens bis auf 200 m herankommen. Obgleich von diesen oft Verkleidungen als Frau mit Kiepe auf dem Rücken gebraucht wurden. Der Trapphahn wird bis 25 tt schwer; das Weibchen ist viel schwächer und kleiner.

__Die Zwergtrappe.__ Vorkommen: Osteuropa und Westasien. Sie kommt noch in Ostpreussen vor und ausnahmsweise auch in anderen Teilen Norddeutschlands, so in Schlesien. Hier kommt sie im April an und zieht im Oktober wieder fort. Im allgemeinen aber kommt die Zwergtrappe zu uns nur als Irrgast und die Beobachtungen fallen der Zeit nach in die

Hühner.
Großtrappe ca 100 cm Fl. 63 cm
Otis tarda
otis griech. die Trappe. tardus, a, um
lat. langsam, träge.
Von mir auf der Jagd in Schwante,
auf Gut Zietenau, angetroffen.
Zwergtrappe ca 48 cm Fl. 26 cm
Otis tetrax orientalis
tetrao (tetrax, tetrix und tetrastes)
griech. von tetráon der Auerhahn.
orientalis lat. östlich.
Von mir auf der Jagd in Marwitz
bei Velten i/Mark angetroffen.

(Zwergtrappe) Monate August bis März. Von dieser Zwergtrappe hat man noch eine westliche Form abgetrennt, die in Nordwestafrika, Spanien und Frankreich beheimatet ist. Diese unterscheidet sich von der östlichen Form durch hellere Oberseite und etwas geringerer Größe. Die Zwergtrappe bewohnt ähnliche Gegenden wie die große Trappe. Sie ist aber nicht so gesellig wie die Großtrappe, und da sie nur die Größe eines Haushuhnes erreicht, so bekommt man sie noch seltener zu Gesicht als die Großtrappe. Ihr Nest steht im Klee oder in Getreidefeldern und enthält 4 Eier, manchmal auch nur 3. Diese sind glänzend braungrün mit matten verwaschenen braunen Flecken (51,9 x 38,5). Die Jungen sind im Daunenkleid hellgelblich, oben mit schwarzen Längsflecken, unterseits weißgelblich. Im Jugend-Kleid ähneln sie dem Weibchen. Die Zwergtrappen sind zierliche, schöne Vögel, die ebenso gewandt fliegen, wie sie schnell sich laufend fortbewegen. Bei Gefahr drücken sie sih oft flach auf den Boden. Man hört von ihnen einen merkwürdigen Ton, den man mit terks terks wiedergeben könnte. Zur Balzzeit ruft der Hahn trr oder brrt, auch ein kurzes scharfes räk bei ruckartiger Bewegung des Kopfes ist beobachtet. Die Nahrung besteht aus Pflanzen und Kerbtieren. – In Marwitz ist eine Zwergtrappe erlegt worden. –

Moorschneehuhn ca 42 cm Fl. 20 cm.

Lagopus lagopus

lagopus, griech. (aus lago Hase und pus Fuß)

Hasenfuß

Das Moorschneehuhn. Vorkommen: Nordeuropa Nordasien. In den östlichen Ostseeländern ist es heute noch Brutvogel, aber in Ostpreussen durch die Kultivierung der Moore fast ganz verschwunden. Es bewohnt Torfmoore und Heideflächen und ist Stand- und Strichvogel. Es lebt größtenteils auf dem Boden. Es brütet in einer Vertiefung des Bodens, die spärlich mit einigen Hälmchen ausgelegt ist. Diese Hühner leben in Einehe. Das Gelege besteht aus 8-12 Eiern, manchmal sind es auch mehr. Diese sind hellgelb bisweilen rötlich mit ziemlich regelmäßig verteilten dunkelbraunen bis schwarzen Flecken (42,7 x 30,9). Die Dunenjungen sind oben hellrostfarben mit schwarzer Zeichnung, die unten rostgelblichweiß. Das erste Jugendkleid ist oben hellrostfarben mit schwarzer Zeichnung, die Schultern und Flügeldecken sind mit kleinen weißen Flecken besetzt, die Schwingen sind noch dunkelgraubraun. Im nächsten Federkleid sehen die Jungen dem Weibchen ähnlich Flügel sind jetzt weiß und die Schwanzfedern schwarz. Das Winterkleid ist rein weiß. Das Männchen hat außerdem noch über dem Auge einen nackten roten Fleck der im Winterkleide hervorleuchtet. Nach dem Winterkleid kommt das Sommer- oder Hochzeitkleid wie vor. Nach dem Sommerkleid kommt vor dem weißen Winterkleid noch ein Übergangskleid, das die Mitte hält zwischen dem Kleid des Männchens und dem Weibchen.

Alpenschneehuhn ca 34 cm Fl. 19 cm.
Lagopus mutus helveticus
lagopus, griech. Hasenfuß s. auch Moorschneehuhn, mutus, a, um, lat. stumm, helveticus, a, um, lat. helvetisch, in der Schweiz heimisch.

Das Alpenschneehuhn. Vorkommen: Das Alpengebiet, auch im Schwarzwald eingebürgert. Es bewohnt die höheren Gebirgslagen und kommt selbst im Winter kaum jemals tiefer als 1400 m. Das Sommerkleid ist oben grauschwarz mit grauen Quebinden, Kinn, Kehle, Bauch, Füße, Ober-, Unterflügeldecken und Schwingen weiß, Hals und Brust etwas dunkler als die Oberseite, der Schwanz bis auf die beiden mittleren grauschwarzen Federn schwarz mit weißem Endsaum. Das Weibchen hat statt der schwarzgrauen eine gelbbraune Färbung. Das Herbstkleid ist bräunlich variiert indessen sehr. Das Winterkleid ist weiß; für den Hahn ist Kennzeichnend der schwarze Zügel durch das Auge, den das das Moorschneehuhn im Winterkleid nicht hat. Es brütet oft ganz frei, meist aber etwas gedeckt durch einen hervorragenden Felsen oder einen Busch. Die 8–12 Eier sind gelblich mit rotbraunen Flecken und ähneln denen des Moorschneehuhns (43,5 x 30,7). Die Jungen im Dunenkleid sind etwas blasser als die des Moorschneehuhns und mehr schwefelgelb. Das Männchen macht zur Paarungszeit Balzflüge, indem es sich schräg in die Luft erhebt und dabei häufig seine Stimme, ein orrrr oder arrr, erschallen läßt. Das Weibchen antwortet mit j-ack j-ack. Der Warnruf ist ein gäa gäa. Die Alte lockt die Jungen mit einem leisen Miauen. Die Jungen piepen hell. Das Männchen kümmert sich nicht um die Brut. Auch im Winter wissen sie die Nahrung zu finden, indem sie sich Gänge in den Schnee scharren, um zum Boden zu gelangen. Die Spitzen der Pflanzen, Flechten, Knospen Beeren bilden ihre Hauptnahrung.

Hühner.

Birkhuhn ca 58 cm Fl 26 cm Lyurus tetrix

Lyurus, aus griech. lyra Leier und ura Schwanz = Leierschwanz
tetrix, griech. der Auerhahn; s. auch Zwergtrappe.

Von mir auf der Jagd der Gemeinde Marwitz bei Velten in der Nähe der Försterei Blockbrück bejagt; auch im Isergebirge bei Schwarzbach angetroffen.

Hühner.

Von mir hinter der Bunzlauer Forst Zeche mit Hans Straßmann angesprungen. Im Isergebirge bei Schwarzbach angetroffen. (Auch Tillendorfer und Klitschdorfer Heide.)

Auerhuhn ca 96 cm Fl.: 39 cm Tetrao urogallus

tetrao griech. der Auerhahn s. auch Zwergtrappe
urogallus, lateinisiert aus uro Auer und gallus der Hahn.

Das Birkhuhn. Vorkommen: Mittel- und Nordeuropa das südliche, westliche und nördliche Sibirien, bis an die Grenze, soweit die Birke, selbst im Krüppelwuchs gedeiht. Besonders Heide und Moorgegenden sagen ihm zu. Hochwälder und reine Nadelholzbestände meidet es. Im Frühjahr sammeln sich die Männchen bald nach Mitternacht an bestimmten Plätzen, Waldblößen, um zu balzen. Die Halsfedern werden gesträubt und der Schnabel dabei nach unten gerichtet der Schwanz gefächert und die Flügel gesenkt. Dabei lassen sie ein Zischen und Fauchen sowie Kollern hören. Im Gegensatz zum Auerhahn lassen sie aber auch balzend ihre Vorsicht nicht außer acht. Die Hennen versammeln sich im Gebüsch und nach Sonnenaufgang geht der Hahn zu den Hennen. Später bäumen sie gemeinschaftlich auf und gehen von da zu ihren Futterplätzen. Der Birkhahn lebt in Vielehe und kümmert sich um seine Nachkommenschaft nicht. Das Huhn legt 6-10 Eier in eine kleine Mulde des Bodens. Sie sind etwas kleiner als die des Auerhuhns, diesen aber sonst sehr ähnlich (49,6 X 36,3). Die Jungen ähneln im Jugendkleid den alten Weibchen. Das junge Männchen erhält schon im ersten Herbst ein Gefieder, das dem des alten Männchens ähnlich sieht. Nur fehlt noch die blauschwarze Färbung an Kopf und Hals, die auch die alten Birkhähne nach der Paarung verlieren, und an ihre Stelle tritt ein helleres Braun. Dieses Zwischenkleid wird aber schon wieder in einer im September stattfindenden Mauser durch das Hochzeitskleid ersetzt. Bastarde zwischen Birkhähnen und Auerhennen oder umgekehrt sind als Rackelwild bekannt. Sie schlagen nach dem Vater und sind in Gegenden, wo Birk- und Auerwild gemeinsam vorkommt häufig.

Das Auerhuhn. Vorkommen: Nord- und Mitteleuropa. Es bewohnt die Nadelwälder und gemischte Waldungen der Gebirge und der Ebenen, letztere aber viel seltener als die Gebirgswälder. Unterholz und Beerenpflanzen sind ihm wichtig. Deshalb fehlt er in reinen Kiefern- und Buchenbeständen. Das Weibchen scharrt sich am Stamme eines schützenden Baumes eine Mulde und legt 6-10 Eier, die auf gelblichem bis braungelbem Grunde kleine dunkle Flecken zeigen (57,6 X 41,4). Die Jungen sind im Dunenkleid oben rostgelb mit unregelmäßigen schwarzen Zeichnungen, die Flügel und Rücken mehr rostbräunlich. Unten sind sie schwefel- bis ockergelb. Im Jugendkleid ähneln sie dem Weibchen. Im ersten Herbste wird schon dann durch eine Mauser eine dem Alterskleid sehr ähnliche Färbung angelegt. Dieser stolze stattliche Vogel gehört zur hohen Jagd und wird von passionierten Jägern nur während der Balz geschossen. Der Hahn balzt meist auf einem Baume und läßt mit vorgestrecktem, etwas nach oben gebogenem Hals seine Flügel hängen. Dabei ertönen merkwürdige Laute, die man als Knappen, Triller Hauptschlag und Schleifen bezeichnet. Das Knappen wird immer schneller und geht in eine Art Triller über, dann folgt der Hauptschlag, der so ähnlich klingt, als wenn man mit der Zunge schnalzt und nun kommt das Schleifen und Wetzen, bei dem der Vogel nichts hört. Bei diesem Ton kann der Jäger an den Vogel herankommen. Sobald das Schleifen verklungen ist, muß der Jäger wie festgebannt stillstehen und abwarten, bis der Hauptschlag ihm wieder das Zeichen zum Handeln gibt. Das Weibchen lockt dack dack Unwiderstehlich werden die Weibchen

Hühner.

Haselhuhn ca 38 cm Fl. 17 cm
Tetrastes bonasia rupestris (Brehm)
tetrao (tetrax, tetrix und tetrastes) griech. von tetraon der Auerhahn; bonasius oder bonasa, schon bei Plinius als Tiername gebraucht, von Albert Magnus u. a. Schriftstellern für das Haselhuhn verwendet; rupestris lat. (zu rupas der Fels) auf Felsen lebend.

Steinhuhn ca 35 cm Fl 17 cm
Alectoris graeca saxatilis (Meyer). Alectoris griech. zu alektor, der Hahn; graecus, a, um lat. (griech.) saxatilis, lat. (zu saxum der Fels) an Felsen lebend.

Beide Hühner habe ich nur präpariert auf der großen internationalen Jagdausstellung gesehen.

(Auerhuhn) von den Balztönen des Männchen angezogen. Sie versammeln sich meist auf dem Boden. Der Hahn begibt sich später herab, um sie zu treten. Sonst lebt er als Einsiedler und kümmert sich nicht um seine Familie.

Das Haselhuhn. Vorkommen: Mitteleuropa. Es ist nicht überall anzutreffen, denn es ist in bezug auf Örtlichkeit sehr wählerisch. Es will zusammenhängende Wälder der Mittelgebirge, ohne jedoch ganz in der Ebene zu fehlen. Viel Unterholz und beerentragende Sträucher müssen vorhanden sein. Das Haselhuhn ist zwar ein typischer Standvogel, jedoch kommen kleine Ortsveränderungen zur Winterzeit natürlich vor. Es lebt in Einehe. Das Weibchen baut sich unter dichten Pflanzengewirr ein kunstloses Nest legt 8-12 Eier. Diese sind hellgelb bis bräunlich, öfter auch etwas rötlich mit Flecken (40x30). Die Jungen sind im Dunenkleid rötlich-kastanienbraun, an den Seiten dunkler. Durch die Zügel geht eine fast schwarze Linie. Unten sind sie blaßgelb; der Schnabel ist gelb. Im Jugendkleid werden sie oben rotbräunlich, unten weiß mit dunkelbraunen Querstreifen an Brust und Bauch. Die Kehle erscheint ganz weiß bei beiden Geschlechtern. Im Herbst wird dann das Alterskleid schon beinahe erreicht. Das Haselhuhn ist sehr ängstlich und scheu, lebt sehr versteckt meist auf dem Boden und liebt die Geselligkeit. Der Hahn

(Haselhuhn) balzt wie alle diese Vögel. Hahn und Henne haben einen hell-pfeifenden Ruf und lassen auch sonst noch mehrsilbige Tonreihen hörn. Ihre Nahrung besteht aus Blattknospen, Blütenkätzchen wie den der Hasel und allen möglichen Beeren, besonders denen des roten Hollunders. Aber auch allerhand Insekten und kleine Gehäuseschnecken nehmen sie gern. Es sind ziemlich starke Esser. Man kann diese Hühner mit beschnittenen Flügeln auf dem Hofe frei laufen lassen. Die Jungen muß man aber behandeln wie insektenfressende Vögel. Am besten gelingt die Aufzucht mit frischen Ameisenpuppen. Später reicht man ihnen allerlei Sämereien und ein kräftiges Mischfutter, darf aber Beeren in deren Nahrung niemals fehlen lassen.

Das Steinhuhn. Vorkommen: Alpengebiet in Höhen über 1500 Metern. Im Jura fehlt es. Das Steinhuhn bewohnt die steinigen Abhänge, an denen noch niederer Pflanzenwuchs gedeiht. Es geht im Winter in tiefere Lagen herab, ist also Stand- und Strichvogel. Als Nest scharrt es unter einem Busch oder überhängendem Felsen eine Mulde die mit etwas dürrem Gras ausgelegt wird. Die 9–15 Eier sind gelblich oder hellbräunlich mit rotbraunen Punkten und Flecken. Sie sind dickschalig und glatt mit tiefen Poren (41,6 x 30,8). Die Jungen sind im Dunenkleid auf dem Kopf hellbraun, auf dem Rücken dunkelbraun mit helleren Längsstreifen. Unten sind sie gelblichgrau. Schnabel und Füße sind gelblich. Im Jugendkleid werden sie oben sandbräunlich mit hellen

(Steinhuhn) Flecken, unten weißlich mit rotgelben Tropfen auf der Brust. Die Steinhühner leben in Gesellschaften wie die Rebhühner. Zur Brutzeit jedoch, die in höheren Lagen erst spät einsetzt, sondern sich die Paare ab und leben für sich. Hier entstehen oft heftige Kämpfe um die einzelnen Brutbezirke. Die Hähne sind zu dieser Zeit sehr kampflustig. Der Paarungsruf klingt wie schatzebitz, schattibitt, schattibitz. Sonst hört man ein tschukar tschukar und ein gak gak gak und beim Abfliegen ein Pfeifen. Es sind lebhafte gewandte Vögel. Ihre Nahrung besteht aus Sämereien, Pflanzenteilen, Insekten und deren Larven. Ihr Fleisch hat einen besonders aromatischen Geschmack. Dieses Huhn ist leicht zähmbar, selbst sogar alt eingefangen. Sie halten sich auch in enger Behausung recht gut und sauber. In geräumigen Behälter kann man die Paare sogar zur Fortpflanzung bringen.

<u>Das Rebhuhn</u>. Vorkommen: Mitteleuropa. Das Rebhuhn liebt Kulturgelände und bevorzugt die Ebenen, ohne jedoch im Hügelgelände zu fehlen. Außer der Paarungszeit leben die Hühner in Völkern zusammen und streichen gelegentlich auch einmal umher. Im allgemeinen sind sie Standvögel. Das Weibchen scharrt sich eine Vertiefung, die es dürftig mit Grashalmen und Blättern auslegt, womit es auch die Eier bedeckt, wenn es ungestört das Nest verläßt. Die 10–18 Eier sind kurz kreiselförmig, schwach glänzend, einfarbig hellbräunlich oder lehmfarben (34,9 X 26,3). Die Jungen sind im Dunenkleid oben rotbraun, schwarz und rahmfarben gefleckt, unten hellschwefelgelb. Die Federn des Jugendkleides sind am

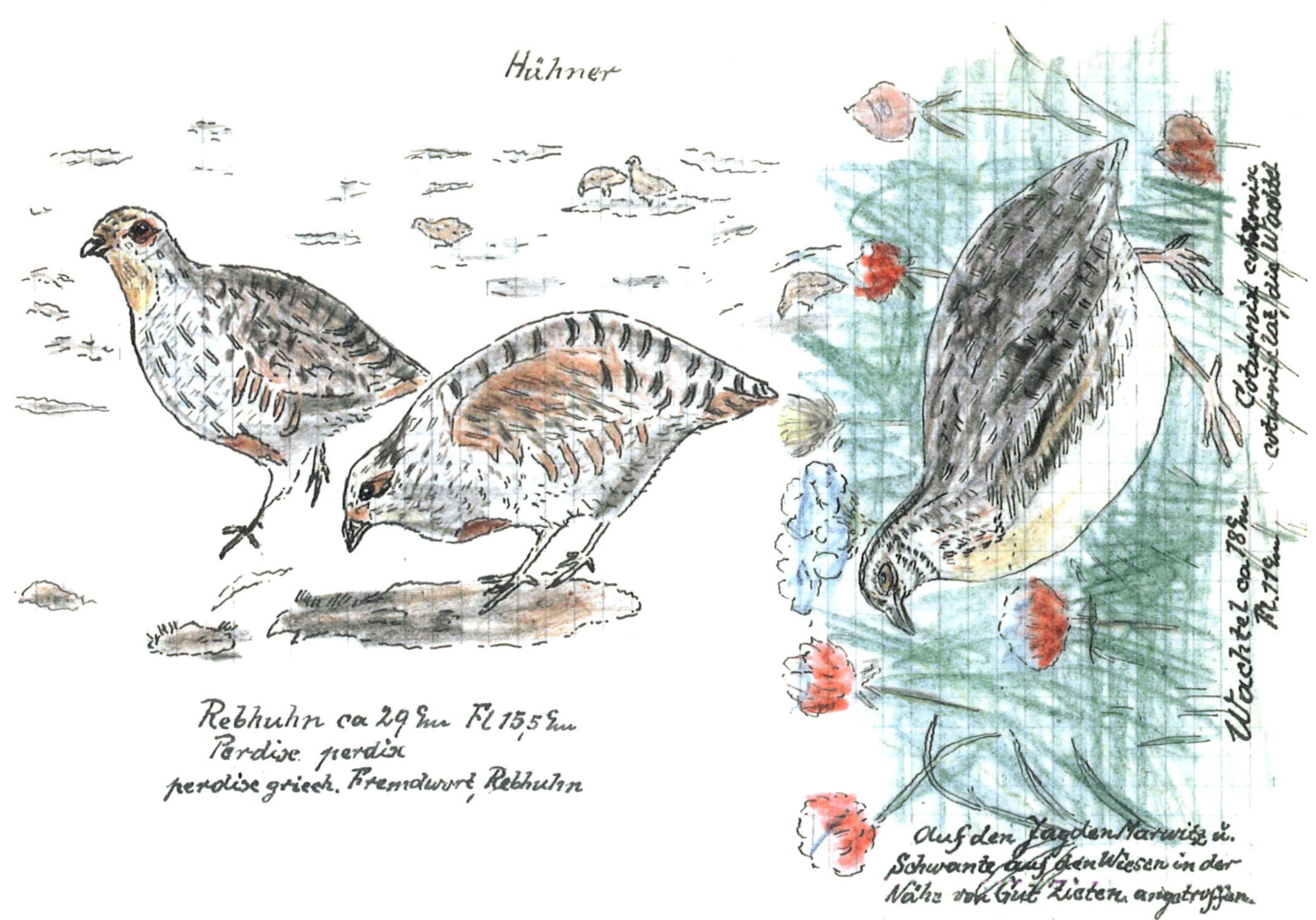
Hühner
Rebhuhn ca 29 cm Fl 15,5 cm
Perdix perdix
perdix griech. Fremdwort, Rebhuhn
Wachtel ca 18 cm
Fl. 11 cm
Coturnix coturnix
coturnix lat. die Wachtel
Auf den Jagden Naruwitz u.
Schwante auf den Wiesen in der
Nähe von Gut Zieten angetroffen.

(Rebhuhn) Kopf schwarz am übrigen Körper gelblichbraun mit gelblich-weißen Schaftstrichen. Die Jungen behalten die erste und zweite Handschwinge in der Herbstmauser bei und sind an der helleren Färbung wie an den bis in den Januar hinein gelb-braunen Füßen zu erkennen. Das alte Männchen trägt im Sommer an Hals und Kopf ein besonderes Sommergefieder das einfarbiger ist als das Gefieder in den anderen Monaten. Ebenso ist auch das Sommerkleid des Weibchens an Kopf, Hals und an den Körperseiten anders; es ist gröber schwarz quergefleckt. Im übrigen gibt es unter den Rebhühnern eine Menge Varietäten von denen besonders die mit rostfarbigen Kopf und Hals bekannt geworden ist. Das Rebhuhn ist ein (besonders) wirtschaftlich wichtiger Vogel. Es hat einen sehr schnell fördernden Lauf, besonders wenn es in einer Ackerfurche laufend zu entkommen sucht. Im Anfang der Jagd halten sie gut. d.h. sie drücken sich zu Boden, um der Gefahr des Abschusses zu entgehen, später sind sie gewitzt und halten nicht mehr. In der Zeit zwischen den beiden Weltkriegen hatten diese Hühner rapide abgenommen, man gab der intensiven Bewirtschaftung der Felder und vor allem dem künstlichen Dünger die Schuld.

Zum Aufsuchen der Hühner bedient man sich eines Hühner- oder Gebrauchsjagdhundes mit guter Quersuche der fest vorsteht bis die Jäger herangekommen sind. Der Hund hebt einen Vorderlauf hoch. Es ist eine Freude solchen Hund arbeiten zu sehen, nicht jeder Hund eignet sich zu dieser Jagd. Steht ein Volk bzw. Kette auf (auffliegen) manches Mal stehen erst einzelne Hühner auf denen dann die übrigen zusammen folgen. Wenn die Hühner beschossen werden verfolgt einer der Jäger sie mit dem Fernglas wo sie wieder einfallen. Bald locken die Hühner um sich wieder zu sammeln. Beim Auffliegen der Hühner verursachen sie ein heftiges eigentümliches Geräusch.

Die Wachtel. Vorkommen: Europa und Nordafrika. Es sind ausgesprochene Zugvögel, obwohl einige wenige ausnahmsweise gelegentlich in Deutschland überwintern. Die Wachtel bevorzugt Kulturboden, Getreidefelder, Kleeschläge, Wiesen und dergl. Plätze. Zur Zugzeit dagegen trifft man sie überall an. Die Männchen kämpfen um ihr Brutrevier. Das Weibchen legt in eine gescharrte Mulde, die nur dürftig mit trockenen Pflanzenteilen ausgelegt ist 8–14 Eier. Diese sind auf braungelblichem Grunde mit dunkelbraunen Punkten bedeckt. Andere Eier haben große dunkelbraune Platten, zwischen denen kleinere Flecken sich befinden (29,4 × 22,8). Die Jungen sind im Dunenkleid oben rostfarben mit schwarzen Streifen, unten ockergelb. Im August ist die Hauptmauser, im Winter eine Kleingefiedermauser. Die Kleider sind nicht sehr wesentlich verschieden. Es ist begreiflich daß von einem Vogel der so häufig in Menschenhand gelangt wie gerade die Wachtel, sehr viele Variationen bekannt sind. Die Wachteln sind im Herbst sehr fett und werden überall, wo sie auf dem Zuge hinkommen gefangen und als Leckerbissen verspeist. Im Altertum wurden sie sogar künstlich gemästet. Sie ernähren sich von allen möglichen Unkrautsämereien, grünen Pflanzenteilen und Insekten sowie deren Larven. Berühmt ist der Wachtelschlag, den die Hähne im Frühjahr fleißig hören lassen und der besonders am frühen Morgen feierlich klingt. Er läßt sich durch die Silben pickwerwick pickwerwick leicht wiedergeben und klingt so scharf, daß man den Eindruck hat, die Töne seien auf einem Xylophon angeschlagen.

(Wachtel) Daneben wird meist mit diesem Schlag ein tieferes, aber viel schwächeres, auf größere Entfernung nicht vernehmbares wau-wau oder rau-rau hervorgebracht. Wegen des Schlages hält man dieses kleine Hühnchen im Käfig. Ihr Ruf klingt auch mitten in der Nacht ungemein feierlich.

Eine sehr große Fasanerie habe ich in der weiteren Umgebung von Jarotschin in der ehemaligen Provinz Posen im ersten Weltkriege angetroffen.

Jagd-Fasan (Kupferfasan) ca 85 cm Fl. 25 cm.

Phasianus colchicus

phasianus, lat. aus Phasis der Fasan. colchicus, lat. aus Kolchis.

Der Jagdfasan. Vorkommen: Eigentliche Heimat ist Kolchis (jetzt Minkrelien) am Kaukasus, am Flusse Phasis. Von dort aus wurde er schon in alter Zeit nach Europa verpflanzt und ist überall eingebürgert. Er gedeiht aber nur unter ständigen Schutz, denn er wird leicht eine Beute von Raubtieren und Wilderern. Das Männchen macht sich besonders zur Balzzeit durch seinen typischen Ruf bemerkbar. Er kräht ör-örk. Sein Poltern mit den Flügeln verrät ihn ebenfalls sofort. Das Weibchen scharrt sich auf dem Boden im Schutze von Pflanzen eine flache Mulde, die sie spärlich mit trokkenen Pflanzenteilen auslegt. Da hinein legt es 8-12 Eier, die meist braun, olivenbraun bis graugrün sind. Sie haben schwachen Glanz (45,2 x 35,5). Die Jungen sind im Dunenkleid hauptsächlich bräunlich mit schwarzen Flecken und Streifen. Oben 3 Längsstreifen. Unten sind sie hellgelblich. Später sehen sie dem Weibchen ähnlich, sind aber in diesem Gefieder schon durch den größeren Sporn, die größeren Augenflecke und etwas mehr rotbraun in der Färbung von einem geübten Auge nach Geschlechtern unterscheidbar. Die Fasanen nähren sich von Beeren, Früchten, Sämereien, Wurzeln, jungen Pflanzenteilen und Insekten aller Art. Als jagdbares Wild sind sie in doppelter Hinsicht geschätzt, weil die Fasanenjagd sehr reizvoll ist, und das Fleisch einen hochgeschätzten Braten liefert. Er fliegt ziem-

(Jagdfasan)
lich schwerfällig steil auf und ist dabei leicht zu erlegen. Der Fuchs ist sein Hauptfeind, der alte und junge Fasanen erbeutet und auch die Gelege findet. Die Fasanerien, die allenthalben entstanden sind, versorgen die Jagdreviere immer wieder mit Nachwuchs. Aber nicht überall lassen sie sich einbürgern. Sie verlangen viel Unterholz, reichlich Wasser und Fütterung während des Winters.

Sumpf- und Wasservögel.

Schnabelformen.
1
2
3
4
5
6
7
8
9
10
11
12
13
14
15
16
17
18
Füße einiger Sumpf- und Wasservögel.
1
2
3
4
5
6
7
8
9
10
11
12
13

Schnabelformen.

1. Bläßralle. 2. Wasserralle. 3. Große Rohrdommel. 4. Triel. 5. Säbelschnabel 6. Schell-Ente
7. Waldschnepfe. 8. Gänse-Schnabel von oben. 9. Austernfischer. 10. Höckerschwan.
11. Entenschnabel von oben. 12. Säger. 13. Kormoran. 14. Zahnschnäbler. 15. Möve.
16. Seeschwalbe. 17. Eiderente. 18 Raubmöve.

Die Schnäbel sind ganz verschiedenartig. Zweckmäßig scheint eine vergleichende Gegenüberstellung der bezeichnensten Formen. Auf die Größenverhältnisse der Köpfe zueinander ist keine Rücksicht genommen worden.

Füße einiger Sumpf und Wasservögel.

1. Bläßralle. 2. Rotschenkel. 3. Heller Wasserläufer. 4 Alpenstrandläufer. 5. Säbelschnabel
6. Waldschnepfe. 7. Austernfischer. 8 Kormoran. 9 Polartaucher. 10 Trottellumme.
11 Haubensteißfuß. 12 Weißflügel-Seeschwalbe. 13. Silbermöwe.

Die Anpassung der Sumpf- und Wasservögel an ihr Element ist stark in die Augen fallend, besonders in der Gestaltung der Füße, wie ja leicht an den Schwimmhäuten unserer Hausenten und -gänse beobachtet werden kann. Andere wieder wie der Haubensteißfuß und das Bläßhuhn haben diese Schwimmhäute nicht, sondern die Zehen sind von Lappen umrandet. Bei den im Rohr lebenden Vögeln, wie der Rohrdommel und dem grünfüßigen Teichhuhn, fällt die außerordentliche Länge der Zehen auf, die sie zur Umfassung mehrerer Rohrstengel und damit zur Fortbewegung im Rohre befähigt.

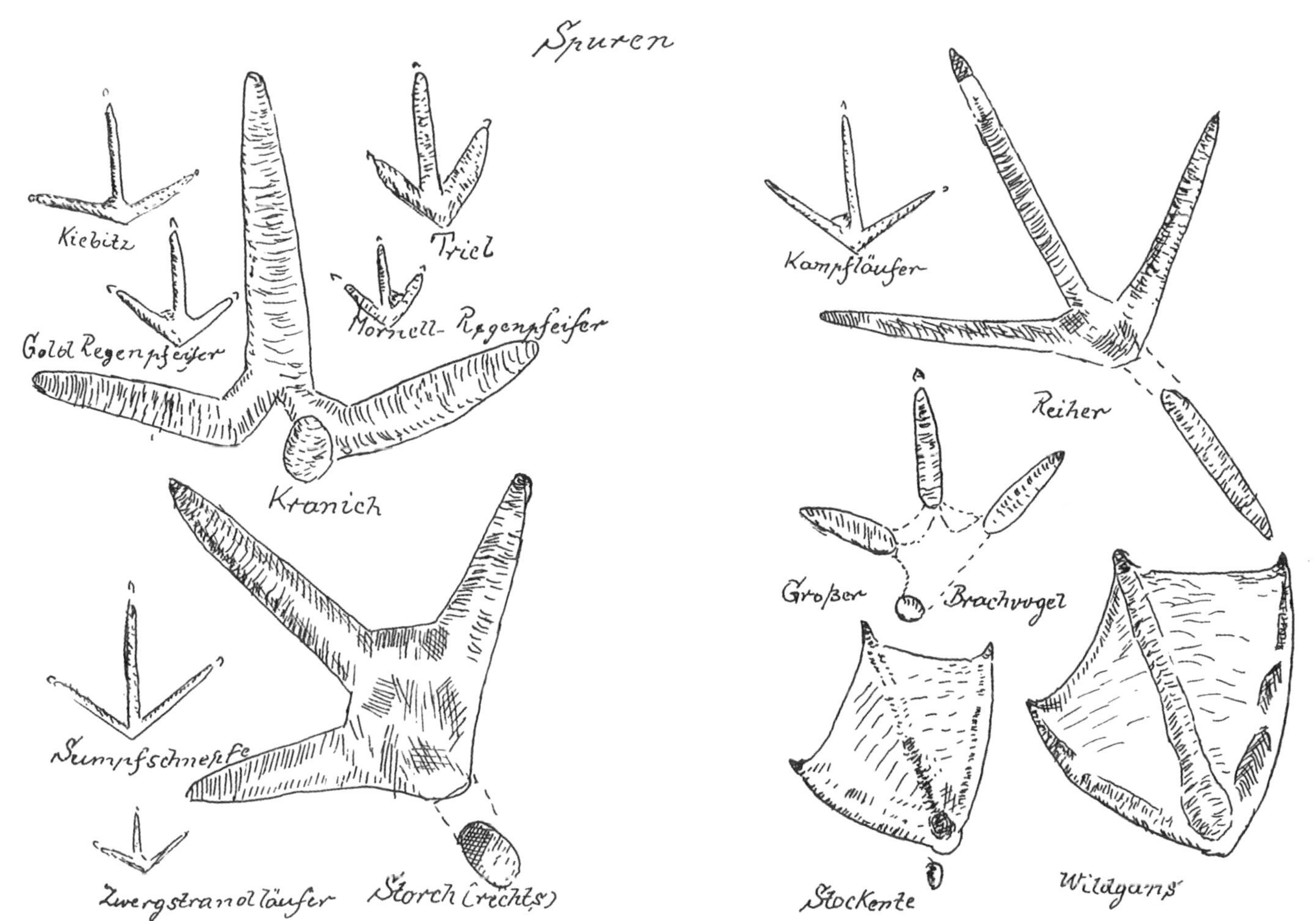
Spuren
Kiebitz
Triel
Gold Regenpfeifer
Mornell-Regenpfeifer
Kranich
Sumpfschnepfe
Zwergstrandläufer
Storch (rechts)
Kampfläufer
Reiher
Großer Brachvogel
Stockente
Wildgans

Spuren.

Wichtig ist auf die verschiedenen Spuren zu achten, weil aus ihnen auf die Anwesenheit bestimmter Vögel geschlossen werden kann.

Hühnerstelzen.

Mauser:

Die meisten Kraniche verlieren die Schwungfedern auf einmal, weshalb sie auf einige Wochen flugunfähig sind. Meist geschicht dies im Spätsommer, wo die Vegetation sehr üppig und Nahrung genügend vorhanden ist, so daß sie sich in Rohrdickichte zurückziehen können.

Gruidae, Kraniche.

Große Vögel mit langem Hals von 19-20 Wirbeln. Schnabel etwas länger als der Kopf. Die Nasenlöcher liegen in seitlichen Längsgruben und sind von hinten durch eine Membran geschützt. Die Luftröhre liegt in Windungen im hohlen Kamm des Brustbeins. Langer fast walzenförmiger Körper. Die langen kräftigen Beine sind weit über die Fersen nackt. Die kurze Hinterzehe ist höher eingelenkt als die 3 Vorderzehen und hat die längste Kralle. Sie haben 12 Steuerfedern und 11 Handschwingen.

Der graue Kranich. Das Weibchen ist etwas kleiner, sonst gleich. Die letzten Schwungfedern bilden den Busch, der beim ruhenden Vogel den Schwanz verdeckt, beim fliegenden am Rücken anliegt. – Vorkommen: Nördl. Europa bis 68 n. Br. östl. nordd. Tiefebene, Dobrudscha, Turkistan. Auf dem Zuge (März bis Mitte April und Sept.-Nov.) sehr gesellig; oft 50-60 Stück, entweder in gerader Linie schräg zur Zugrichtung, oder in einem spitzen Winkel angeordnet; Füße und Hals sind beim Flug lang ausgestreckt. Nach der Rückkehr lösen sich die Scharen auf. Das einzelne Paar sucht sich seinen Brutplatz in ebenem sumpfigen Gelände mit vereinzeltem Buschwerk oder wenigen Bäumen bestanden. Das Nest ist ein unordentlicher Haufen von Reisig, Moos, Binsen und Gras und ruht auf einer trockenen Stelle im Sumpf. Im Mai liegen darin 2 Eier, auf rötl.-braunem oder hellbraun-grünlichem Grunde rotbraune oder rötlichgraue Flecken. Am stumpfen Ende oft noch kleine dunkle Zeichnungen (96,4 X 62,4). Das Weibchen schmiert sich während der Brut mit Erde und eisenhaltigem Moorschlamm ein, sodaß es rotbräunlich erscheint. Die Nestjungen sind oben rotbraun unten weißlich. Die rötl. grauen Beine sind unterhalb der Fersen auffallend dick. Die Jungen verlassen bald das Nest und werden von den Alten in Sümpfen und Getreidefeldern versteckt und lange betreut. Der Kranich verzehrt hauptsächlich pflanzliche Nahrung: Blätter, Beeren, Getreide, besonders gerne Erbsen, aber auch tierische Kost: Insekten, Regenwürmer, Mäuse. Er ist Sumpf- und Feldvogel. Sehr leicht zähmbar zeigt er in der Gefangenschaft ein unterhaltendes Gebaren: Zur Balzzeit Tänze und Sprünge, Emporwerfen und Auffangen von Gegen-

(Der graue Kranich) ständen. Auf dem Geflügelhof übernimmt er gern das Amt eines Ordners und Wächters, schlichtet Streitigkeiten und führt ein strenges, gerechtes Regiment. Seine Stimme ist ein lautes: Kru, Kurr oder Kirr, besonders stark durch den eigenartigen Bau der Luftröhre. Man hört sie auch auf dem Zuge aus großen Höhen. Der Kranich ist ein kulturfliehender Vogel. Er nimmt in Deutschland von Jahr zu Jahr ab. Der Hauptgrund hierfür ist die fortschreitende Entwässerung der Sumpfgebiete.

Der Kranich hat eine merkwürdig gewundene Luftröhre, die in dem hohlen Kamm des Brustbeines untergebracht ist. Dieses erklärt seine mächtigen trompetenartigen Töne. – Die Kraniche sind in der Freiheit sehr scheu, daß es schwer ist, sie zu beobachten. Jung aufgezogene Kraniche dagegen werden derart zahm und anhänglich, daß sie auf Bauernhöfen wie Haustiere gehalten werden. Sie gewöhnen sich ans Aus- und Einfliegen, übernehmen eine Art Wächterposten auf dem Hühnerhof oder beim Weidevieh, und machen sich in jeder Art nützlich. Es sind äußerst kluge Vögel mit feinem Unterscheidungsvermögen. In bezug auf Nahrung sind sie sehr anspruchslos. Sie sind mit Bohnen, Erbsen, Getreide und Brot zufrieden. Gelegentlich verschlucken sie auch Mäuse oder Käfer, wenn sie solche erhaschen können. Sie pflanzen sich auch in der Gefangenschaft fort.

Die Wasserralle. Rállus aquáticus
rallus, latinisiert aus Ralle
arquatus, a, um = aquatus, lat. zum Wasser
gehörend.
ca 25 cm, Fl. 12 cm Spannweite ca 40 cm ♀ Kleiner.

Die Wasserralle. Vorkommen: Europa mit Ausnahme des äußersten Nordens, große Teile von Asien und Nordafrika. Der Zug fällt in die 2. Hälfte des März und April und im Herbst in den Oktober und November. Einige überwintern in Irland, Großbritanien, auf den Nordseeinseln, wo sie neuerdings zunehmen, und in Südwestdeutschland. Zum Aufenthalt wählt sie Sümpfe mit dichtem Pflanzenwuchs, verwachsene Ufer, Erlenbrüche u. dgl. Sie lebt sehr heimlich und versteckt. Ihr Nest baut sie im Röhricht oder unter Weiden an schwer zugänglichen Stellen aus Schilf, Binsen und Gras. Es ist ziemlich umfangreich mit tiefer Mulde. Ende Mai oder Anfang Juni, oft auch noch später, enthält es 6-12 Eier. Diese sind glänzend rahmfarben mit grauen Schalenflecken und spärlichen braunen Punkten (35,4 x 25,8). Die Jungen sind ganz schwarz mit metallisch grünem Glanz und haben weiße Schnäbelchen. Sie verlassen gleich nach dem Ausschlüpfen das Nest, um sich mit den Alten im Gestrüpp zu verbergen. Man findet oft bis in den Herbst hinein Junge. Die Rallen sind wahre Meister im Verschwinden. Mit ihrem schmalen Körper schlüpfen sie zwischen Halmen und Schilf hindurch ohne anzustoßen. Sie gehen gern im seichten Wasser, können aber auch gut schwimmen und tauchen. Sie sind ungesellig und unverträglich, auch während des Zuges. Dieser findet im allgemeinen niedrig über dem Boden statt, wobei viele an Telegraphendrähten verunglücken. Ihre Stimme ist sehr mannigfach. Außer einem seltsamen Schnurren und Brummen, das sie namentlich bei ihren Kämpfen hören lassen verfügen sie über laut kreischende Töne: Kruih, Kruih, Kruih, dem Schrei kämpfender Wiesel oder Katzen ähnlich. Der Lockton ist: zik. Außerdem hört man noch, besonders zur Brutzeit, ein angenehmes, klares: uuitt. Ihre Nahrung besteht aus kleinen Schnecken, Würmern, Wasserinsekten und Larven aller Art. Gelegentlich verzehren sie auch grüne Pflanzenteile und kleine Sämereien.

Hühnerstelzen
Das Tüpfelsumpfhuhn ca 20 cm
Porzána porzána
Rechts: Das Kleine Sumpfhuhn ca 19 cm
Spannweite 30 cm
Porzána párva
Links:
Das Zwergsumpfhuhn ca 18 cm
Porzáno pusilla intermedia Spannweite 27 cm
porzána, italienischer Name.
párvus, a, um lat. Klein, pusilla, Verkleinerungsform
von lat. pusus, der Knabe, - Knäblein, Zwerg.

Rallidae, Rallen. (Gruppenmerkmale).

Kleine bis mittlere Vögel. Der Hals hat 14-15 Wirbel. Der Schnabel hat die Länge des Kopfes und ist seitlich zusammengedrückt. Die Nasenlöcher sind durchgehend. Der Körper ist hoch und sehr schmal. Die runden meist kurzen Flügel haben am Daumenknochen einen kleinen Nagel. Es sind 12 Schwanzfedern vorhanden. Die langen Vorderzehen sind ganz gespalten. Die kleine Hinterzehe ist hoch angesetzt. Beim grünfüßigen Teichhuhn und Bläßhuhn eine Stirnplatte ausgebildet. Bei letzterem noch Hautlappen an den langen Zehen und ein hinten kantigen Lauf.

Die Rallen vermeiden das Fliegen nach Möglichkeit und suchen sich im Grase fortschleichend zu retten, wozu ihr Körper gradezu wie geschaffen erscheint. Trotzdem legen sie den Frühjahrs- und Herbstzug fliegend zurück.

Die Hühnerstelzen sind Nestflüchter. Bald nach dem Abtrocknen verlassen sie das Nest um mit den Alten davon zu gehen, die sie noch lange führen und zum Futtersuchen anleiten.
Die Rallen verlieren meist im Spätsommer die Schwungfedern auf einmal, weshalb sie einige Wochen flugunfähig sind. Da die Vegetation zu dieser Zeit sehr üppig ist leiden sie keine Not. Sie ziehen sich dann in die Rohrdickichte zurück.

Das Kleine Sumpfhuhn. Vorkommen: Mittel- und Südeuropa, in Asien östlich bis Persien und Turkestan und spärlich in Nord-Westafrika. Als Zugvogel kommt es bei uns meist erst im Mai, seltener schon im April und verläßt uns im September. Es lebt sehr versteckt in Sumpfwiesen, schilfreichen Wassergräben und in Brüchen. Das Nest baut es wohlgeborgen im Gewirr der Sumpfpflanzen aus trockenen Schilfblättern und Gräsern. Es enthält Ende Mai oder im Juni 6–8 schwach glänzender Eier. Der Grund ist grauweißlich oder hellbräunlich mit rostgelblichen oder bräunlichen Flecken von sehr verschiedener Dichte (30,5 x 21,7). Meist finden zwei Bruten statt. Die Jungen sind schwarz, grünlich schillernd, mit gelblichweißem Schnabel und rötlichweißen Füßen. Seine Stimme ist ein helles Kiek, das oft mehrmals hintereinander ausgestoßen an die Rufreihe des Buntspechtes erinnert. Die Nahrung besteht aus Wasserinsekten und deren Larven. Nur selten verzehren sie Sämereien.

Noch seltener zu beobachten ist:

Das Zwergsumpfhuhn. ♀ etwas kleiner und unten weißlicher. Vorkommen: Ähnliche Gebiete wie das vorige, nur weniger nördlich. Obwohl die Oberseite durch die Fleckung auffällt, ist es im Freien doch schwer von seinem größeren Verwandten zu unterscheiden. Das Nest ist ebenso versteckt, durch darüber gewölbte Pflanzen den Blicken verborgen. Die 6–8 Eier von gelblicher oder bräunlicher Grundfarbe sind mit braunen Tupfen bedeckt und glänzen stärker als die vorigen Art (29,1 x 20,7). Die Jungen sind schwarz und schillern sammetgrün, haben gelblichweiße Schnäbel und hellfleischfarbige Füße. In der Lebensweise ähneln sie der vorigen Art.

Das Tüpfelsumpfhuhn. ♀ etwas kleiner. Vorkommen: mittleres und südliches Europa, Teile von Westasien, Südsibirien und von Nordafrika. Kommt Ende April zurück, verläßt uns im September und Oktober. In Südeuropa Standvogel. Viele überwintern dort oder in Nordafrika. In Holland ist es häufig, ebens in Norddeutschland, besonders in den östlichen Sumpfgebieten. Es bewohnt nasse Wiesen und Brüche mit dichtem Pflanzenwuchs. Seine versteckte Lebensweise läßt es viel seltener erscheinen, als es ist. Das sehr gut verborgene Nest besteht aus Blättern der Umgebung, aus Schilf, Binsen und Gras. Es ist ziemlich umfangreich und hat eine flache Nestmulde. Darüber gebogene Pflanzen bedecken es oft völlig, so daß es ganz wie in einer Laube verschwindet. Es enthält im Mai 8-14 glänzende, hellbraune Eier, die mit grauen Schalenflecken und scharf gezeichneten braunen Punkten dicht bedeckt sind (33,6 x 24,6). Sie machen gewöhnlich im Juni noch eine zweite Brut. Die Jungen sind schwarz. Das Weiß der Schnabelspitze und das Rot des Schnabelgrundes verschwinden bald. Gleich nach dem Abtrocknen gehen die Jungen mit den Alten davon und verbergen sich im Grase. Wie alle Rallen sind sie im Verstecken sehr geschickt. Sie laufen behende und vermeiden nach Möglichkeit das Fliegen. Zur Zugzeit aber ändert sich dies, und sie legen ihre Reise fliegend zurück, genau wie andere Zugvögel. Ihr Lockton ist ein huit, huit vergleichbar mit dem Ruf des Steinkäuzchens aus größerer Entfernung. Zur Brutzeit lassen sie diesen Ton oft die ganze Nacht hören. Die Alten haben merkwürdig knurrende Töne wenn sie die Jungen wecken, die mit scharfem Wiepen antworten. Sie verzehren kleine Schnecken, Würmer und allerhand Wasserinsekten, die in ihrem Wohngebiet äußerst zahlreich sind.

Hühnerstelzen
Die Wiesenralle (Wachtelkönig) c 24 cm Fl: 14 cm
Crex crex
Spannweite 42 cm.
crex griech. Sumpfhuhn, Schallwort.
Das grünfüßige Teichhuhn ca 32 cm Fl: 17,5 cm Spannweite 55 cm
Gallinula chloropus!
gallinula, Verkleinerungsform zu latein.
gallina = Huhn, also Hühnchen.
Chloropus aus griech. chloros, grün
und pus Fuß = Grünfuß

Die Wiesenralle. ♀ Kleiner. Vorkommen: Europa mit Ausnahme des äußersten Nordens und Südens. In Mitteleuropa am häufigsten. Große Teile Asiens. Die Ankunft erfolgt meist sehr spät, oft erst in der zweiten Hälfte des Mai. Abzug im September und Oktober. Der Zug scheint meist niedrig stattzufinden, da viele an Telegraphendrähten verunglücken. Sie leben in blühenden Wiesen, Raps- und Kleefeldern. Ihr Nest steht sehr versteckt im hohen Wiesengras oder im Getreide. Es ist eigentlich nur eine flache Mulde, die mit Halmen ausgelegt ist. Erst gegen Ende Juni enthält es 8–11 glänzende, hellbräunliche oder grünlichweiße Eier mit rotbraunen Punkten und Flecken (363 x 26). Die schwarzen Dunenjungen haben am Rücken und Bauch einen bräunlichen Schimmer. Das Jugendkleid gleicht dem Herbstkleid der Alten, bei dem das Grau des Vorderkörpers durch ein Rostbraun ersetzt ersetzt ist. Im Frühjahr erhalten sie durch eine zweite Kleingefiedermauser das Sommerkleid, im Herbst mausern sie vollständig. Dieser versteckt lebende Vogel macht sich durch seine eigentümliche Stimme bald bemerkbar, die er auch des Nachts fleißig hören läßt. Es klingt so, wie wenn man mit einem dünnen Brettchen schnell über die Zacken eines Holzkammes fährt. Ein dumpf knurrenden Ton leitet dieses Schnarren ein. Daher auch noch die Namen: Wiesenknarre, Schnarrwachtel und Arpschnap. Außerdem hört man noch ein öfter ausgestoßenes kräftiges djek. Die Jungen schilpen ähnlich wie die Spatzen. Prachtvoll ist das Balzspiel des Männchens. Es streckt seinen Hals in die Höhe, breitet die Flügel fächerförmig aus, macht Verbeugungen und läßt dabei das Knurren und Schnarren hören. Im Durchschlüpfen des Wohngebietes sind sie Meister. Sie verzehren in der Hauptsache Insekten.

Das grünfüßige Teichhuhn. Vorkommen: Europa mit Ausnahme des Nordens, Westasien (im Osten durch nahverwandte Formen ersetzt) Nordafrika. Im Norden Zugvogel, überwintert es schon in Mittel- und Süddeutschland, ja auch auf den Nordseeinseln. Es liebt stehende Gewässer an deren bewachsenen Rändern es nistet. Geschont wird es sehr zahm. Sein Nest baut es nach Art des Bläßhuhns auf Wasser oft auch ins Gebüsch, ja selbst auf Weiden. Es besteht aus Röhricht und feinen Gräsern. Ende April Anfang Mai enthält es 6-9 ziemlich gestreckte Eier, auf schwachglänzender gelblichbrauner Grundfarbe dunkle Punkte und Flecken (40,5 x 28,8). Auch hier legen oft zwei Weibchen wie beim Bläßhuhn in dasselbe Nest. Es finden zwei Bruten statt. Die Jungen sind schwarz, der Schnabel orangerot die Kopfhaut hellrot durchschimmernd und die Füße glänzend schwarz. Gleich nach dem Ausschlüpfen suchen sie das Wasser auf. Das Teichhuhn geht auch gern aufs Land und steigt behende im Rohr herum, wozu seine langen Zehen, die mehrere Stengel umfassen können, es befähigen. Auch auf die Bäume geht es gelegentlich. Ob es läuft oder schwimmt, bei jeder Bewegung nickt es mit dem Kopfe und wippt und stellt sein Schwänzchen senkrecht in die Höhe. Dabei blickt das Weiß der Schwanzunterseite hervor, so daß man es von weitem daran erkennen kann. Seine Nahrung besteht aus allerhand Pflanzen, Grasspitzen, Sämereien, Wasserlinsen und Beeren, aber auch Wasserinsekten aller Art. Es fliegt nicht gern, sondern schützt sich durch Tauchen oder Verstecken im Rohr. Seine Laute sind sehr verschiedenartig. Kurz hervorgestoßenes Krex, Krek, Krikrikrick, Kikikik und ähnliche schwer darzustellende Lautäußerungen. Ihre piependen Jungen locken sie mit sanften duck duck. Während der Brutzeit sind sie gegen andere Wasservögel zänkisch.

Hühnerstelzen.

Daß Bläßhuhn ca 40 cm Spannweite 78 cm ♀ etwas kleiner und matter gefärbt

Fúlica átra

fulica, lat., das Wasserhuhn, Bläßhuhn auch Blöch und Bleche genannt in Anlehnung an fulica.

ater, atra, atrum, lat., schwarz, dunkel.

Das Bläßhuhn. Vorkommen: Europa und Asien mit Ausnahme des Nordens, Nordwestafrika. Es ist Stand- Strich- und Zugvogel. Es liebt größere Wasserflächen mit dichtem Rohr- und Schilfgürtel. Die Bläßhühner bevölkern, oft in ungezählten Scharen die Gewässer, nur während der Brutzeit sondern sich die Paare, vielfach unter heftigen Kämpfen ab. Das Nest bauen sie aus Röhricht und Wasserpflanzen auf umgeknickten Rohrstengeln, so daß es auf dem Wasser schwimmt. In der tiefen Mulde liegen meist schon im April 7-9 Eier. Auf mattem gelbbräunlichen oder graugelblichem Grunde zahlreiche kleine dunkle Punkte (52,4 X 36,5). Wo sich viel mehr Eier (oft bis 18) in einem Nest finden, dürften diese von zwei Weibchen herstammen. Die Jungen sehen sehr drollig aus, sind fast ganz schwarz mit leuchtend rotem Schnabel und Vorderkopf. Gleich nach dem Abtrocknen folgen sie den Alten aufs Wasser und werden von ihnen geführt und gefüttert. Neben vielen pflanzlichen Stoffen, Wasserpflanzen, Gräsern und Getreide verzehren sie Insekten, Würmer und Muscheln. Ihre Hauptnahrung suchen sie im Wasser und tauchen auch danach. Sie bewegen sich gern frei sichtbar auf der Wasserfläche, bei jedem Ruderstoß mit dem Kopfe nickend. Bei Gefahr flüchten sie ins Röhricht. Sie tauchen geschickt, halten es aber nicht lang unter Wasser aus und schnellen bald wieder wie ein Kork empor. Um sich länger verbergen zu können, halten sie sich oft unter Wasser an Pflanzen fest und strecken nur den Kopf bis zu den Augen aus dem Wasser heraus. Sie fliegen nicht gern, beim Hochsteigen schlagen sie mit den Füßen geräuschvoll das Wasser. Einmal in der Luft, schießen sie schnell dahin. Ihre Stimme ist ein Kröw oder Krüw, oft wiederholt, dem Bellen eines Hundes ähnlich. Außerdem noch ein scharfes pitz. - In Entenrevieren darf man sie nicht hoch kommen lassen, sonst vergrämen (vertreiben) sie unweigerlich die Enten.

Der weiße Storch. Vorkommen: Europa mit Ausnahme des hohen Nordens, fast ganz Frankreichs und der Britischen Inseln. Nordwestafrika und Westasien, östlich durch eine verwandte Form abgelöst. Er kommt oft schon Ende Februar zu uns, meist erst Mitte März, und verläßt uns im August. Deutsche Störche sind auf dem Zuge bis nach Südafrika gekommen, wie Beringungsversuche gezeigt haben. Im Juli versammeln sie sich schon auf Wiesen, vereinigen sich zu immer größeren Scharen, um dann im August zu verschwinden. Über die ungeheuren Mengen, die in ihren Winterquartieren zusammenkommen, macht man sich nur schwer einen Begriff. Bei uns brüten die Störche meist auf Häusern, seltener auf Bäumen, wie es im Süden häufig der Fall ist, wo man oft 3-4 Nester auf einem großen Baum antrifft. Das Nest besteht aus dicken Ästen, Reisig, Rohrhalmen, Stroh und ist mit Erdklumpen, alten Lumpen u. dgl. ausgelegt. Sie benutzen viele Jahre hindurch dasselbe Nest und tragen alljährlich neue Niststoffe hinzu, so daß es oft gewaltige Ausmaße annimmt, im Durchmesser bis 2 m und mehr als 1 m hoch. Mitte April findet man meist 4-5 weiße glatte schwachglänzende Eier (73,2 x 51,8). Die Jungen sind anfangs grauweiß mit schwarzem Schnabel und gelblichgrauen Beinen, später wird das Gefieder weißer. Anfangs bekommen sie die Nahrung in den Schnabel hineingewürgt, indem die Alten die Schnabel der Jungen in ihren Schnabel nehmen. Später wird ihnen die Nahrung vorgelegt. Diese entstammt ganz dem Tierreich. Erst kommen Würmer, Heuschrecken, Käfer, dann Eidechsen, Frösche, Schlangen, sogar Kreuzottern, Fische, Vögel und kleinere Säugetiere besonders Mäuse. Da sie gelegentlich auch junge Hasen und Rebhühner nicht verschmähen, ist der Jäger oft nicht gut auf sie zu sprechen. Sobald die Jungen im Nest stehen können, beginnen sie sich im Fliegen zu üben. Schwächliche Junge fallen dabei über den Nestrand. Außer

Schreitvögel
Der weiße Storch ca 100 cm
Spannweite 200 cm
Cicónia cicónia
ciconia, lat, der Storch
Der schwarze Storch ca 100 cm
Spannweite 200 cm
Cicónia nigra
niger, gra, grum, lat, schwarz

Gressores, Schreitvögel. Gruppenmerkmale.

Ciconiidae, Störche.

Große kräftige Vögel, mit aus 15 Wirbeln bestehendem Hals, der im Fluge nach vorn ausgestreckt wird. Die langen Beine sind weit über die Fersen nackt. Die 3 Vorderzehen sind am Grunde mit einer Haut verbunden. Die kurze Hinterzehe ist etwas höher angesetzt. Die Läufe sind mit 6 seitigen Schildchen bedeckt Die kurzen Krallen sind ganzrandig und stumpf. Die breiten Flügel haben 30, der Schwanz 12 Federn. Der Schnabel ist lang und hart und geht ohne Absatz in die Stirn über, Die Ränder sind scharf und schneidend. Der Kehlsack ist nackt. Die kleinen wagerecht stehenden Nasenlöcher sind nahe an der Stirn. Die Zunge ist sehr kurz. Der untere Kehlkopf fehlt. Der Magen ist sehr muskulös.

(Der weiße Storch) einem Zischen gibt der Storch keinen Ton von sich. Dagegen ist er Instrumentalmusiker, indem er mit seinem Schnabel das bekannte Klappern hervorbringt, wobei er seinen Kopf auf den Rücken zurückbiegt. In Deutschland ist dieser stolze Vogel schon an manchen Stellen selten geworden, so daß man ihn jetzt allgemein schont.

Der schwarze Storch. Vorkommen: Europa bis Südschweden, Nordasien, in Norddeutschland vereinzelt in Süddeutschland fast ganz fehlend. Im Gegensatz zum weißen Storch ist er scheu und flieht die Nähe der Siedlungen der Menschen. Sein Lebensgebiet sind waldreiche Gegenden in der Nähe fischreicher Flüsse, doch genügen ihm auch kleinere ruhige Gewässer. Er nistet auf Bäumen. Das Nest ist ein flacher Bau aus Prügeln und Reisig, nach innen zu folgen Schilf, Stroh, Gras, Rasenstücke, Federn, alte Lumpen, Mist u. dgl. Gelegentlich verwenden sie auch große Raubvogelhorste als Nestunterlage. Ende April ist das Gelege fertig, das fast immer aus 4 weißen, grünlich durchscheinenden Eiern besteht (65,4 x 48,8). Die Dunenjungen sind weißgrau. Im Jugendkleid sind Beine und Schnäbel grünlich. Der schwarze Storch klappert nicht wie sein weißer Vetter. Die Jungen verfügen über kräftige Pieplaute. Außer der Nahrung, wie sie beim weißen Storch angegeben wurde, verzehrt er mit großer Vorliebe Fische und ähnelt hierin mehr dem Reiher. Wegen seiner großen Seltenheit kann jedoch bei ihm von einem Schaden nie die Rede sein. Fliegend gewährt auch dieser Storch ebenso wie der weiße einen schönen Anblick. Er streckt den Hals weit vor und fliegt mit langsamen, von häufigen Schweben unterbrochenen Flügelschlägen dahin.

Der Löffler oder Löffelreiher; Platalea leucorodia kommt außer in Süd- und Südosteuropa noch in Holland vor. Der weiße Vogel, Fl: ca 38 cm ist durch seinen schwarzen, vorn löffelartig verbreiterten Schnabel gekennzeichnet.

Der Fischreiher: Vorkommen: Fast ganz Europa vereinzelt in ganz Afrika und Vorderasien bis Indien und Ceylon. Im Norden Zugvogel, der in Südeuropa und Afrika überwintert, auf den Britischen Inseln und in Süddeutschland bleiben einige indessen den ganzen Winter. Er bevorzugt ebene Gegenden mit Wasser, besonders wenn Wälder in der Nähe sind, deren hohe Bäume ihm zum Nestbau willkommen sind. In baumarmen Gegenden aber baut er auch ins Schilf oder auf den Boden. Das Nest ist ein ziemlich umfangreicher Bau aus Prügeln und Zweigen, aus Stroh, Rohr oder dergl. je nach der Gelegenheit. Bei uns stehen die Horste meist kolonienweise auf hohen Eichen oder Kiefern, oft 50 bis 60 nah beieinander. Die Nestmulde ist flach und enthält bei uns im März 3-6 hellblaugrüne glanzlose Eier (60,2 x 43). Die Brutzeit ist je nach der Gegend sehr verschieden. Die Jungen sehen anfänglich sehr drollig aus, sie haben einen langen haarähnlichen Flaum, der oben hellgrau, unten weiß ist. In einer Brutkolonie herrscht ein reges Leben, Krähen sind immer in der Nähe, um in unbewachten Augenblicken Eier und Junge zu rauben. Auch Milane vergreifen sich gelegentlich an der Brut. Die Umgebung eines solchen Reiherstandes ist im weitem Umkreis völlig weiß gekalkt, so daß jeglicher Pflanzenwuchs erstirbt. Durch die vielen heruntergefallenen Fische wird die Luft verpestet. Sie schätzen aber auch Frösche, Wasserinsekten, Muscheln und gelegentlich auch Mäuse. Die Jungen werden fast nur mit Fischen gefüttert. Regungslos stehen die Reiher im Wasser mit angezogenem Hals. Plötzlich schnellen sie diesen vor und haben einen Fisch erwischt. Auf den Bäumen stehen sie oft stundenlang wie in Gedanken versunken. Bei herannahender Gefahr strecken sie den Hals in die Höhe und halten den Körper horizontal, jederzeit zum Abflug bereit. Der Flug geschieht mit langsamen Schlägen, die Flügel scheinen dabei am Ellbogengelenk stark nach unten geknickt. Der Hals ist eingezogen die Füße nach hinten gestreckt. Die Stimme ist ein rauhes Geschrei, das in der Ferne an Gänse erinnert. Am Nest rufen sie ein

(Fischreiher) tiefes Ka. Die Reiher haben in ihrem Schnabel eine gefährliche Waffe. In früherer Zeit war die Reiherjagd oder Reiherbeize ein Vergnügen der Fürsten. Abgetragene Edelfalken wurden auf sie losgelassen.

<u>Der große Silberreiher</u> Während der Brutzeit tragen diese Reiher auf dem Rücken bis zu 50 cm lange Schmuckfedern, oft bis 40 Stück, die den Schwanz um ca. 10 cm überragen. Vorkommen: Südeuropa, in Ungarn jetzt fast ausgerottet, Südrußland West- und Nordasien. Früher in Schlesien. Oft verflogen nach Italien, Spanien, Mittel- und Nordeuropa. Zug: Ende März und September. Er liebt große freie Sümpfe und Flüsse. Sein Nest legt er meist im Röhricht an, seltener auf niederen Kopfweiden, nur ausnahmsweise gelegentlich auf höheren Bäumen, meist einige Nester nahe beieinander. Das Nest ist ein ziemlich umfangreicher Bau aus Schilf und Rohr. Die 3-4 Eier sind einfarbig blaß blaugrün (61,3 X 42,8). Die Dunenjungen haben ein weißwolliges seidenglänzendes Kleid. Der grünliche Schnabel ist an der Spitze schwarz. Der Reiher verzehrt Fische, Amphibien, Reptilien, aber auch Insekten, die er gern auf Wiesen sucht. Die Stimme ist ein rauhes krächzendes rha. Im Flug streckt er die dünnen Beine weit nach hinten und ist an den schmäleren Flügeln und dem leichteren, oft durch Schweben unterbrochenen Flug gut vom Fischreiher zu unterscheiden.

Der Kleine Silberreiher.

Vorkommen: Südeuropa, Südrußland, Ungarn, Afrika, Mittel- und Südasien. Nur selten verfliegt er sich nach England und Deutschland. Er wählt zum Aufenthalt Sümpfe und brütet oft in Gesellschaft anderer Reiher. Sein Nest ist meist auf Bäumen, gewöhnlich ziemlich weit oben. Es besteht aus dünnen Reisern und Schilf und hat die Größe eines Krähennestes. Die 3-5 Eier sind hellblaugrün (466 X 33,8). Die Dunenjungen sind ganz weiß. Auch diese schönen Reiher werden wie die großen ihrer Schmuckfedern wegen verfolgt und sind schon an vielen Rätzen ausgerottet.

Schreitvögel.

Fischreiher habe ich
auf der Weichsel bei
Graudenz W/Pr.
häufig gesehen

Der Fischreiher ca 105 cm Fl. 46 cm Spannweite bis 1,70 m ♀ etwas kleiner.
Árdea cinera   ardĕa, lat. Reiher. cinĕreus, a, um, lat. aschgrau.

Der Kleine Silberreiher ca 58 cm
Fl. 28 cm Spannweite 105 cm
Egrétta garzetta

Der große Silberreiher ca 95 cm
Fl. 46 cm Spannweite 1,80 m ♀ Kleiner.
Egrétta álba

egretta, latinisiert aus französisch aigrette Federbusch
garzetta aus ~~griech.~~ spanisch garceta, der Reiher, gehört zu lat. ardea
albus, a, um, lat. weiß.

Schreitvögel

ardĕa, lat, Reiher.
purpureus, a, um, lat. purpurfarben.

Der Purpurreiher Vorkommen: Südeuropa, Westasien, ganz Afrika. In Holland, ständiger Brutvogel. In Südrußland, Österreich, Ungarn und Frankreich vereinzelt. In Südosteuropa häufig. Früher brüteten einige Paare in der Rheinebene und in Schlesien. Die europäischen Reiher ziehen im September nach dem tropischen Afrika und kehren im April zurück. Dieser schöne Vogel bewohnt hauptsächlich Seen und Teiche mit dichtem Rohrbestand und baut sein Nest meist im Röhricht, nur selten auf niedere Weiden. Es besteht meist aus Schilf und Rohr, seltener aus Zweigen. Er lebt nicht so gesellig wie der Fischreiher. Die 5-6 Eier, sind gewöhnlich etwas blauer als die des Fischreihers (56,3 x 40,8). Die Dunenjungen, sind oben graurötlich, unten weiß. Die Dunen sind länger als beim Fischreiher. Seine Stimme ähnelt von fern der eines Stockerpels. In Nahrung und sonstiger Lebensweise gleicht er dem Fischreiher. Nur ist er nicht so heimtückisch und listig wie dieser.

♀ etwas kleiner

Der Purpurreiher Árdea purpúrea
ca 80 cm Fl 36 cm Spannweite 150 cm

Gruppenmerkmale.

Ardeidae, Reiher.

Durch das reiche weiche Gefieder und die starken Gliedmaßen erscheinen diese Vögel alle größer als sie ihrem Körper nach sind, der seitlich stark zusammengepreßt ist. Der Hals erscheint durch die ungleiche Größe der 19 Wirbel geknickt. Er wird meist S-förmig gebogen getragen und im Fluge zurückgelegt. Der Schnabel ist scharfkantig hart und besitzt vor der Spitze eine Einkerbung und eine feine sägeartige Zähnelung. Die länglichen Nasenlöcher liegen nahe der Stirn in einer mit weicher Haut ausgekleideten Längsfurche, die bis weit an die Spitze reicht. Die Zügelgegend ist nackt. Die Befiederung zwischen den Unterkieferästen reicht weit nach vorn. Die Beine sind bis weit über die Fersen nackt. Von den 4 langen, gleich hoch eingelenkten Zehen sind die beiden äußeren durch eine kleine Haut am Grunde verbunden. Die Kralle der Mittelzehe ist kammartig gezähnelt. Die Flügel sind lang und breit, der Schwanz 12-federig. Zur Brutzeit tragen sie Schmuckfedern. An Brust und Bürzel Puderdunen, deren abgestoßene fettige Schuppen das Gefieder vor Nässe schützen.

Schreitvögel.
Die große Rohrdommel
ca 66 cm Spannweite 110 cm
Rotaurus stellaris
Der Nachtreiher ca 52 cm Spannweite 108 cm
Nycticorax nycticorax
♀ kleiner, stets matter gefärbt.
nycticorax, aus griech. nyx,
gen. nyktos, die Nacht und korax, der Rabe = Nachtrabe oder
besser der Nachtkrächzer.
stellaris, lat. Der Sternkucker. Nach der typischen Stellung der Rohrdommel.
(auch Moorkuh benannt).

An der Weichsel bei Graudenz habe ich den Nachtreiher beobachtet.

Im Winter 1917 habe ich auf der Weichsel auf ca 700 m mit der Kugel auf einen Fischotter geschossen und auch getroffen. Ehe ich ihn Besitz nehmen konnte, hatte er sich in ein Loch im Eise gewälzt. Dies ist wie ich später in den Jägerzeitungen gelesen habe öfter den Jägern passiert.

Die Weichsel hat bei Graudenz normal 400,- m und bei Hochwasser 1000 m Strombreite.

Die große Rohrdommel kam am Werbellinsee bei Johannistal vor.

Der Nachtreiher ♀ stets matter gefärbt und kleiner als das Männchen. Erst allmählich bekommen die Vögel das schöne Alterskleid. Im Jugendkleid sind sie braungelblich mit braunen Längsflecken, besonders oben und an den Seiten. Diese Farbe erhält sich noch später an den Seiten des Halses, während der Rücken schon dunkel schieferfarbig wird. Es findet eine Doppelmauser statt. Vorkommen: Südeuropa, ganz Afrika und fast ganz Asien. In Deutschland brütet er an einigen wenigen Plätzen, ebenso auch in Holland. Der Zug unser Nachtreiher findet im April und Ende September oder Oktober statt. Zu seinem Aufenthalt wählt er sumpfige Gegenden mit Schilf, Rohr- und Weidenbestand. Sein Nest setzt er gern auf Kopfweiden, seltener ins dichte Rohr. Es besteht aus Reisern, Schilf, Rohr und Gräsern. Gewöhnlich brüten sie in kleineren Kolonien, oft auch mit anderen Reihern zusammen. Die 4–5 Eier sind blaßbläulichgrün und sehr dünnschalig (49,5 x 35,3). Die Dunenjungen sind oben fahlbraun, unten rahmweiß. Die Spitzen der langen Kopfdunen glänzen weiß. Dieser Vogel ist, wie sein Name sagt, nachts sehr lebendig, während er bei Tage gern auf Bäumen ausruht und bei Gefahr steif und ausgestreckt nach Reiherart sitzen bleibt, um so der Entdeckung zu entgehen. Der Flug ist eulenartig. Die Stimme die man auch oft von den Nachts ziehenden Vögeln hört, ist ein tiefes rabenartiges: grua oder krak. Die Nahrung besteht aus Fröschen und deren Brut, kleineren Fischen, Mäusen, Würmern, Insekten und Insektenlarven. Während der Brutzeit werden sie in manchen Gegenden am Nest erlegt um ihrer herrlichen weißen Genickfedern willen, die zu Putzzwecken verwendet werden. Die Jungen so erlegter Altvögel gehen infolge Verhungerns zu Grunde.

Die große Rohrdommel. ♀ Kleiner. Dem Körper nach ungefähr von der Größe einer Nebelkrähe, aber durch das lockere Gefieder viel größer erscheinend. Vorkommen: Mittel- und Südeuropa, Nordwestafrika, Nordasien. Sie kommt Ende März oder Anfang April und zieht im September oder Oktober nach dem Süden. In Südeuropa, wo sie auch als Brutvogel sehr häufig ist überwintern viele, ganz besonders im Südosten. Sie braucht größere Gewässer als ihre Kleinere Verwandte und liebt vor allem große Rohrwälder und ausgedehnte Brüche mit Schilfdickicht und Weidangestrüpp. Bei Tage lebt sie darin verborgen, meist in Ruhstellung mit eingezogenem Hals, so daß sie eher einem Pfahl oder Weidenstumpf gleicht als einem lebenden Vogel. Gestört nimmt sie eine Abwehr- (Imponier)-Stellung ähnlich wie der Uhu ein. Auf umgeknickten Rohrstengeln steht ihr Nest, das ganz aus Schilf, Rohr und Blättern gebaut ist. Es enthält Ende Mai meist 4–6 hellbräunliche Eier mit grünlichem Anflug (52,7 × 38,5). Die Dunenjungen sind oben rotbraun unten braungelb. Während der Paarungszeit ertönt ein dumpfes prumb, dem einige hellere Töne (leise) vorangehen. Die ersten leisen Töne scheinen durch das Einziehen, der laute durch das Ausstoßen der Luft hervorgebracht werden. Ein ganz besonders gebauter Muskelapparat befähigt sie zu diesem „Brüllen", das man besonders Nachts Kilometerweit hört. Es macht einen feierlich unheimlichen Eindruck und ertönt von ihrer Ankunft bis in den Sommer hinein. Fritz Reuter hat diesem Vogel und der Wirkung seines Rufes auf ängstliche Gemüter in seinem „Dörchläuchting" ein literarisches Denkmal gesetzt. Ihre gewöhnliche Stimme ist ein tiefes rabenartiges grau. Die Nahrung besteht aus Insekten, Amphibien, Kleinen Säugetieren, Fischen und Vögeln.

Schreitvögel.

ixobrychus, von griech. ixos = Mispel, übertragen Vogelleim, Harzklumpen der Bäume und brychaomai brüllen, etwa der Brüllklumpen.

Die Zwergrohrdommel. Der Körper erreicht in Größe und Gewicht den einer Turteltaube nicht und ist sehr schmal. Durch das lockere Gefieder erscheint sie viel größer. Vorkommen: Mittel- und Südeuropa, Nordafrika und westliches Asien. Bei uns kommt diese kleine Rohrdommel im April und verläßt uns im September und Oktober. Zum Aufenthalt wählt sie sich Plätze am Wasser, die dicht mit Rohr und Schilf bestanden sind. Oft genügen ihr ganz kleine Sümpfe und Teiche bisweilen sogar mitten in belebten Gegenden. (Sumpf unweit des Dorfes Marwitz bei Velten in der Mark).

Die Zwergrohrdommel
Ixobrychus minutus
ca 38 cm Fl 15 cm Spannweite 50 cm
♀ etwas kleiner.

(Die Zwergrohrdommel) Sie lebt darin sehr versteckt und dürfte häufiger sein als meist angenommen wird. Das Nest steht im Röhricht oder auf Kopfweiden, aber stets über dem Wasser oft mehrere beisammen. Das Material dazu, Rohr Schilf, Weidenzweige u. dgl. enstammt der nächsten Umgebung und ist locker zusammengefügt. Im Juni findet man 5-7 glanzlose weiße oder grünlichweiße Eier (35,2 X 26,1). Die Dunenjungen sind ockergelb mit weißlichem Schnabel. Im Jugendkleid sehen sie dem alten Weibchen ähnlich. Dieser Kleine Reiher klettert mit äußerster Geschicklichkeit in den Rohrwäldern herum, wobei er stets mehrere Stengel mit seinen großen Zehen umfaßt. Er liebt es, wie ein lebloser Pfahl mit nach Reiherart eingezogenem Hals dazustehen, wodurch er in seiner Umgebung verschwindet. Nur ungern verläßt er den schützenden Rohrwald. Im Fluge ähnelt er mehr einer Taube als einem Reiher. Nur die nach hinten ausgestreckten Beine und der eingezogene Hals verraten den Reiher. Außer einem hohen gäck gäck das beide ausstoßen, läßt das Männchen zur Paarungszeit einen tieferen Ruf: ump pump hören, der besonders merkwürdig durch die Stille der Nacht klingt und an den Unkenruf erinnert. Die Nahrung besteht hauptsächlich aus Wassertieren aller Art Insekten, Kaulquappen, Fröschen und vor allem Fischen, oft bis zu erstaunlicher Größe.

Schnepfenvögel.

Der Triel ca 40 cm Fl: 25 cm Spannweite 82 cm.
Burhinus oedicnemus oedicnemus

oedicnemus von griech. oidema, Geschwulst, oidos Geschwulst, Verdickung Knēmē Schenkel = Dickschenkel.
Ich habe diesen Vogel auf den Jagdten in Marwitz bei Velten i/Mark und in Schwante angetroffen.

Schnepfenvögel.

Der Halsband oder Sandregenpfeifer
Charádrius hiaticula hiaticula Brutkleid
ca 20 cm Fl 13 cm Spannweite 40 cm.

charadrius, griech. charadrios, schon griech Name für Regenpfeifer. Von griech charadra, durch Gießbach verursachter Hohlweg, also der Vogel der auf dem Sande der Ufer lebt. hiaticulus, zu lat. hiatus, Spalte, Kluft, gleichbedeutend mit charadrius.

Der Triel. Vorkommen: Mittel- und Südeuropa, nördlich bis zur Ostsee, östlich bis Südrußland. In Norddeutschland ist er Zugvogel in England nur teilweise. Im Süden von Europa überwintert er. Einige ziehen bis Abessinien und Ostafrika. Er bevorzugt Brachäcker, Ödländer und junge Kiefernschonungen, liebt aber die Nähe von Wasser. Als Nest scharrt er sich oft nur eine Mulde in den Boden, die bisweilen, wenn überhaupt nur spärlich ausgepolstert ist. Meist legt er nur 2, selten 3 Eier, die auf gelblich-sandfarbenem Grunde dunkelbraune Flecken und Punkte haben (53,63 X 38,5). Die Dunenjungen sind oben sandfarben mit dunkelbraunen Flecken und Streifen, unten heller bis gelblichweiß. Im Jugendkleid sehen sie den Alten schon sehr ähnlich, sind aber oben etwas rötlicher. Dieser Vogel ist, wie schon aus seinen großen Augen zu schließen, Dämmerungs- und Nachttier. Er läuft ganz vorzüglich, sehr schnell und sucht auch laufend zu entkommen, wenn ihm das „Drücken" nichts nützt. Duckt er sich nämlich nieder, so wird er bei seiner Lerchenfarbe sehr leicht übersehen. Seine des Nachts oft vernehmbare Stimme klingt sehr verschiedenartig bald wie Krärliit, Kurliit, türid, Kurliwi. Die Töne haben Ähnlichkeit mit den Rufen des großen Brachvogels, sind nur nicht so glockenrein und flötend wie diese, sondern rauher und schriller. Von den Jungen hört man noch ein tiefes Lautes: tik, tik. Die Nahrung des Triels besteht aus Heuschrecken, Käfern, Würmern, Schnecken, Fröschen, Mäusen u. dgl. Bei Tag leben sie versteckt, erst in der Dämmerung werden sie lebhaft und sind eigentlich nur in mondhellen Nächten zu beobachten. Der Flug ist bei Tag schwerfällig, nachts dagegen schnell und gewandt. Des Abends fliegen sie zu ihren Trink- und Badeplätzen. An ihren Fährten mit den enggespannten Zehen kann man ihr Vorkommen erkennen.

Der Halsbandregenpfeiffer (Sandregenpfeiffer). Im Winterkleid ist er oben dunkler; Schnabelwurzel meist dunkel. Das schwarze Brustband besonders in der Mitte etwas bräunlich. Vorkommen: Küsten von Nordeuropa, des atlantischen und arktischen Ozeans, der Ostsee des Mittelmeers und seiner Inseln, Island. Im Binnenlande viel seltener, so auf den Gebirgen von Lappland, an der Rhone, an den großen Flüssen Rußlands. Im Nordosten eine kleinere und dunklere Form. Auf der Wanderung und im Winter kommt er bis ins südliche Afrika. Auf den Britischen Inseln überwintern schon viele. An der Nord- und Ostsee auf einigen Inseln und in Holland brütet er nicht selten. Er bewohnt hier meist die flachen sandigen Ufer, weshalb er auch Sandregenpfeiffer heißt. In einer Vertiefung des Bodens, im Ufergeröll, meist ohne jeglichen Nestbau, seltener im Gras, finden wir bei uns gewöhnlich im Mai, 4 Eier, sie sind sandfarben mit wenigen dunkelbraunen Flecken oder Punkten (35,3 X 25,7).
Die Dunenjungen sind oben graugelblich mit schwarzen Streifen und Punkten und einer schwarzen Mittellinie auf dem Kopf. Unten und am Hals weiß. Der kurze dicke Schnabel ist an der Basis deutlich gelb. Im Jugendkleid fehlt die schwarze Stirnbinde. Das Kropfband ist nur an den Seiten schwarz, in der Mitte hellbräunlich oder angedeutet. Oben sind sie bräunlicher. Zur Paarungszeit fallen sie besonders durch ihre gaukelnden Balzflüge auf. Ihre schönen flötenartigen Rufe trüi, trüü, düi, düü, hört man dann in schneller Folge trülülülülül, sonst noch ein wack, wack. Sie verzehren Insektenlarven, Würmer, kleine Krebstiere, Schnecken usw.

Der Flußregenpfeiffer. Vom Halsbandregenpfeifer durch geringere Größe, dünneren Schnabel, der nur an der Basis des Unterschnabels etwas Gelb hat, schmaleres Stirn und Kopfband unterschieden. Die erste lange Schwungfeder hat weißen Schaft. Vorkommen: Europa mit Ausnahme des äußersten Nordens, Nord- und Mittelasien, einige Inseln des Mittelmeers, Nordafrika. Er erscheint im März und April und zieht Ende August, September. Er überwintert im tropischen Afrika, die östlichen in Südasien bis hinunter zu den Südseeinseln. Er liebt vor allem die Flußufer (Name!) wenn diese kiesig oder sandig sind. Auf flachen Sandbänken im Flußbett wird man ihn selten vermissen. Auch an kleinen Teichen und Wasserlöchern kommt er vor, sofern er Kies- oder Sandboden vorfindet. In einer einfachen Mulde des Bodens, in einer selbstgegrabenen Vertiefung, meist ohne jegliche Unterlage, liegen die 4 Eier. Bei uns ist das Gelege gewöhnlich im Mai vollständig. Die Eier sind sandfarben, rahmgelb mit aschgrauen Flecken und dunkelbraunen Punkten und Tüpfeln (29,9 × 22,1). Die Dunenjungen sehen denen des Halsbandregenpfeifers ähnlich, haben aber statt der Mittellinie über den Scheitel einen schwarzen Zügelstrich. Der Schnabel ist auch hier schon viel dünner. Das Jugendkleid ist sandfarbiger als beim Halsbandregenpfeifer. Dieser kleine Vogel von Haubenlerchengröße läuft ungemein schnell dahin, wobei er oft den Hals einzieht. Ab und zu bleibt er plötzlich stehen, um Umschau zu halten. Wie ein Wagebalken kippt der ganze Körper nach vorn und hinten. Die Nahrung besteht aus Insektenlarven und allerhand Insekten, die er zwischen dem Geröll und den Steinen aufliest. Seine Stimme ist höher als die des vorigen, laut und wohlklingend, und wird mit diä, deä wiedergegeben, wobei man dies als einsilbig ansehen und kurz aussprechen muß. Diese kurzen Laute werden aneinandergereiht und es entsteht beinah eine Art Gesang, wie dü dü dü drüdrüdrüdrü drüllrrr, beginnt langsam und endet mit einem schönen Triller. Man hört diese Rufe zur Paarungszeit frühmorgens und spätabends. Außerdem machen sie einen zickzackförmigen Balzflug, den sie mit diesen Tönen begleiten. Sie leben gern gesellig.

Der Mornellregenpfeifer: Amselgröße ♀ meist etwas lebhafter gefärbt und größer. Das Winterkleid ist bedeutend einfacher. Es fehlt jede Spur des Brustschildes und er macht mehr einen lerchenartigen Eindruck. Vorkommen: Hochgelegene Teile von Schottland, Skandinavien, Finnland, Lappland, Nordrußland, Ural, Riesengebirge, Steiermark, Kärnten, Siebenbürgen. Er kommt als Brutvogel sehr spät in seine nordische Heimat, zieht im April und Mai erst bei uns durch und verläßt seine Brutgebiete schon Mitte August, die Jungen oft vor den Alten. Auf den kurzrasigen Triften der Hochgebirge legen sie ihre 3 Eier in eine Vertiefung des Bodens meist ohne eigentlichen Nestbau. Sie sind glatt, hell olivenbräunlich mit dunkelbraunen Flecken (41,2 x 28,7). Das kleinere unscheinbare Männchen scheint sich allein dem Brutgeschäft und der Aufzucht zu widmen. Die Dunenjungen sind oben schwarz bis dunkelbraun, mit gelblichweißen, streifenartigen Flecken, unten weißlich, an der Brust rahmfarben. Das Jugendkleid ist oben dunkel mit rostfarbigen Säumen, unten gelbbräunlich mit dunkelgeflecktem Kropf. Bauch und Unterschwanzdecken sind weiß. Diese hochnordischen Vögel sind den Menschen gegenüber gar nicht scheu und lassen sich am Brutplatz aus nächster Nähe beobachten. Die Stimme ist ein angenehm klingendes dürr, drü, drrr, ein düt, düt, das oft hintereinander gebracht in einen schönen Triller übergeht. —

Seeregenpfeifer Ruf pui, püi, pitt, pitt. Am Nest in der Angst tirr, tirr.

Kiebitzregenpfeifer Ruf tiliéi.

Schnepfenvögel
Der Flußregenpfeifer ca 16,5 Spannweite 35 cm
Charádrius dúbius curónius
charadrius s. bei Halsbandregenpfeifer
dubius, a. dem Lat. zweifelhaft.
curonicus, der Kurländische, erstmalig aus Kurland beschrieben.

Spannweite 58 cm
Der Goldregenpfeifer ca 26 cm
Charádrius apricárius
apricarius zu lat. apricus, sich sonnend, sonnig.

|Brutkleider|

Spannweite 46 cm
Der Mornellregenpfeifer ca 22 cm
Charádrius morinellus
morinellus, latinisiert nach Mornell dem holländischen Namen des Morellregenpfeifers.

Schnepfenvögel.

Jagd, Gut Zaun bei Kloster Korin i/Mark und im 600m breiten Überschwemmungsgebiet der Weichsel den sogenannten Kempen' bei Graudenz angetroffen.

Der Kiebitz ca 32cm Fl. 23cm Spannweite 70–75cm
Vanéllus vanellus, lat. der Kiebitz

Schnepfenvögel.

Der Kampfläufer 20 cm (♀) 30 cm (♂) Fl 16 bis 19 cm Spannweite 45–60 cm
Philómachus púgnax
♂♂ und ♀ Brutkleider
philomachus aus griech. philos, Freund und machē Kampf = Kampffreund
pugnax von lat. pugnare, kämpfen gebildet kämpferisch.

Der Goldregenpfeifer. Das ♀ ist am Kinn weiß, sonst wie das Männchen. Das Winterkleid ist unten dunkel lerchenfarbig. Vorkommen: Nordeuropa, Westsibirien, Faröer, seltener Britische Inseln, Holland, Belgien, Dänemark, Norddeutschland. In milden Wintern bleibt er bei uns, sonst zieht er meist in Mittelmeergebiete. In seiner nordischen Heimat bewohnt er die Tundren und Hochmoore. Zur Zugzeit trifft man ihn auf Brachäckern. Die 4 Eier sind hellgelbbräunlich, mit schwachem Glanz, dunkelbraunen Zeichnungen und einigen blaßgrauen Flecken (51,8 x 35,3). Der Lockton ist ein angenehm klingendes: Tlüi, zu einem Triller: talüdltalüdltalüdltalüdl. Durch die zweisilbige Zusammensetzung von anderen zu unterscheiden.

Der Kiebitz. Das ♀ hat spitzere Flügel, auf dem Kopf fehlt der Glanz, Kehle und Kinn sind schwarzweiß gefleckt, der Schopf ist kürzer. Vorkommen: Europa mit Ausnahme des äußersten Nordens und Südens, Nordasien. Auf den Britischen Inseln überwintert er regelmäßig, in warmen Wintern auch gelegentlich im westlichen Deutschland, sonst zieht er nach den Ländern ums Mittelmeer, Südwestasien, Nordindien, China und Japan. Zugzeit bei uns März und September. Man sieht ihn dann in größeren Flügen, vielfach in Begleitung von Staren. Sumpfige Wiesen, Moore, Brüche und Felder in deren Nachbarschaft sind seine Lieblingsgebiete. Sein Nest ist eine Vertiefung im Boden, und nur spärlich ausgekleidet, auf einer kleinen höher gelegen Stelle wo es trocken ist im feuchten Gelände, auch auf ganz trockenem Boden. Die 4 Eier findet man schon Ende März, meistens im April. Sie sind birnförmig und liegen mit dem spitzen Ende einander zugekehrt im Nest; auf grünlich gelbbräunlichem

(Kiebitz) Grund stehen große dunkelbraune Flecken (46,6 x 33,5). Die Dunenjungen sind oben rötlichbraungrau, unten weiß. Oberseite und Kropf schwarz gefleckt. Im Jugendkleid ähneln die Jungen den Alten im Winterkleid: die Oberseite mit braunen Federsäumen, die Schwanzfedern mit ebensolchen Spitzen. Der Kiebitz ist ein prächtiger Vogel. Mit gaukelndem Flug und lautem Ruf verrät er bald seine Anwesenheit. Er ruft seinen Namen: kih-wit, kih-wit, und läßt zur Balzzeit noch ein: wee-willuchui-willuch-willuch-wuih fleißig hören. Bei seinen Balzflügen überschlägt er sich fast, und kommt man seinem Nest zu nahe, dann umgaukelt er den Störenfried, als wollte er ihn mit den Flügeln schlagen. Dabei hört man einen dumpfen, durch die Flügel hervorgebrachten Ton: wuwuwu. Wegen seiner merkwürdigen Balzstellungen heißt er auch noch Feldpfau. Nahrung: allerlei Gewürm.

Der Kampfläufer: Die Winterkleider beider Geschlechter gleichen sich. Der bedeutende Größenunterschied genügt jedoch hinreichend zur Unterscheidung. Düster braungrau ist die Grundfarbe, oben mit braunschwarzen Flecken, Bauch weiß. Mit zunehmendem Alter haben die ♂ im Winterkleid mehr bunte Federn. Das Gefieder der ♂ im Sommerkleid ist sehr verschiedenartig. Man kennt 12 Haupttypen. Vorkommen: Mittel- und Nordeuropa, Nordasien. Auf dem Zug in ganz Afrika. Bei uns brütet er in der norddeutschen Tiefebene, in feuchten kurzrasigen Wiesen, Mooren, Sümpfen. Er liebt die Nähe der Meeresküsten, geht aber nie ins Wattengebiet. Sein Nest legt er ähnlich wie der Kiebitz auf trockene Stellen im Sumpfgebiet oder im Gras an. Es ist mit

(Der Kampfläufer) Stengeln und Hälmchen ausgelegt. Die 4 Eier sind birnförmig, olivenbräunlich oder steingrau und haben braune Fleckung und schwachen Glanz (44×30,7). Die Dunenjungen sind oben hellgelbbraun mit dunklen Flecken und Streifen, unten weißlich mit rostgelblichem Schimmer, der am Kopf am stärksten ist. Diese merkwürdigen Vögel haben ihre verschiedenen Namen, wie Kampfhahn, Kampfschnepfe, Streitvogel vom Balzspiel der Männchen, das diese auf einem freien, meist erhöhten Platz im Sumpfe ausführen, und den man an den niedergetretenen Pflanzen und der Losung erkennt. Dort kommen regelmäßig einige ♂ zusammen, die sich zu je 2 mit gesträubtem Halskragen ein Duell liefern. Die Sache ist aber nicht so schlimm, wie es aussieht denn es fließt kein Blut. Außerdem wird nicht um den Besitz eines Weibchens gekämpft, da diese Vögel in Wechselehe leben. Die ♂ bekümmern sich später gar nicht mehr um die ♀ denen das Brutgeschäft und die Aufzucht der Jungen allein obliegt. Man hört fast nie einen Ton von diesen Vögeln. Sie verzehren Insekten, Larven, Würmer u. dgl., gehen aber besonders im Herbst und Winter auch an Sämereien.

Schnepfenvögel.

Der Steinwälzer ca. 20 cm Fl. 15 cm, Spannweite ca. 47 cm

Arenária intérpres

arenarius, zu lat. arena, der Sand = der auf dem Sande lebende Vogel.
interpres, lat. der Dolmetscher, Vermittler, Umdreher.

Der Steinwälzer. Singdrosselgröße. ♀ weniger lebhaft gefärbt und oft größer als das ♂. Im Winterkleid ist die Oberseite schwarzbraun. Die Zeichnung am Kopf mehr braun als schwarz. Vorkommen: Grönland, Island Küsten von Skandinavien, Inseln und Küsten der Ostsee Finnland, Nordrußland Nordsibirien und nördlichstes Nordamerika. Auf dem Zuge kommt er überall vor, vom Mittelmeer bis Südafrika, Südasien mit Inseln, westliches Südamerika. Zugzeit: April und Mai, August und September. Er bewohnt hauptsächlich den Seestrand und nur ausnahmsweise Flüsse und Binnengewässer. Zwischen Sand und Geröll oder auf kurzem Rasen meist in der Nähe der Küste macht er eine Vertiefung in den Boden, die nur spärlich mit Pflanzenresten ausgelegt wird. Die 4 Eier sind trübgrünlich bis hellolivenbraun mit verwischten grauen Flecken und braunen Punkten (40,6 x 29,3). Die Dunenjungen sind oben rahmgelblich mit schwarzen Flecken und Tupfen, die auf dem Kopf am dichtesten stehen, Unten weißlich mit hellgrauem Fleck auf dem Kropf. Durch die Zügel geht ein schwarzer Streifen. Dieser Vogel hat seinen Namen von der Gewohnheit, Insekten, Würmer, Krebstiere aus dem Auswurf der See unter Tang und Steinchen hervorzusuchen wobei er diese geschickt umdreht. Er fliegt gern sehr nah über dem Boden oder dem Wasserspiegel dahin und versteht auch meisterhaft zu schwimmen. Seine Stimme ist ein helles: Kiih, Kih Kih, Ki, Kikikiki, zuletzt in einen Triller übergehend.

Schnepfenvögel.

Der Alpenstrandläufer ca 18 cm Fl 11 cm Spannweite 33 cm

Cálidris alpina

calidris, ein von den Alten übernommener Vogelname, vermutl. mit griech. chalix, Kieselstein verwandt; so benannt nach dem Aufenthaltsort des Vogels. alpinus, a, um lat. in den Alpen lebend.

Der Alpenstrandläufer. Das Winterkleid ist oben braungrau, dunkel gefleckt, unten weiß, über dem Kropf hellgrau mit dunklen Längsstrichen. ♀ etwas größer. Vorkommen: Island, Faröer, Britische Inseln, Nord- und Ostseeküste, Dänemark, Skandinavien, Nordrußland. Nach Sibirien hin durch verwandte Formen vertreten. Zug im August bis Oktober, Rückzug im April und Mai. Während der Zugzeit trifft man ihn auch im Binnenlande an Flüssen, Teichen und Seen, am häufigsten aber am Meeresstrand. Zur Brut geht er oft weit weg vom Strand in hochgelegene Moore, Sümpfe und Heideflächen. Die Nester stehen vielfach nahe beisammen, meist gut versteckt im Rasen oder Heidekraut, sind aus Hälmchen, trockenen Blättern, Moos u. dgl. und enthalten im Mai oder Juni 4 Eier. Die sind oliven- bis gelbbraun mit dunkelbraunen Flecken und Punkten, glänzen und sind im Vergleich zum haubenlerchengroßen Vogel sehr groß (34,4 x 24,5). Die Dunenjungen sind oben rotbraun mit schwarzer Zeichnung und Streifung, unten weiß, am Kopfe rotbräunlich. Füße und Schnabel sind grau. Das Jugendkleid ist dem Winterkleid ähnlich, nur ist alles viel rostfarbiger, besonders oben und auch dunkler. Während der Zugzeit sieht man oft starähnliche Schwärme. Die Stimme ist ein flötendes, weithin schallendes, besonders während des pieperartigen Balzfluges gesangartiges: trü, trü, trührürürürüh. Warnruf: trüü, trrrritet.

♂ Winter Kleid

Der Sanderling ca 19 cm Fl: 12,5 cm Spannweite: 30 cm
Crocétia álba

Der Sanderling. Sommerkleid oben schwarz mit rostroten Flecken mit weißlichen Federrändern. Kehle und Kopf rostrot mit dunklen Flecken, ♂ gleich ♀. Vorkommen: Der hohe Norden ist seine Heimat. Er brütet fast nur innerhalb des Polarkreises. Während des Zuges wandert er fast über den ganzen Erdball und kommt sowohl nach Südafrika als auch nach Südamerika und der Südsee. Er hält sich gern an sandigen Meeresküsten auf und ist im April und im September und Oktober an den deutschen Küsten zu finden. Er zieht nachts. Die 4 Eier werden im Juli gelegt. Sie sind grünbräunlich bis gelbbräunlich mit kleinen dunkelbraunen Flecken (35,7 x 24,7). Die Dunenjungen sind oben hellgelblichgrau schwarzgefleckt unten weiß, am Kopf rostgelblich mit braunen Flecken an den Kropfseiten. Längs der Oberflügeldecken mit großen weißen Flecken. Dieser Sandläufer ähnelt in seiner Lebensweise den Strandläufern. Er macht schöne Balzspiele wobei er Töne hören läßt, die wie trrrtrrrtrrr klingen. Sonst hört man noch einen hohen kurzen Pfiff pitt. Er ernährt sich von Insekten, Larven, Würmern und kleinen Meerestieren, nimmt aber besonders im Sommer auch etwas pflanzliche Nahrung auf.

Schnepfenvögel.

Der Säbelschnabel. – Recurvirósta avosetta

Ca. 40–45 cm Fl 22,5 cm Spannweite: 70–75 cm.

recurvirosta von lat. recurvus zurückgebogen und rostrum Schnabel, der Vogel mit dem zurückgebogenen Schnabel
avosetta aus avocetta dem italienischen Namen des Säblers.

Rechts: die schwarzschwänzige Uferschnepfe – Limósa limosa
Links: die rostrote Uferschnepfe – Limósa laponica (Brutkleider)
limosus, a, um, lat. schlammig, im Schlamm sich aufhaltend.
lapponicus, a, um, in Lappland sich aufhaltend.

Der Säbelschnabel. Das Winterkleid ist fast genau so wie das Sommerkleid. Vorkommen: früher Nord und Ostsee, heute nur noch in Holland, auf Texel, einigen kleineren Inseln bei Rügen und in Schleswig-Holstein in Jütland, Südfrankreich, Portugal und Südspanien. An einigen Plätzen von Nordwestafrika, Südosteuropa, Südrußland, Westasien bis nach China, Tropisches ~~und~~ Süd-Afrika. Einige überwintern in Holland, die große Mehrzahl aber in Afrika und Indien. Er liebt das Meerufer und größere Salzseen. Sein Nest ist im schlammigen Ufer, in sumpfigen Wiesen auf Sandbänken eine einfache Vertiefung im Boden, bisweilen mit Halmen ausgelegt. Die 3-4 ovalen Eier findet man von Mitte Mai bis Anfang Juni. Sie meist lehmbraun mit aschgrauen Schalenflecken und dunkelbraunen Flecken (50,6 x 35,1). Die Dunenjungen sind oben hellgrau bräunlich mit schwarzen Punkten, unten weiß. Der Schnabel ist schwarzbraun und schon deutlich aufwärts gebogen, die Füße sind an den Fersen auffallend dick. Dieser schöne Vogel ist schon in der Ferne an seiner kontrastreichen Färbung zu erkennen. Er läuft gut geht auch gern ins Wasser und kann gut schwimmen. Die Nahrung besteht aus Kerbtieren, Insektenlarven, Fischlaich u. dgl., die er bei rückweichender Flut aus dem angeschwemmten Genist herausholt. Die Stimme ist flötend: Kwih oder twiht-twiht-twiht, außerdem noch ein plüüt, nach dem sie auch von den Küstenbewohnern „Plüütj" genannt werden. Sie heißen auch noch: Verkehrtschnabel, Avosettschnepfe, Schustervogel und Wassersäbler.

Die schwarzschwänzige Uferschnepfe. ♀ größer, oben etwas grauer. Das Winterkleid ist viel mehr braungrau als das Sommerkleid. Vorkommen: Island, Faröer, südliches Schweden, Holland, Belgien, Norddeutschland, Jütland, Ostseeländer, Polen, Südrußland, Teile des westlichen Asiens. Zur Zugzeit ist sie in ganz Europa und Westasien zu treffen. Sie überwintert auf den Britischen Inseln, im Mittelmeergebiet, in Nordwestafrika und weiter südlich. An den Ufern von Seen, Teichen und sumpfigen Wiesen ist ihr Hauptaufenthalt, auf dem Zug auch an der Seeküste. In dichtem Gras legen sie eine Vertiefung an, die nur spärlich mit trockenen Niststoffen ausgelegt ist. Oft schon Ende April, meist im Mai findet man die 4 birnförmigen Eier die gewöhnlich olivenbraun sind und dunkelbraune, oft verwaschene Flecken haben (54,7 x 37,4). Die Dunenjungen sind leicht gelbbraun, rostgelblich überhaucht, mit dunklen Längsflecken, unten rostgelblich, an Brust und Bauch fast in Weiß übergehend. Diese Schnepfe hat in ihrem Benehmen viel mehr Ähnlichkeit mit den Wasserläufern als mit den Schnepfen. Bei Gefahr drückt sie sich nicht wie diese auf den Boden, sondern bleibt stehen und fliegt sehr bald davon. Im Flug streckt sie Hals und Beine weit von sich und erinnert dadurch beinahe an den Storch. An den weißen Flügelbinden und dem weißen Bürzel ist sie fliegend leicht zu erkennen. Ihrem Lockruf: djo-djo oder Wodjo verdankt sie auch noch den Namen: Lodjo-Schnepfe. Im Balzfluge hört man diese schönen Jodler: delätjoh, delätjoh, wobei sie im Flatterflug ganz regelmäßig zickzackt. Ihre Nahrung: Würmer, Insekten u. deren Larven.

Die rostrote Uferschnepfe. Sie brütet hoch im Norden und kommt im Winter bis ins tropische Afrika, wobei sie bei uns schon im Juli erscheint

Schnepfenvögel
tringa, nach griech. tryngas gebildet, einem schon von Aristoteles verwendeten Vogelnamen.
ochropus, aus griech. ochros, blaß, gelb und pus, der Fuß, Gelbfuß.
Der Waldwasserläufer
Tringa ochropus

Der Waldwasserläufer (Punktierter Wasserläufer). Singdrosselgröße. Im Winterkleid im allgemeinen etwas heller. Vorkommen: nördliches Europa und Asien bis zum Polarkreise, südlich bei uns bis Dänemark und Norddeutschland, weiter südlich nur vereinzelt. Auf den Britischen Inseln bleibt er im Winter, ebenso am Mittelmeer. Viele wandern weiter bis Südafrika und Südasien. Er bewohnt die schlammigen Ufer der Flüsse, Seen, Teiche, auch ganz kleine Gewässer in Wäldern oder Sumpfwäldern, dagegen geht er ungern an den Meeresstrand. Zur Zugzeit trifft man ihn auch an anderen Plätzen, auf feuchten Wiesen u. dgl. Er benutzt gern alte Nester als Unterlage, so die von Krähen, Eichhörnchen, Tauben, Drosseln, und baut auch gelegentlich selbst auf Bäume ein Nest, manchmal auch ins zusammengeschwemmte Genist, oder auf den Boden. Die 4 Eier sind blaß grünlichgrau und mit kleinen rotbraunen Flecken bedeckt (39 x 28). Die Dunenjungen sind oben braun mit breiten Längsstrichen, unten trübweiß. Durch das Auge geht ein schwarzer Strich. Das Jugendkleid ist dem Alterskleid ähnlich, aber etwas heller, die Flecken der Oberseite blaß rostfarben. Dieser gewandte Vogel ist schon von weitem an dem auffallenden Gefieder kenntlich, das ganz schwarzweiß zu sein scheint. Besonders stark fällt dieser Gegensatz beim davonfliegenden Vogel auf, bei dem der weiße Bürzel und Schwanz gegen den schwarz erscheinenden Rücken absticht. Das Bild zeigt den Rücken viel zu hell. Er läuft geschickt, nickt mit dem Kopfe auf und ab und wippt mit dem Hinterleibe. Der Flug ist gewandt, mit wenig ausgestreckten Flügeln. Er baumt auch gelegentlich auf. Seine Stimme ist ein wohlklingendes hohes Pfeifen: dlüih, dlüih, dlüih. Seine Nahrung besteht aus allerlei Tieren seines Wohnortes, Wasserinsekten, Larven, Würmern. Er lebt meist einsam, höchstens paar- oder familienweise, nur selten in Gesellschaft vom Bruchwasserläufer.

Der große Brachvogel. Winterkleid gleich ♀ meist größer als ♂. Vorkommen: Nord- und Mitteleuropa, Dobrudscha, in Norddeutschland häufiger in Mittel- und Süddeutschland nur an besonders zusagenden Stellen, wie auf den Hochmooren Bayerns. Sein Zug ist von Ende März bis in den Mai hinein und von Ende Juli bis in den September. Er zieht meist nachts. Er gelangt dabei nach Afrika und Südwestasien. Auf Mooren, Wiesen, Heiden und Brachäckern scharrt er eine Vertiefung in den Boden die nur spärlich mit Hälmchen ausgekleidet wird. Die 4 schwach glänzenden birnförmigen Eier sind auf olivenbräunlichem Grunde dunkel gefleckt (67,3 x 47,4). Die Dunenjungen sind hellrostgelblichgrau mit dunkelbraunen Längsstreifen und Flecken auf der Oberseite etwas heller als bei den Alten. Dieser Vogel (auch Kronschnepfe Großer Keilhacken, Regenvogel und Doppelschnepfe genannt) macht sich bald durch seine laute Stimme bemerkbar, die äußerst wandelbar geradezu bezaubernd wirkt, besonders frühmorgens oder nachts. Melodisch und rein klingt das trrädit durch die Stille. Bei seinem schnellen, gewandten Flug zieht er den Hals ein und streckt die Füße aus. Er schwebt gern besonders vor dem Niedersitzen. Er ernährt sich von Insekten aller Art und geht gern an Beeren.

Schnepfenvögel

Der große Brachvogel wurde z. Zt. von uns auf den Jagden Marwitz b/Velten i/Mark und Schwante bejagt.

Dieser Vogel wird auch Kronschnepfe, Großer Keilhaken, Regenvogel, Doppelschnepfe genannt.

Der große Brachvogel ca 55 cm Spannweite
Numénius arquata
numenius, von griech. numenia, Neumond (neos neu und men Mond)
Name des Brachvogels mit Bezug auf die Form des Schnabels.
arquatus lat. zum Wasser gehörend.

Schnepfenvögel

Die Waldschnepfe ca 36 cm Fl 20 cm Spannweite 50-60 cm

Scolópax rusticola   scolopax, griech. Waldschnepfe nach griech. ~~skolopax~~ skolops der Pfahl in Anlehnung an den langen Schnabel, den Stecher dieses Vogels, – rusticola lat. eigentlich die ländliche. Schon bei Plinius Name eines Waldhuhns.

Die Waldschnepfe. Winter- und Sommerkleid gleich ♀ etwas stärker als das ♂. Vorkommen: Europa und Asien mit Ausnahme des hohen Nordens und des Südens. Auf dem Zuge überall. Sie ziehen bis Nordafrika und Südasien. In Deutschland überwintern einige an geschützten Stellen, besonders im Südwesten. Im Süden von Großbritanien und in Irland bleiben sie regelmäßig. „Oculi da kommen sie, Judica sind sie auch noch da, Laetare das Wahre, Palmarum „Trallarum", so sagt der Jäger, den die Zeit des „Schnepfenstrichs" in Erregung versetzt. Am 1. April tritt die Schonzeit ein. Das ist auch nötig, den in milden Frühjahren findet man schon Ende März das Gelege. Dieses besteht aus 4 Eiern die in einer Vertiefung des Bodens im Walde meist nur mit spärlicher Nestauskleidung gelegt werden. Sie sind rahmfarben bis bräunlich und haben einige rötlichbraune Flecken und schwachen Glanz (43,9 X 33,6). Das Dunenkleid ist hell rötlich rahmfarben mit braunen Längsstreifen oben und zwei Querbändern an Kehle und Kropf. Das Jugendkleid ist auf der Stirn etwas gefleckter, an den Schultern nicht grau, sondern hellrostgelb. Der Schnabel ist kürzer als bei den Alten. Die vielen Abänderungen alter Schnepfen sind weder Alters noch Örtlichkeitsmerkmale auch sind sie unabhänig von der Jahreszeit. Ihr Balzflug den sie im Zickzack über Waldblösen ausführt, findet in ca. 10 m Höhe statt. Die dabei ausgestoßenen Balzrufe das „Pfuitzen" und „Quorren" oder „Murksen" dürften bekannt sein. Dieser Schnepfenstrich beginnt erst in der Dämmerung nach dem Singdrossel und Rothkelchen verstummt sind. Beim Flug hält sie ihren Schnabel (Stecher) nach unten. Ihre Nahrung, Würmer Larven u. dgl. findet sie im feuchten Waldboden oder Laub mit Hilfe der empfindsamen Spitze ihres

(Die Waldschnepfe) Stechers. Sie wurmt. Den Stecher säubert sie dadurch, daß sie mit zwei Zehen von der Wurzel beginnend den Schmutz nach vorne abstreicht. Es geschieht blitzschnell. In der Literatur bekannt gegebene Beobachtungen über das "Trampeln" einiger wurmender Vögel und als Zweckbewegung, um die Würmer an die Oberfläche zu treiben, gedeutet, mögen wohl mit diesem Stecherputzen zusammenhängen.

Die Waldschnepfe wird im Frühjahr bejagt, aber auch im Herbst werden einige Vögel auf der Suche geschossen. – Im stillen Frühlingswald, am Abend, ehe der Schnepfenstern (Venus) aufgeht, ist man, mit einem guten Hunde, auf einer Waldschneise oder Waldblöße manchmal auch am Waldsaum wo der Schnepfenstrich stattfindet und wartet auf den Beginn des Striches. Kommt die Schnepfe im Zickzackfluge, dann reißt mancher sein Feuerrohr (Flinte) hoch und löst sich (schießt). Entweder ist dann ein bildschönes Loch in Luft oder der Vogel kommt wie ein Stein oder nasser Lappen zur Erde, manchmal wird auch der Hund den verwundeten Vogel greifen müssen um ihn seinen Führer zu bringen. Die Schnepfe hat unter den Flügeln eine kleine Feder, die Malerfeder. Ich habe gesehen, daß aus diesen Federn auch schöne Schmuckstücke gefertigt werden, indem man um ein silbernes Mittelstück eine Anzahl dieser Federn geordnet hat. – Es entsteht ein Schnepfenstern. –

Da die Flinten meist sehr eng schossen, wurden von Förstern und Jägern besondere Schnepfenpatronen geladen. Aus einem Stückchen Pappe schnitt man eine Spirale die man auf den Filzpfropfen über der Pulverladung in die Patronenhülse einführte und dazwischen die Schrote einschüttete, dies gab einen größeren Streukreis und größere Treffergebnisse.

Schnepfenvögel

Die gemeine Bekassine
ca. 28 cm Spw. 43 cm
Gallinágo gallinágo

gallinago von lat. gallina, die Henne,
das Huhn; medius, a, um, lat. der mittlere.

Die große Bekassine ca 28 cm Spw. 49 cm
Gallinágo média

Beide auf der Jagd der Gemeinde Marwitz bei Velten i/Mark bejagt.
Es gibt noch die kleine Bekassine, Sumpfschnepfe ca 19 cm Fl 11 cm
Spw. 36 cm

<u>Die gemeine Bekassine</u>, Winter- und Sommerkleid gleich. ♀ meist etwas größer. Vorkommen: Mitteleuropa, ganz Skandinavien, Norditalien, Nordwestasien. Im Osten, Norden und in Nordamerika verwandte Formen. Im Winter kommen sie nach Afrika, Südasien und den Inseln. In Mitteleuropa bleiben einige auch im Winter an geeigneten Plätzen. Der Zug ist von Mitte März bis in den April und von Mitte August an durch den September und Oktober. Die Wanderungen finden meist nachts statt. Bei uns liebt die Schnepfe feuchte Wiesen, Moore, sumpfige Viehweiden. Auf dem Zuge findet man sie auch an anderen Plätzen, im Süden in Reisfeldern. Das Nest ist eine tiefe Mulde in feuchten Wiesen, mit trockenem Gras u. dgl. ausgepolstert. Es enthält gegen Ende April oder im Mai birnförmige Eier, die im Verhältnis zum Vogel ziemlich groß sind. Auf olivenbraunem bis blaßgrünem Grunde stehen große scharfumrandete dunkelbraune Flecken (39,6 x 28,8). Die Dunenjungen sind oben fuchsrot mit schwarzen Flecken und weißen Dunenspitzen. Unten etwas heller, besonders in der Mitte des Unterkörpers. Das Jugendkleid erscheint oben dunkler als das der Alten. Obwohl, wie die meisten Schnepfen, auch diese ein nächtliches Tier ist, sieht man sie während der Balzzeit häufig bei Tage, wo sie mit lautem Rufen: djépedjépedjépedjépe herumfliegt. Aber noch ein anderer Balzlaut ist von ihr bekannt der ihr den Namen Himmelsziege oder Meckerschnepfe eingetragen hat. Sie fliegt schräg in die Höhe, um sich dann mit ausgebreitetem Schwanz und ausgestreckten, zuckenden Flügeln einige Sekunden schräg abstürzen zu lassen. Während dieses Absturzes wird durch die großen Federn ein vibrierender Ton erzeugt, der aus der Höhe wie: wüwüwüwüwüwüwüwü klingt. Dieses Spiel wiederholt sich oft hintereinander.

Die große Bekassine. Der 6 – 6,8 cm lange Schnabel ist kürzer und dicker als bei der gemeinen Bekassine, der Körper ist etwas stärker und größer als bei dieser. Von den 16 Steuerfedern sind die 3 äußeren jederseits weiß ♂ und ♀ sind gleich letzteres meist etwas größer. Vorkommen: Nordöstliches Europa, Nordwestliches Asien, Skandinavien, Dänemark, Schleswig-Holstein, Ostpreußen. An diesen Plätzen, aber nur vereinzelt. Im Winter sind sie in ganz Afrika und in Westasien. Auf dem Zuge kommen sie gelegentlich bei uns in Gegenden vor, wo man sie gar nicht vermutet. Wie die meisten nordischen Vögel, ziehen sie oft sehr spät in ihre Brutheimat zurück, oft erst im Mai, und verlassen diese Gegenden schon wieder im August oder noch früher. Auf feuchten Plätzen, Hochmooren, aber auch in trockener Heide und im Norden in den Tundren bauen sie ihr Nest, indem sie eine Bodenvertiefung mit trokkenen Niststoffen auslegen. Die 4 Eier findet man auch an den norddeutschen Brutplätzen später als die der gemeinen Bekassine oft erst gegen Ende Mai. Sie sind graugelblich mit einigen sehr scharfen dunklen Flecken (45,4 x 31,8). Die Dunenjungen sind heller gelblich als die der gemeinen Bekassine und haben auffallend dunkle Kopfzeichnung. Das Jugendkleid ist oben einfarbiger, dunkler. Die äußersten Steuerfedern sind noch nicht ganz weiß, die Bänderung verliert sich erst mit zunehmendem Alter. Diese Mittelschnepfe unterscheidet sich in der Lebensweise etwas von ihren Verwandten, sie fliegt nicht so geschickt und meist geradaus. Sie haben sog. Knebberplätze an denen die Männchen zusammenkommen und mit ausgebreiteten Flügeln und erhobenem Schwanze balzen ähnlich wie die Kampfläufer. Dabei lassen sie Töne hören wie: bibibibi...., die noch von einem dumpfen prrorrorrorr unterbrochen werden. Danach kommt ein „Knebbern" das durch rasches Zusammenschlagen von Unter- und Oberkiefer entsteht. Balz des Abends bis tief in die Nacht und am frühesten Morgen.

Der Austernfischer ca 40 cm Spannweite 82 cm
Haematópus ostrálegus
haematopus aus griech. haima, Blut-und pus, Fuß = Blut-(Rot)-Fuß.
ostralegus, aus lat. ostra, Auster und legere, lesen, sammeln = Austernsammler.

<u>Der Austernfischer.</u> Im Winterkleid hat er einen weißen Kehlfleck, der oft etwas mit Schwarz gemischt ist. Vorkommen: Nordeuropa, Island, Faröer, Westfrankreich, Nordwestspanien, Nord- und Ostsee. Vermutlich auch Kleinasien. Er überwintert in Island, auf den Britischen Inseln, hauptsächlich aber an den Küsten des Mittelmeers und des östlichen Afrikas. Er ist Küstenbewohner, der im Sand, Geröll oder auf kurzem Rasen oft dicht an der Flutgrenze eine kleine Vertiefung scharrt, in die er meist ohne jede Auskleidung die 3-4 Eier legt. Diese sind oval, rauh, rostgelb und mit zahlreichen dunklen Flecken und Zeichnungen bedeckt (56,4 X 39,9). Die Dunenjungen sind oben dunkelbraun mit schwarzen Punkten und Streifen, unten weiß. Das Jugendkleid ähnelt dem Winterkleid der Alten, ist oben braunschwarz. Dieser Vogel heißt auch noch Strandelster und Elsternschnepfe. Sie leben unter sich gesellig und dulden auch die Gesellschaft anderer Strandläufer, die sich gern in ihrem Schutze ansiedeln. Sein Gang ist trippelnd, sie rennen auch große Strecken dahin, wobei sie immer wieder zwischen hinein plötzlich anhalten. Im Flug erinnern sie etwas an die Enten. Im Wattenmeer waten sie gern herum und vermögen auch gut zu schwimmen. Ihre Nahrung besteht aus Muscheln, die sie geschickt zu öffnen verstehen (Name). Sie verzehren auch kleine Fische, Garneelen, Sandwürmer u. dgl. Gelegentlich sollen sie auch Pflanzenteile verzehren. Ihre Stimme ist ein lautes: hüihp, kwihp. Diese Töne immer kürzer werdend und zuletzt in einen Triller übergehend hört man oft von ihnen zur Balzzeit.

Zahnschnäbler. c

Der Höckerschwan ca 160 cm Fl.: 60 cm Spw.: 235 cm

♀ Kleiner hat einen kleineren Höcker als das ♂

Cygnus olor

cygnus, lat. der Schwan. olor, lat. Schwan.

Im Winter 1917 bin ich in Böslershöhe bei Graudenz, am Rande des Parks, in unmittelbarer Nähe der Ziegelei meines Schwiegervaters, mit wilden Höckerschwänen zusammengetroffen.

Der Park war nahe der Weichsel.

Ein Schwan ist so stark, daß er imstande ist, einem Manne, einen Knochen zu brechen.

Der Seeadler wird bequem mit einem Schwan fertig.

Zahnschnäbler

Der Singschwan ca 155 cm Spannweite 200 cm Fl: 58-63 cm
♀ kleiner

Der Höckerschwan. Das ♀ hat einen etwas kleineren Höcker an der Schnabelwurzel und ist auch kleiner als das ♂. Vorkommen: Skandinavien, Mittel- und Südrußland, Donauländer, Kleinasien, Persien. In Dänemark und Norddeutschland ist er manchen Stellen noch häufig. Im Winter kommt er bis nach Südeuropa und Nordafrika. Einige Exemplare haben auch schon in Deutschland überwintert, besonders an der Ostsee und am Bodensee. Neben den wilden Schwänen gibt es eine Menge verwilderte, die von den als Parkgeflügel überall eingeführten abstammen. Sie bauen ihr oft sehr umfangreiches Nest ins Rohr oder Schilf so, daß es stets vom Wasser her schwimmend erreicht werden kann. Oft stehen mehrere Nester nahe beieinander. Da die Nester, wenn keine Störung erfolgt, mehrere Jahre hintereinander bezogen werden, so nehmen sie oft großen Umfang an, ähnlich wie die Storchnester. Die 5-6 Eier werden Ende April oder Anfang Mai gelegt. Sie sind mit einem Kalküberzug versehen, durch den die grünlichgraue Farbe schwach durchschimmert. Die Oberfläche ist grobkörnig und rauh (112,8 X 73,5). In Gefangenschaft legen sie oft bis 10 Eier. Die Dunenjungen sind oben aschgrau, unten heller. Der Schnabel ist schiefergrau, der Schnabelhöcker schon angedeutet. Im Jugendkleid werden sie braungrau mit hellerer Unterseite, Füße und Schnabel sind bleifarbig. Bei jeder Mauser werden sie heller und erhalten erst im dritten Jahr mit der geschlechtlichen Reife ihr Alterskleid. In den Übergangszeiten sehen sie oft sehr scheckig aus. Die Jungen werden sehr lange von den Alten geführt und betreut, bis sie flugbar sind. Solange es geht, schlüpfen sie unter die Flügel der Alten oder ruhen sich auf deren Rücken aus. Die Alten verteidigen die Jungen und besitzen im Schnabel und Flügel ganz achtbare

(Der Höckerschwan) Waffen. Die Nahrung besteht aus Pflanzen, Sämereien, Insekten und deren Larven, Schnecken, Würmern u. dgl. Während des Frühjahrs hört man von ihnen einen trompetenartigen Ruf, beinahe wie vom Kranich, Kiurr oder Keiorr. Die gezähmten rufen aber nur noch selten. Dagegen hört man von ihnen ein Murmeln oder Grunzen. Sie zischen ähnlich wie die Gänse. Im Flug ordnen sie sich zu einer graden Linie schräg zur Flugrichtung. –

In meiner Jugendzeit hatte ich ein aufregendes Erlebnis mit zahmen Schwänen. Auf dem Promenadenteich, auch Odeonteich genannt, in meiner Heimatstadt Bunzlau i/Schlesien, war eine mit hohen Weidenbäumen bestockte kleine Insel, auf der sich ein hölzernes Schwanenhaus befand. Die Schwäne hatten gebrütet und der dem Teich gegenüber wohnende Stadtgärtner Neunherz, der die Schwäne pflegte wollte mit seinem jüngsten 12 jährigen Sohne die Eier aus dem Schwanenhause holen. Die Schwäne hatten schon seit Tagen die Eier verlassen. Er stakte mit einem Kahn nach der Insel, die Schwäne kamen angeflogen der Gärtner mußte flüchten, sein Junge war auf das Schwanenhaus geklettert und wehrte sie mit langen Weidenruten ab. Ein anderer Schwan sprang in den Kahn und warf ihn um. Der Gärtner war untergetaucht zum Ufer geschwommen und hatte die Mütze verloren. Der Schwan drückte die Mütze dauernd unter Wasser. Später ist dann der Gärtner auf einen anderen Kahn mit einem anderen Manne zur Insel gefahren und hat den in seiner Angst schreienden Jungen geholt, sie hatten alle Hände voll zu tun um sich der Schwäne zu erwehren.

<u>Der Singschwan.</u> ♀ Kleiner. Vorkommen: Nordeuropa und Nordasien. Meist nur innerhalb des Polarkreises brütend, an einigen Plätzen auch südlicher z.B. auf der Insel Ösel. Im Winter geht er nach den Britischen Inseln, auf der Ostsee selten und nur bei großer Kälte südlicher. Die asiatischen Brutvögel gehen nach Mittelasien, China und Japan. Während er zur Zugzeit und im Winter sich gern auf dem Meere, in den Flußmündungen, den Haffs u. dgl. Plätzen herumtreibt, wählt er zur Brutzeit Binnenseen. Der Nestbau ist ähnlich wie beim Höckerschwan. Die 5-7 Eier sind glatter und etwas glänzend, gelblich weiß (112,9 x 72,7). Die Dunenjungen sind oben weißlichgrau, auf dem Rücken zwei weiße Flecken, unten und an den Halsseiten weiß. Das braungraue Jugendkleid ist später mit weißen Federn gemischt, bis es im 3. Jahr zum weißen Alterskleid wird. Die Stimme ist ein schönes, klares: ang, oder auch: hö, manchmal im Fluge: ang-hö. Im Schwimmen trägt er den etwas dickeren Hals aufrecht, nicht so S-förmig gekrümmt wie der Höckerschwan. Seine sonstigen Lebensweise stimmt mit der des Höckerschans überein.

<u>Der Kleine Singschwan ca 110 cm Fl: 48-52 cm Spannweite: 190 cm</u>. brütet im nördlichen Asien, kommt aber im Winter auf die Britischen Inseln auch nach Deutschland und noch weiter südlich (Cygnus bewickii)

<u>Die Graugans.</u> ♀ etwas kleiner. Vorkommen: von Island an über Irland, Schottland, Skandinavien, Dänemark, Schleswig-Holstein, Mecklenburg, Pommern, Mark, Schlesien, Böhmen, Ungarn und die anderen Donauländer, Südrußland, mittleres und nördliches Asien. In Schottland überwintert sie, sonst ist sie Zugvogel. Sie geht bis zum Mittelmeer und Nordwest-Afrika,

(Graugans) während die asiatischen in Nordwestindien und China überwintern. Der Rückflug in die nördlichen Brutgebiete findet schon Ende Februar, meist aber im März statt, wenn auch noch Eis und Schnee dort vorherrschen. Die Jungen begeben sich schon Ende Juli auf die Wanderung, die meisten aber erst im August. Im September ist der Zug der Graugänse gewöhnlich beendet, gelegentlich beobachtet man im Oktober noch einige Nachzügler. In der Luft bilden sie meist das bekannte Bild eines stumpfen Winkels mit der Schenkelöffnung nach hinten. Tiefliegende Gegenden, wasserreiche Flächen mit viel Schilf und Rohr, Wasserpflanzen, Gebüsch und größere Wasserflächen lieben sie zum Aufenthalt besonders wenn solche Gegenden in der Nähe des Meeres liegen. Sie brüten meist in Kolonien beisammen. Das Nest ist ein ziemlich umfangreicher, locker aufgeschichteter Haufen von Schilf, Rohr, Gras u. dgl. Zur Brutzeit rupft sich das Weibchen Dunen aus dem Bauchgefieder. Die 4–6 Eier werden bei uns manchmal schon Ende März gefunden, meist jedoch im April. Sie sind im frischgelegten Zustand matt weißgelblich, erscheinen aber während der Brutzeit grau und braun gefleckt (85,4 X 58,3). Die Dunenjungen sind dicht mit einem oben dunkel olivbraunen, unten weißlichgelben „Pelz" bedeckt. Später sind sie oben graubraun, unten weißlich. Im Jugendkleid sind sie oben dunkler, unten heller, da die schwarzen Flecken noch fehlen. Die Nahrung der Wildgans besteht aus Getreide aller Art, junger Saat, Grasspitzen, Wurzeln, Kraut u. dgl. Sie sind nächtliche Tiere und fressen auch meist des Nachts. Ihre Stimme dürfte wohl allgemein von unserer Hausgans her bekannt sein, die von ihr abstammt. Sie haben ein Geschnatter, einen Trompetenruf und das bekannte Zischen. Die Gänse sind schwer zu bejagen, manchmal werden sie in großen, dann immer kleiner werdenden Kreisen mit einem Ackerwagen umfahren. Der Jäger springt dann in guter Schußentfernung ab und muß schnell schießen. In der Gegend des Rigaer Meerbusens machen die Fischer die Gänse mit in Schnaps getränkten Futter betrunken, dadurch werden sie flugunfähig und werden ergriffen.

Zahnschnäbler.

Die Graugans, ca 80 cm Spw. 160 cm ♀ kleiner
Ánser ánser

anser, lat. die Gans
fabalis, lat. Eigenschaftswort zu lat. faba, die Bohne,
also Bohnengans. Der engl. Name der Saatgans,
fabalis also die Übersetzung des englischen Namens.

Die Saatgans, ca 70 cm ♀ kleiner Spw. 150-170 cm
Ánser fabális

Die Saatgans: ♀ Kleiner. Vorkommen: nördliches Skandinavien, Nordrußland, Nordwestsibirien, östlich davon durch verwandte Formen ersetzt. Im Winter kommt sie durch ganz Europa und nach Nordafrika. Diese Gans liebt sumpfige Niederungen, Teiche, Seen, nasse Wiesen und Felder zu ihrem Aufenthalt. Sie trifft im April in ihrer Heimat ein. Ihr Nest baut sie ähnlich wie die anderen Gänse und bedeckt die Eier mit hellgrauen Dunen. Die 3-4 Eier werden gewöhnlich im Juni gelegt. Sie sind weiß oder weißlichgelb, aber rauher als die der Graugans (84,3 X 55,6). Die Dunenjungen sind oben dunkel grünlichbraun, unten gelblichweiß, mit zwei weißlichen Flecken auf dem Rücken. Das Jugendkleid ist oben etwas dunkler, unten etwas heller als das der Alten. Der Schnabel ist schwarz. Die Saatgänse sind unter sich sehr gesellig. Ihrer Nahrung die aus pflanzlichen Stoffen besteht, gehen sie meist bei Tage nach und verbringen die Nacht auf dem Wasser. Während der Mauser sind sie wie die anderen Gänse flugunfähig, weil ihnen die Schwungfedern auf einmal ausfallen. In dieser Zeit suchen sie mit ihren Jungen gutgeschützte Plätze auf.

Die Weißwangengans: Vorkommen: Der hohe Norden, Spitzbergen und Ostgrönland. Auf dem Zuge wandert sie südlich und überwintert an den Küsten der Nord- und Ostsee. Nur selten kommt sie ins innere Deutschlands. Auf ihren Brutplätzen ist sie meist Felsenbrüter, die oft an ganz steilen Abhängen auf Felsenvorsprüngen ein Nest aus Moor und Flechten baut, das sie mit Dunen auspolstert. Die 3-5 Eier sind glanzlos, glatt, reinweiß und erscheinen frisch etwas gelblich durch (77,7 X 49,7). Die Dunenjungen sind oben bräunlich, Kopf, Halsseiten und Unterseite weißlichgrau. An den Seiten des Kopfes am Schnabel je ein dunkelbrauner Fleck. Die Jungen sind in allen Teilen nicht so rein gefärbt wie die Alten. Die Gans ist zierlich gewandt im Flug an den spitzen Flügeln kenntlich. Die Stimme ist ein heiseres: grah-grah.

Die Ringelgans. ♀ Kleiner. Vorkommen: hoher Norden, hauptsächlich das nördliche Sibirien. Im Winter kommt sie gelegentlich mit anderen Gänsen an die Nordsee seltener an die Ostsee. Wegen ihres Lockrufes: rot oder rott, heißt sie noch Rottgans.

Die Bläßgans. ♀ Kleiner. Vorkommen: Island, Nordeuropa, Nordasien und nördlichstes Amerika. Auf dem Zuge und im Winter in ganz Europa. Einige überwintern schon in England, Holland Belgien, Norddeutschland, andere wandern bis ins Niltal, die asiatischen bis Nordindien, Japan und China. Zug März bis Mai, September und Oktober. Das Nest steht an ähnlichen Stellen wie das der Saatgans. Die 4–6 Eier sind weiß bis gelblichweiß, schwachglänzend und etwas rauh (78,3 X 53,4). Die Dunenjungen sind oben graubräunlich, unten gelblich weißgrau. Im Jugendkleid ist die weiße Blässe um den Schnabel noch nicht oder nur spärlich ausgebildet. Die Schnabelspitze und der Schnabelgrund sind dunkelbraun. Auf der Unterseite ist sie viel heller. Die helle Stimme klingt wie: Kläck-Kläck oder Kläng Kläng, von mehreren hervorgebracht wie Gelächter klingend, weshalb diese Gans im Norden auch Lachgans heißt.

Die Rothalsgans. ♀ Kleiner. Vorkommen: die Tundren Westsibiriens. Im Winter wandert sie an das Kaspische Meer und den Aralsee, verirrte Exemplare gerieten schon nach England, Holland, Frankreich Deutschland, Finnland und Ungarn. Nach den Darstellungen auf alten Grabmälern und Tempeln muß sie früher auch nach Ägypten gekommen sein. Ihre Nester fand man am

Zahnschnäbler.

Die Weißwangengans

Bránta leucópsis

branta, latinisiert von engl. brant, Bezeichnung der Wildgans. Altenglisch bedeutet brant oder brent auch glattstirnig. leucopsis, aus griech. leukós, weiß und ops Gesicht = Weißgesicht.

Die Ringelgans

Bránta bernicla bernicla

bernicla, latinisirt von barnacle, dem englischen Namen der Ringelgans.

Zahnschnäbler
tadorna, lat. der Name der Brandgans, voraussichtlich nach dem Lockruf des ♀ tatatata und griech. ornis der Vogel latinisiert, also der Vogel mit dem tad Ruf.
Blässgans
Tadorna tadorna
Die Brandgans
Rothalsgans
Branta ruficollis
brantos, latinisiert von engl. brant, Bezeichnung der Wildgans.
Altenglisch bedeutet brant oder brent auch glattstirnig.
ruficollis, aus lat. rufus rot und collis Hals.
Rothals:

(Rothalsgans) Füße von Felsen. Die 7-9 Eier sind gelblichweiß und schimmern grünlich durch (66,6 X 46). Von ihrer Lebensweise weiß man fast gar nichts. Rothalsgänse trifft man oft mit Bläßgänsen gemeinsam.

Zur Hasensuchjagd war ich Ende Oktober im Jahre 1921 nach Seehausen (Bezirk Halle eingeladen. Am frühen Vormittag stand ich in der Nähe der Jagdbude am Waldrande, es war nebeliges Wetter, der Nebel tiefer als die Baumwipfel, da wir das Frühstück einnehmen wollten, hatten wir die Waffen entladen und an die Kiefern gehängt. Ich sah plötzlich 2 Gänse am Waldrand entlang auf uns zufliegen, schnell ging ich und lud mein Gewehr es war die höchste Zeit, ich schoß zweimal hinterher eine Gans eine Bläßgans fiel, die zweite eine Rothalsgans ging schwer getroffen ab. Kurz darauf habe ich sie in einem Kartoffelfelde wo sie sich drückte erbeutet.

Es gibt noch:

Die Schneegans ca 65 cm Fl. 37-44 cm. Eine weiße Gans kommt im Winter oft über Deutschland in großen Flügen, wird selten erbeutet.

Die Kleine Bläßgans ca 55 cm. Sie nistet mit Saat- u. Bläßganz zusammen und kommt im Winter über Mittel und Südeuropa.

Die Kurzschnäbelige Gans, der Saatgans ähnlich, aber viel kleiner

Die Ägyptische Gans, Nilgans Fuchsgans wird in Parks gehalten, früher waren einige verflogene Stücke in den Rehbergen.

Die Rostgans ca 60 cm Fl 37 cm Spannweite 105-110 cm ♀ kleiner verfliegt sich manchmal nach Deutschland.

Die Brandgans ♀ viel unscheinbarer, Schnabelhöcker kleiner oder fehlend, stets viel kleiner als das ♂. Vorkommen: Britische Inseln, Skandinavien, Küsten Deutschlands, Frankreichs, Spanien, Schwarzes Meer, Kaspisches Meer, Zentalasien, Süd- und Ostsibirien. Im Winter zieht sie aus dem Norden fort und kommt bis Nordafrika. Die schöne Brand- oder Fuchsgans bewohnt unsere Meeresküsten und geht auch an salzhaltige Binnenseen. Nur zur Zugzeit findet man sie auf süßen Gewässern. Sie nistet in selbstgegrabenen Erdhöhlen, nimmt aber auch verlassene Kanninchen- Fuchs- und Dachbauten an. Die Bewohner der Küsten graben ihnen Höhlen an geeigneten Stellen, um so leicht Eier und Federn zu holen. Dort leben sie geschont fast wie Haustiere. Sie bauen aus Laub, Moos, Federn und grauweißen Dunen ihr Nest. Dieses enthält 7-12 Eier die rahmfarben, mattglänzend und glatt sind (65,8x47,3). Die Nahrung besteht aus allerlei kleinen Tieren, aber auch pflanzlichen Stoffen. Die Stimme ist ein rauhes Quaken wie: Korr oder roan. Das ♂ hat zur Paarungszeit einige schöne Pfeiflaute. Andere Namen sind: Brand-, Fuchs- und Gansente.

Zahnschnäbler
Die Stockente oder Wildente März- oder Moosente
ca 52 cm Fl.: 28 cm Spannweite 90 cm
Anas platyrhyncha anas, anatis lat. Ente.
platyrhyncha aus griech. platys, glatt und rhynchos, Schnabel
glattschnäblig. – (Sie ist die Stammform unserer Hausente.)
Die Schnatterente ca 48 cm Fl.: 27 cm Spannweite ca 84 cm
Anas strepera strepera von lat. strepere
schnattern gebildet.

<u>Die Stockente</u> auch <u>Wild-März-</u> oder <u>Moosente</u> ist die Stammform unserer Hausente.
Vorkommen: Ganz Europa und Nordwestafrika, Nord- und Mittelasien, Nordamerika. Im Norden ist sie Zugvogel, in milderen Gegenden Stand und Strichvogel. Man findet sie an allen Gewässern, die genügend still und mit Schilf bewachsen. Früher waren sie auf den Gewässern um den Berliner Dom und im Tiergarten stark vertreten. Ihr Nest bauen sie ins Schilf oder Gestrüpp des Ufers, in hohle Weiden, auf Kopfweiden und Erlen, oft sogar weit vom Ufer entfernt auf hohe Bäume, auf der Grundlage eines alten Raubvogel- oder Krähennestes. Ich habe diese Ente auf hohen Bäumen, am schrägen Abhang zur Weichsel bei Graudenz, in der Parow (Feldgehölz) hinter den Lehmbergen der Ziegelei meines Schwiegervater brüten gesehen. Der Abstand von der Weichsel war ca 50-60 m.
Die ersten Eier legt die Ente in eine Mulde ohne irgendeine Unterlage und erst beim 6. Ei beginnt sie das Nest zu bauen. Schilf, Rohrstengel, dürres Laub werden Kranzartig um den Rand der Mulde geschichtet und teilweise mit Dunenfedern durchsetzt. Ist das Gelege nahezu vollständig, so rupft sich die Ente die Dunen aus und umgibt sich damit, so daß sie einen weichen warmen Kranz um die brütende Ente bilden. Verläßt die Ente das Nest, so deckt sie das Gelege mit Dunen zu. Die 8-14 glattschaligen, glänzenden Eier sind grünlich weiß oder gelblichweiß (56,3 X 40,9). Oft findet man sie schon Ende März, bei uns meistens im April. Die Dunenjungen sind blaßgelblich mit bräunlicher Färbung über Kopf, Hals Rücken und durch die Zügel. Im Jugendkleid sind die Jungen dem ♀ ähnlich, nur etwas dunkler in der Färbung. Die Jungen lernen sehr bald, sich durch Tauchen zu retten, während die Alte durch das bekannte Lahmstellen den Feind von den Jungen wegzulocken sucht. Die Stockenten sind auf und unter dem Wasser sehr geschickt. Sie gründeln mit hochgestrecktem Bürzel im seichten Wasser. Auf dem Wasser und auf dem Boden halten sie ihren Körper wagerecht, den Hals leicht S-förmig gekrümmt. Beim Gehen watscheln sie. Sie fliegen sehr rasch gradlinig und strecken dabei den Hals geradeaus weit

nach vorn. Ihre schnellen Flügelschläge verursachen ein deutliches Pfeifen: wiwiwi, woran man sie auch noch in der Dunkelheit erkennt. Wenn ein Pärchen auffliegt ist immer das Weibchen voran. Die Nahrung besteht aus jungen Trieben der Wasserpflanzen, Früchten, Sämereien, Wasserlinsen, Würmern, Mücken, Muscheln, Fröschen, kleinen Fischen und deren Brut. Ihre Stimme ist das bekannte: wäätkwäät-wäätwäät, beim Erpel etwas tiefer: waak, waak. Früher wurden in Friesland in die sogenannten Entenkojen mit Lockenten die nach hinten immer enger und niedriger wurden die wilden Enten gelockt und zu hunderten mit Knüppeln totgeschlagen.

<u>Die Schnatterente</u>. ♀ kleiner. Das Sommerkleid des Männchens ähnelt dem des Weibchens sehr nur ist der Schnabel dunkelgrau. Vorkommen: Nord- und Mitteleuropa, Nord- und Mittelasien und Nordamerika. In Deutschland brüten sie verhältsmäßig selten. Sie ziehen im Herbst bei uns meist im Oktober und November nach dem Süden. Einige überwintern schon in Deutschland. Im April kehren sie zurück. Sie bewohnen größeren Seen und Teiche. Ihr Nest bauen sie in Schilf und Rohr, am Ufer der Gewässer, gern unter dem Schutz eines Busches oder auf grüne Inselchen. Es ist mit den schönen dunklen weißgespitzten Dunen während der Brutzeit ausgelegt mit denen das Weibchen die Eier bedeckt, wenn es ungestört das Nest verläßt. Die 8–12 Eier sind graugrünlich oder rahmgelb und haben keine Poren (55,3 x 39,7). Die Dunenjungen ähneln denen der Stockente. Die Nahrung besteht aus tierischen und pflanzlichen Stoffen. Das quäck ist höher als das der Stockente. Sie schnattert häufig: räckräckräckpiepiepiepräckräckräckpiepräck, namentlich wenn sie beieinander sind. Diese Ente ist sehr lebhaft, schnattert gern und oft und ist auch deswegen als Lockente für den Entenfang sehr beliebt. Ihrer geringen Größe wegen heißt sie bei Jägern auch Mittelente.

Zahnschnäbler
anas, anatis, lat. Ente
crecca, latinisiertes Klang-
wort nach dem Geschrei der
Krickente.
Spannweite 58 cm
Die Krickente - Ánas crécca ca 34 ♀ merklich kleiner
Im Sommerkleid ähnelt das ♂ dem ♀ bis auf den lebhafter
gefärbten Spiegel
Sommerkleid das Männchen gleicht dem des Weibchen bis auf
den Spiegel und seine Umgebung.
Ungefähr die Größe einer starken Taube.
querquedula, aus griech
kerkithalis, Krickente
Die Knäckente ca 40 cm Spw 63 cm Ánas querquédula

Die Krickente ♀ merklich kleiner. Im Sommerkleid ähnelt das ♂ dem ♀ bis auf den lebhafter gefärbten Spiegel. Vorkommen: Nord- und Mitteleuropa, Nord- und Mittelasien, In Nordamerika durch eine besondere Form vertreten. In den nördlichen Ländern ist sie Zugvogel, der in Südeuropa oder Nordafrika Winterquartier bezieht, aber schon im südwestlichen Deutschland überwintert. Zum Aufenthalt wählt sie Sümpfe und Teiche, Seen, Flußufer, wenn die Vegetation genügend Schutz bietet. Das Nest sie ins hohe Gras, unter einen Busch, auf kleine Inseln, meist nahe am Wasser, gelegentlich aber auch in ziemlicher Entfernung davon. Es ist ziemlich umfangreich und das Material dazu der Umgebung entnommen. Während der Brütezeit ist es reichlich mit Dunen ausgelegt. Die 8-12 glattschaligen Eier sind gelblich bis bräunlich mit einem grünen Anflug (44,7 x 32,7). Die Dunenjungen gleichen, bis auf die bräunlicheren Kopfseiten, denen der Stockente. Diese schöne Ente ist zutraulich und weniger scheu als die meisten anderen. Im Gehen, Stehen und Schwimmen hält sie ihren Körper wagerecht, den S-förmig gekrümmten Hals leicht angezogen, bei Verfolgung oft ganz auf den Körper niedergedrückt. Das Kopfgefieder trägt sie locker, so daß sie sich in der Ferne durch den dicken Kopf von der Knäckente unterscheidet. Ihr Flug ist völlig geräuschlos und sehr schnell. Sie kann vorzüglich tauchen, macht aber von dieser Fertigkeit nur in der Not oder im Spiel Gebrauch. Wenn sie verfolgt den Kopf nur bis zu den Augen aus dem Wasser herausstreckt, ist sie schwer zu entdecken. Ihre Nahrung besteht aus Wasserlinsen und anderen Wasserpflanzen, Sämereien und allerhand Wasserinsekten, Würmern und Stechmückenlarven. Ihre Stimme ist ein hohes schnarendes quäck, knäckknäck. Zur Paarungszeit hört man ein sanftes krück oder krlück.

Die Knäckente. Ungefähr die Größe einer starken Taube. Das Sommerkleid des Männchens gleicht dem des Weibchens bis auf den Spiegel und seine Umgebung, der auch hier wie im Prachtkleid ist. Vorkommen: Nord- und Mitteleuropa, Nordasien. Im Norden geht sie in Europa nicht so weit wie die Krickente, etwa nur bis zum 60. Grad. In Deutschland ist sie viel häufiger als die Krickente. Sie zieht Ende August und im September weg, und überwintert in Afrika. Im März und April kehrt sie zurück. Sie nistet an zusagenden Plätzen ihres Aufenthaltortes, im Schilf eines Teiches, im Ufergestrüpp, oft auch in Wiesen, sogar weit weg vom Wasser, sogar in Getreidefeldern oder auf dem Waldboden. Das Nest ist bisweilen von oben durch Pflanzen bedeckt und aus Stoffen der Umgebung gebaut. Zur Brutzeit ist es mit dunklen weißspitzigen Dunen ausgelegt. Die 9-12 schwachglänzenden Eier sind rahmgelb und sehen denen der Krickente ziemlich ähnlich, haben aber keinen grünlichen Anflug (45 X 32,9). Die Dunenjungen sind blaßgelblich und ähnlich gezeichnet wie die der Krickente, unten etwas mehr gelbgrau. Füße und Schnäbel sind dunkler als bei den Jungen der Stockente. Die Pärchen bekunden eine große Anhänglichkeit aneinander. Im Gang in der Haltung ähneln sie der Krickente, jedoch erscheint der Kopf von ferne nicht so dick. Sie fliegen ganz hervorragend, ebenfalls ohne jedes Geräusch der Flügel. Selbst dem Falken vermögen sie durch rasche Wendungen zu entgehen und übertreffen hierin fast die Tauben. Ihre Nahrung besteht aus Pflanzenstoffen wie bei den andern, jedoch scheint diese Ente tierische Nahrung bei weitem vorzuziehen. Ihre Stimme ist quäck, außerdem ein schnarrendes Klerrb, das man durch eine Holzrätsche nachmachen kann.

Zahnschnäbler
Die Pfeifente ca 50 cm Spannweite 85 cm ♀ kleiner
Anas penélope
penelope Nach Penelope
Gemahlin des Odysseus
die von ihren Eltern nach
anas, anatis lat. Ente.
einem Orakelspruch ins Meer geworfen, aber von Enten wieder
herausgezogen wurde
Anas acúta
Die Spießente ca 55-65 cm Spannweite 80-90 cm
Die kleineren Maße gelten für die ♀ ♂ im Sommerkleid
dem ♀ ähnlich bis auf den Spiegel
acutus, a, um, lat. spitz. Bei anas acuta mit Bezug
auf die Schwanzbildung, die ihr den Namen Spießente gab.

Die Pfeifente. ♀ kleiner. Vorkommen: Nordeuropa, herunter bis Ostpreußen und Mecklenburg, Schottland, Nordasien. Im Winter in Mittel- und Südeuropa, in Afrika, Südasien mit den Inseln. Vom September ab bis tief in den Dezember hinein ist sie in Deutschland allenthalben auf dem Zuge anzutreffen, je nach der Witterung. Im März und April zieht sie wieder zurück. Sie ist eine echte Süßwasserente und hält sich nur sehr vorübergehend auf dem Zuge im salzigen oder brackigen Wasser auf. Große Sümpfe, Teiche und Binnenseen dienen ihr als Aufenthalt. Im Schutze von Büschen oder im dichten Grase bauen sie ihr Nest aus Schilf und Gras. Es ist während der Brütezeit mit grauen Dunen ausgelegt. Die 8-10 Eier findet man im Mai oder Juni. Sie sind gelblich bis bräunlichweiß, sehr glattschalig und besitzen keinen grünlichen Anflug (54,7 x 38,7). Die Dunenjungen sind oben olivgrün mit rötlichem Schimmer, unten gelbweiß. Auf dem Kopf ein dunkelbrauner Längsstreifen, auf dem Rücken zwei hellere Flecken. Im Jugendkleid ähneln sie sehr den alten ♀ und legen schon in den Wintermonaten das Prachtkleid an. Im Sommerkleid behalten die meisten ♂ noch einige Federn aus dem Prachtkleid, von dem sie auch die Flügel beibehalten, so daß sie auch hierin schöner erscheinen als viele andere Enten. Schon im September wird dann das Prachtkleid wieder angelegt. Diese schöne Ente hat einen sehr schnellen, leichten geräuschlosen Flug. Sie ernährt sich hauptsächlich von pflanzlicher Kost, obwohl sie gelegentlich Krebstiere, Weichtiere, Insekten und deren Larven aufnimmt. Ihren Namen tragen sie mit vollem Recht, denn man hört von ihnen ein hohes Pfeifen, das wie: wibwü, wibwi, wiwii klingt und durch einen leisen nur in der Nähe vernehmlichen schnurrenden Laut beendet wird. Sonst hört man, besonders von den ♀ noch ein schnarrendes: charr.

Die Spießente. ♂ im Sommerkleid dem ♀ ähnlich, bis auf den Spiegel der so ist wie im Prachtkleid. Vorkommen: Europa und Asien, am häufigsten zwischen dem 50. und 70. Grad. Sie brütet auch noch weiter südlich so in Südfrankreich und Spanien. In Nordamerika eine nahe verwandte Form. In Deutschland brütet sie seltener als die Stockente. Sie liebt zum Aufenthalt freie Wasserflächen, Teiche, schilfreiche Seen, Flußmündungen und treibt sich auch gern auf der See herum. Zur Zugzeit ist sie an der Nordsee sehr häufig. Torfstiche und Wassergräben besucht sie ebenfalls gern. Ihr Nest baut sie meist aufs Trockene wie die Stockente, unter einem Busch oder ins dichte Gras. Zur Brutzeit ist es mit rauchbraunen Dunen ausgelegt. Die Brütezeit schwankt von Ende April bei uns bis zum Juni im hohen Norden. Die 7–10 Eier sind gelblich, bräunlichgrün oder grünlichgrau und sehr glattschalig (54,1 X 38,2). Die Dunenjungen sind stets heller als die der Stockente. Im Jugendkleid ähneln sie dem alten ♀ sind aber unterseits gefleckt. Diese schöne Ente ist schon von fern durch den langen Hals kenntlich, der sowohl auf dem Wasser als auch auf dem Lande auffällt. Auch die schlanke Gestalt verrät sie weithin. Ihr Flug ist schnell und nur von einem leisen Rauschen begleitet. Sie hält dabei den Kopf hoch. Sie schwimmt gewandt, gründelt sehr ausdauernd und taucht länger als die andern. Sie ist ziemlich scheu und läßt nur wenig ihre Stimme erschallen, die etwas höher als das „paak" der Stockente ist. Sonst hört man noch ein sanftes Krük das von 2 schnurrenden Tönen umrahmt und nur in der Nähe vernehmbar ist. Ihre Nahrung entnimmt sie hauptsächlich dem Tierreich, ohne pflanzliche Kost ganz zu verschmähen.

Die Löffelente ca 48 cm Fl 25 cm Spannweite 80 cm ♀ Kleiner
Im Sommerkleid ähnelt das ♂ sehr dem ♀
Spátula clypeata

Die Kolbenente ca 55 cm Fl 27 cm Spannweite 90 cm ♀ kleiner
Sommerkleid. Des ♂ etwas lebhafter gefärbt als das ♀.
Nĕtta rufina.
netta, griech. nēta = Ente. rufinus, a, um, lat. rötlich.

Die Löffelente. ♀ Kleiner. Im Sommerkleid ähnelt das ♂ sehr dem ♀ ist aber an der Größe und an dem schöneren Flügel und Spiegel zu erkennen. Vorkommen: Europa und Asien, der äußerste Norden und Süden ausgenommen. Ihr Zug beginnt schon Ende ~~April~~ August. Ende März oder Anfang April kehrt sie zurück. In Deutschland ist sie allenthalben Brutvogel, besonders im Norden. Sie bevorzugt zur Brutzeit Süßwasser, sonst aber ist sie auch auf dem Meere anzutreffen. Im Schilf und Rohr von stehenden Gewässern, oft auch auf Feldern baut sie ihr Nest, das sie zur Brutzeit mit hellgefleckten Dunen auslegt. Die 8-12 Eier findet man schon oft im April, im höheren Norden auch oft erst im Juni. Sie sind sehr glatt, rostgelblich, graugelblich oder blaßgrünlichgrau (52,9 x 37,1). Die Dunenjungen ähneln etwas denen der Stockente, sind aber oben viel dunkler. Auf dem Rücken haben sie zwei fast weißliche Flecken. Das Jugendkleid ähnelt dem des alten ♀, nur ist die Unterseite ganz gefleckt. Die Löffelente ist ihrer Schnabelbildung nach darauf angewiesen, Schlamm und Wasser auf Genießbares durchzuseihen. Die tierische Nahrung überwiegt. Insektenlarven Würmer, kleine Krebstiere, kleine Schnecken, Laich bilden ihre Hauptnahrung. Auch fliegende Insekten fängt sie geschickt vom Wasser aus. Pflanzennahrung verschmäht sie auch nicht und verzehrt gern Wasserlinsen. Beim Flug hört man von diesen Enten ein pfeifendes Geräusch: wichwichwich, tiefer und leiser als bei der Stockente. Mit hörbarem Geplätscher fallen sie auf dem Wasser ein. Sie sind nicht sehr scheu, halten sich bei den Gesellschaften von Enten meist etwas abseits. Die Stimme ist ein leises heiseres: chad, sonst das entenartige: waak oder woak.

Die Kolbenente. ♀ Kleiner. Sommerkleid des ♂ etwas lebhafter gefärbt als das ♀. Vorkommen: Mittelmeerländer und entsprechende Teile von Asien. In Mitteleuropa nur selten und ausnahmsweise brütend, so am Bodensee, an den Schweizer und an einigen norddeutschen Seen. Öfter nach Norden verflogen. Die Zugzeit ist der März und April, sowie der Oktober und November. Sie überwintern in Südeuropa, Nordafrika, Südasien, oft auch zahlreich am Bodensee. Diese Ente bewohnt vornehmlich Teiche und Landseen. Im Röhricht und Schilf baut sie ihr Nest. Dieses ist ziemlich umfangreich und hoch und ragt so aus dem Sumpf heraus. Es enthält 6-10 Eier, die erst im Mai und Juni zu finden sind. Sie sind graugelblich oder gelblichweiß (58,3 X 41,8). Die Dunenjungen sind oben dunkel grünlichbraun, unten graugelblich weiß. Am Rücken und Unterrücken je 2 weiße Flecken. Durch das Auge ein dunkelbrauner Strich. Das Jugendkleid ähnelt dem des alten ♀ der Schnabel ist schmutzig rötlich, am Grunde etwas schwarz. Diese Ente hat noch am meisten Ähnlichkeit mit der Tafelente. Aber der rote Schnabel und die lichte Farbe des Kopfes unterscheiden sie sofort. Im rauschenden Fluge erkennt man sie an dem ausgebreiteten Weiß der Flügel, das stark hervortritt. Wenn sie in kleineren oder größeren Flügen zusammen ist, zeigt sie sich sehr flüchtig und scheu. Bisweilen verirren sich einzelne Exemplare auf ein kleines Wasser und diese sind dann merkwürdig zutraulich. Ihre Nahrung nimmt sie größenteils aus dem Pflanzenreich. Ihre Stimme ist ein schnarrender und knarrender Ton der eher an eine Saatkrähe als an eine Ente erinnert.

Die Ruder- oder Blauschnabelente kommt auch gelegentlich am Rhein und am Bodensee vor.

Zahnschnäbler
ferina, von lat. ferus Wildpret
als Wildpret geeignet.
Die Tafelente ca 45 cm Spannweite 75 cm
Nyroca ferina
nyroca, lat. russisches Wort, zu russ. nüirjatj, untertauchen,
also = Taucherin.
Moorente ca 40 cm Spannweite 65 cm
Nyroca nyroca s. oben.

Die Tafelente. ♀ Kleiner. Das Sommerkleid des ♂ ähnelt dem des ♀ ist aber lebhafter gefärbt und stellt beinahe eine Mittelfärbung zwischen beiden Kleidern dar. Vorkommen: Von England an das gemäßigte Europa und Asien. Aber auch noch Südeuropa und Nordafrika. In Nordamerika eine sehr ähnliche Form. In Deutschland brütet sie an allen möglichen ihr zusagenden Plätzen, aber meist vereinzelt. Sie überwintert schon am Bodensee und an den Schweizer Seen. Bei starker Kälte geht sie weiter südlich. Sie lebt meist gesellig oft sogar trifft man große Scharen zusammen an. Schilfreiche Seen und Teiche mit großen Wasserflächen bilden ihren Lieblingsaufenthalt. Im Schilf, am Rande des Wassers legen sie ihr Nest an.. Es ist während der Brutzeit mit dunkelbraunen Dunen ausgelegt. Die 6-11 Eier sind glatt, schwach glänzend, grünlichgrau (61,4-43,8). Die Dunenjungen sind oben olivenbraun, unten weißlichgelb. Im Jugendkleid ähneln sie den alten ♀ nur ist die Oberseite etwas mehr rostbräunlich. Diese Tauchente schwimmt ziemlich tief eingesenkt. Sie taucht nach ihrer Nahrung, die in der Hauptsache pflanzlichen Ursprungs ist. Im Winter gehen sie auch an Weichtiere und Kleine Fische. Ihr Flug ist schnell und erzeugt ein deutliches Rauschen. Vor dem Auffliegen von der Wasserfläche nehmen sie einen Anlauf, indem sie mit den Füßen das Wasser schlagen. Auch das Herablassen aufs Wasser geschieht mit schwerfälligem Flattern. Die Stimme ist tief schnarrend und klingt wie: charr charr oder chörr, chörr, chörr. Das übliche Quacken der anderen Enten fehlt ihr.

Die Moorente. ♀ Kleiner. Das Sommerkleid des ♂ ähnelt dem des alten ♀, ist aber etwas schöner, also wieder gewissermaßen eine Zwischenstufe zwischen dem Prachtkleid des ♂ und dem Kleid des ♀. Vorkommen: Nordwestafrika, Süd- und Mitteleuropa,

(Moorente) Südrußland, Teile des westlichen Asiens, nordöstliches Deutschland. Im September scharen sie sich zusammen, um uns meist im Oktober zu verlassen. Ende März kehren sie wieder zurück. Einige Familien überwintern auch am Bodensee, oft mitten unter den Bläßhühnern, und am Oberrhein. Sie hält sich gern auf Binnenseen auf und bewohnt auch stille kleine Gewässer. Am Rande des Wassers, auf kleinen Inseln im Schilf u. dgl. auf Graskufen im Sumpfe bauen sie ihr ziemlich umfangreiches Nest aus Gras, Rohr und Schilf u.s.w. Die ziemlich tiefe Nestmulde ist mit dunkelbraunen Dunen ausgelegt. Die 8–14 Eier findet man meist erst im Mai. Sie sind gelblich- bis bräunlichgrün, glatt, schwach glänzend und haben im frischen Zustand einen grünlichen Schimmer (52,3 x 38,2). Die Dunenjungen sind oben dunkelbraun, unten bräunlichgelb. Auf dem Rücken haben sie zwei hellere Flecken, wie ~~alle~~ viele andere Entendunenjunge. Das Jugendkleid ist etwas dunkler wie das der alten ♀. Diese Tauchente ist wenig scheu und läßt den Jäger oft nahe herankommen. Ihr Flug ist leicht rauschend und macht einen etwas beschwerlichen Eindruck. Ihre Nahrung holt sie sich gewöhnlich aus der Tiefe. Sie wird in der Hauptsache dem Pflanzenreich entnommen, obwohl auch bisweilen tierische Nahrung genossen wird. Ihre Stimme ist ein lautes schnarrendes: Körrr, Körrr Körrr oder ein kräkräkrä. Mit der Tafelente bildet die Moorente auch in der Freiheit Bastarde. Die Moorente heißt auch Weißaugenente.

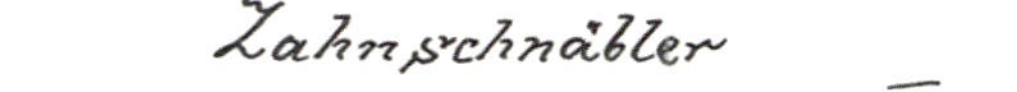

Zahnschnäbler

Die Reiherente ca 42 cm Spannweite 73 cm
♀ bedeutend kleiner
Nýroca fuligula   nyrosa, s. bei Tafelente.
fuligula von lat. fuligo Ruß, die rußfarbige.

Die Schellente ca 43 cm Spannweite 75 cm
♀ ganz erheblich kleiner
Bucéphala clángula

bucephala von griech. bous Rind und kephale Kopf = Rindskopf mit Rücksicht auf den dicken Kopf der Schellente.
clangula, von lat. clangere, klingeln, schellen nach dem Geschrei der Ente.

Die Reiherente. ♀ bedeutend kleiner. Im Sommerkleide ähnelt das ♂ dem alten ♀ bis auf die Rückenfedern, die anscheinend vom Prachtgefieder noch stehen bleiben. Vorkommen: bis zum 70 Grad und in gleicher Breite auch in großen Teilen Asiens. In Mittel- und Norddeutschland ist sie Brutvogel, besonders häufig in West- und Ostpreußen, aber auch gelegentlich an anderen Plätzen. In ihren nördlichen Gebieten ist sie Zugvogel und begibt sich ins Mittelmeergebiet, nach Afrika, Südasien und den Sundainseln. Ihr Zug findet meist des Nachts statt. Zum Aufenthalt wählt sie stehende Wasser, Teiche, Seen oft auch ganz kleine Gewässer in der Nähe von Ortschaften, besonders auf dem Zuge. Nur wenn das Eis sie zwingt, geht sie auch aufs Meer oder auf die Ströme. Sie brütet im Rohr, im hohen Gras, auf kleinen Inselchen, unter einem Weidenbusch, meist nahe am Wasser, oft nahe beisammen wie in einer Kolonie. Die kleine Nestmulde ist nur spärlich mit Gras und Schilfblättern ausgelegt und während der Brutzeit mit dunkelbraunen Dunen ausgepolstert. Die 8-12 Eier sind wenig glänzend, graugrün oder auch gelb bräunlich (59x40,8). Die Dunenjungen sind oben grünlich dunkelbraun, unten gelblich weiß, auf Stirn und Rückseite je ein heller Fleck. Im Jugendkleid ähneln sie dem alten ♀ nur ist die Blässe an der Stirn deutlicher und reiner weiß. Die Ente lebt meist sehr gesellig, ist aber wegen ihrer nächtlichen Lebensweise und ihrer Neigung, bei Verfolgung erst tauchend oder schwimmend zu entkommen leicht zu übersehen. Ihr Federbusch und die dunkle Oberseite machen sie weithin kenntlich. Im Flug läßt sie ein lautes Rauschen hören, woran man sie in der Nacht erkennt. Ihre Stimme ist laut knarrend: Karr, Karrkarr, oder Körr, Körr. Im Frühjahr hört man vom ♂ noch ein Pfeifen aber nicht so angenehm klingend wie das der Pfeifente. Sie bevorzugt tierische Nahrung.

Die Schellente, ♀ ganz erheblich Kleiner. Im Sommerkleid gleicht das ♂ nur in bezug auf die Kopffärbung dem alten ♀. Die Rückenfärbung bleibt wie im Prachtkleid. Vorkommen: Der Norden der alten und neuen Welt, hinauf bis zur Grenze der Nadelwälder. Die nordamerikanische Form ist etwas größer. In Norddeutschland brütet sie regelmäßig, ebenso an anderen Plätzen Mitteleuropas. Auf dem Zug Kommt sie in großer Menge an die Küsten und Seen Mitteleuropas, nach Südeuropa, Nordindien, Japan, China und Mittelamerika. Sie nistet in Baumhöhlen und hält sich daher auch zur Brutzeit in der Nähe von Wäldern auf. Verlassene Spechthöhlen nimmt sie gern an, je höher desto lieber. In nördlichen Gegenden ~~hängt~~ hängt man ihr künstliche Nisthöhlen hin, um ihre Eier zu holen. Diese legt sie ohne jede Unterlage in die Höhle, die sie dann während der Brutzeit mit weißgrauen Dunen auspolstert. Die frischen Eier sind blaugrün, glattschalig und fast glanzlos (59,2 × 42,6). Die Dunenjungen haben Ähnlichkeit mit denen der Stockente, sind aber unterseits weiß. Im Jugendkleid sehen sie dem alten ♀ ähnlich, doch erscheinen sie am Kropf fast ganz weiß. ♂ und ♀ sind schon im Jugendkleid an dem Größenunterschied zu erkennen. Die Schellenten tauchen so gut wie die Taucher. Von fern sind sie an den weißen Flecken an ihrem dicken Kopf Kenntlich. Zur Balzeit biegen die ♂ den hochaufgerichteten Hals plötzlich auf den Rücken zurück und stoßen ein schrilles, hohes: Knirr aus. Ihr Flug ist schnell, von eigentümlichen Geräusch begleitet. Es Klingt so, wie wenn man Kleine Schellen in der hohlen Hand schüttelt. (Name) Außerdem hört man noch ein Krähenähnliches Kraah und ein: packpackpack. Ihre Nahrung ist hauptsächlich aus dem Tierreich entnommen. Sie frißt aber auch Samen und Knospen von Wasserpflanzen. Sie paart sich gelegentlich mit dem Zwergsäger.

Zahnschnäbler

Die Eisente ca 40–55 cm Fl: 23 cm
Spannweite 70–75 cm
Clángula hyemalis
clangula von lat. clangere, klingeln, schellen, nach dem Geschrei der Ente.
hyemalis, hiemalis, von lat. hiems, der Winter = die winterliche

Die Sammetente ca 53 cm Fl 28 cm
Spannweite 95 cm.
Oidémia fusca fusca.
Oidemia s. Trauerente.
fuscus, a, um, lat. schwarzbraun.

Zahnschnäbler.

Die Trauerente ca 50 cm
Fl. 24 cm Spannweite: 85 cm
Oidémia nigra nigra

oidemia, von griech. oidema, Geschwulst, von der Samtente mit Rücksicht auf den Schnabelhöcker.
niger, gra, grum, lat. schwarz

Die Kragenente. ca 40 cm
Fl. 20 cm Spannweite: 65 cm
Histriónicus histrionicus

histrionicus, von lat. histrio, der Schauspieler; die Kragenente, so benannt nach dem buntfarbigen Kleid.

Die Eisente. Schwanz des ♂ oft bis 22 cm. Das Sommerkleid des ♂ ist an Kopf, Hals und Vorderrücken braun, über und hinter dem Auge ein weißer Streif, sonst fast wie im Prachtkleide. Vorkommen: Der Norden der alten und neuen Welt. Sie geht von den Enten am weitesten nördlich. Auf dem Zuge überall in Mitteleuropa und in den entsprechenden Breiten Asiens und Amerika. — Diese und andere nördliche Enten wurden oft am Groß-Wischstädter See ehemalige Grenze mit Rußland von Hegemeister Rögler (Forsthaus Quäicken [Romintener Heide] Ostpreussen erbeutet. Der Genannte ein Onkel meines Schwagers hatte auch s.Zt. auf einer Jagdausstellung am Funkturm, das beste Hirschgeweih (in freier Wildbahn erbeutet) ausgestellt. — Ihr Nest baut sie zwischen Grasbüschel, ins Schilf oder unter Büsche in der Nähe des Meeres oder von Binnenseen. Die Nestmulde ist spärlich ausgelegt und enthält während der Brutzeit reichlich dunkelbraune Dunen. Die 5-8 Eier sind frisch hellgrüngrau, blaugrün oder bräunlich und glänzend (53,3 X 38). Die Dunenjungen sind oben, seitlich am Kropf dunkelbraun, sonst grünlichweiß. In der Augengegend weißliche Flecken. Im Jugendkleid ähneln sie dem alten ♀. Diese schöne Ente taucht oft sehr tief nach ihrer Nahrung, die hauptsächlich in Seemuscheln besteht. Während der Brutzeit geht sie auch an pflanzliche Kost. Die Stimme ist das entenübliche: wackwackwack, die ♂ verfügen, besonders zur Brutzeit, aber auch schon an schönen Spätwintertagen über ein klangvolles: a-a-a-aulik.

Die Sammetente. ♀ Kleiner. Im Sommerkleid sieht das ♂ dem ♀ ähnlich, bis auf den dunkleren Rücken der anscheinend noch vom Prachtkleid bleibt. Vorkommen: Der Norden von Europa und Westasien, östlich davon und im nördlichen Amerika verwandte Formen. Zur Zugzeit in Mitteleuropa, Südeuropa und Nordafrika. An die Nordseeküste kommt sie im Herbst oft in großen Scharen um zu überwintern. Nur wenige bleiben dort zur Brut zurück, wie z.B. auf Hiddensee, Aalandinseln u.a.O. Die 6-10 braungelblichweißen Eier sind glatt und feinkörnig (71,7 X 48,2). Nahrung wie bei voriger. Stimme ein krähenartiges tiefes Kraah.

Die Trauerente. ♀ kleiner. Das Sommerkleid des ♂ ist wenig von dem Prachtkleid unterschieden. Es hat nur am Kopf und Hals einige braune Federn. Vorkommen: Der Norden von Europa und Asien. In Amerika eine verwandte Form. In Europa geht sie als Brutvogel herunter bis Schottland, Irland, mittleres Skandinavien und Finnland. Im Winter auf der Nordsee häufig, kommt gelegentlich bis Nordafrika. Sie verläßt das Meer nur zur Brutzeit, die sie an Binnenseen zubringt. Das Nest steht zwischen Gras und Geröll, unter Büschen, oft weit weg vom Wasser. Die Nestmulde ist mit dunkelbraunen Dunen ausgepolstert. Die 5–8 Eier sind glattschalig, schwach glänzend, hell rahmfarben (65,3 × 46). Die Dunenjungen sind oben dunkelbraun, unten viel heller, mit dunkelbraunem Kropfband. Im Jugendkleid ähneln sie den alten ♀, nur ist die Unterseite viel heller. Außer einem rabenähnlichen knarrenden Ton („Rabenente") verfügt sie noch über einen angenehmen Paarungsruf: „skrück kick", eine große Terz, an Glockenton erinnernd.

Die Kragenente. ♀ kleiner. Das Sommerkleid des ♂ ist frei von allen schönen weißen und roten Farben und mit Ausnahme der Flügel meist nur bräunlich oder gräulich. Das eigentliche Sommerkleid wird oft nur wenige Wochen getragen. Vorkommen: Der Norden der alten und neuen Welt. Auch in strengen Wintern geht sie nicht weit südlich und kommt nur gelegentlich an den Rhein, den Bodensee und die Schweizer Seen. In ihrer nordischen Heimat brüten sie gern in der Nähe strömender Flüsse auf steinigen Inselchen, unter Büschen oder in Bodenvertiefungen. Die 5–11 gelblichweißen Eier liegen in einem starken grauen Dunenpolster (57,6 × 41,5). Diese „Stromente" taucht nach Muscheln, Insekten u. dgl. Sie erinnert in ihrem Betragen an die Schellente.

Zahnschnäbler.

Die Eiderente ca 55-60 cm Fl ca 30 cm Spannweite 100-110 cm

Somatéria mollissima mollissima

Somateria, von griech. soma der Körper und erion Wolle = Wollkörper
Die Eiderente, sogenannt nach der Verwendung und Ausnutzung ihres Gefieders.

Zahnschnäbler.

Spannweite 85–95 cm

Der große Säger. ca 70 cm Fl 29 cm

Mérgus mergánser mergánser

mergus, lat. der Taucher mergánser, aus lat mergus Taucher und anser Gans = Tauchgans.

Der mittlere Säger.

Mérgus serrátor

serrator zu lat. serra, die Säge, der Säger.

Die Eiderente. ♀ stets kleiner. Das Sommerkleid des ♂ ist auffallend dunkel gegenüber dem Kleid des alten ♀ Flügel und Schwanz aber wie im Prachtkleid, Bauch und Bürzel schwarz. Vorkommen: mit ihren Verwandten bewohnt sie den Norden der alten und neuen Welt. Unsere Form brütet noch südlich bis zu den westfriesischen Inseln, auf Bornholm, Sylt, in der nördlichen Ostsee. Im Winter ist sie an den Küsten der Nordsee und von Westfrankreich regelmäßig und häufig. Aber auch ins Innere Deutschlands wird sie oft verschlagen, so am Rhein, Bodensee und an anderen Orten. Sie bewohnt fast ausschließlich das offene Meer und kommt nur ganz ausnahmsweise auf Binnengewässer. Ihr Nest legt sie in der Nähe des Meeres an, auf kleinen Inseln, in ausgeworfenem Tang, unter Felsen oder auch frei. Die Mulde wird mit Gras oder Tang ausgelegt und mit hellgraubraunen Dunen dicht ausgepolstert. Meist brüten sie kolonieweise. In manchen Gegenden schont man die Nistplätze und nimmt die Dunen und auch noch die ersten Eier weg, worauf Nachgelege gemacht werden. Die Anzahl der Eier variiert von 4–9. Oft legen auch 2 ♀ in ein Nest und brüten friedlich gemeinsam oder abwechselnd. Die olivengrünen oder grünlichgrauen Eier sind glatt und schwachglänzend (77,9 x 52,2). Die Dunenjungen sind oben braun, unten weißlichbraun, am Bauch etwas dunkler. An den Kopfseiten ein heller Strich. Im Jugendkleid ähneln sie dem alten ♀ sind aber dunkler, besonders die jungen ♂. Das Meer spendet ihnen Nahrung, die hauptsächlich aus Muscheln und anderen Meertieren besteht. Die Stimme des ♂ ist uh, uh, ah, ah, die des ♀ korr oder krrkrrkrr. Die ♀ ziehen ihre Jungen allein auf, führen sie bald aufs Meer und vereinigen sich dann später samt den Jungen mit den großen Scharen von ♂. Sie sind scheu, mit Ausnahme der halbgezähmten geschonten Enten, deren wirtschaftliche Bedeutung im Norden sehr groß ist.

Der große Säger: ♀ erheblich kleiner. Im Sommerkleid ähnelt das ♂ abgesehen von den sich gleichbleibenden Flügeln, dem alten ♀ mit rotbraunem Kopf und aschgrauer Oberseite. Vorkommen: Island, Skandinavien, Nordrußland, Norddeutschland, Bayern, Schweizer Seen, Bosnien und Teile von Asien. Auf dem Zuge und im Winter an der Nord- und Ostseeküste, an Flüssen und Seen Mittel- und Südeuropas, Mittel- und Südasiens. Flüsse und Binnenseen mit nahen Wäldern bevorzugt er. Baumhöhlen, Felsenhöhlen, tiefe Mulden zwischen Felsen und Steinen mit weißlichgrauen Dunen ausgepolstert, beherbergen die 7-12 weißlichgelben bis rahmfarbenen glatten Eier (68,3 x 47,2). Die Dunenjungen sind oben dunkelbraun, an Kopf und Hals rostbraun. Unten weiß, ebensolche Flecken an Flügeln und Körperseiten und neben dem Bürzel. (Schwanzwurzel) Das Jugendkleid ähnelt sehr dem alten ♀. Tauchend erbeuten sie ihre Nahrung. Oft fischen sie gemeinschaftlich. Die Stimme ist ein Knarr oder Körrkörr.

Der mittlere Säger: ♀ viel kleiner. Das Sommerkleid des ♂ ähnelt bis auf die Flügel dem an Kopf und Rücken bräunlichen alten ♀. Vorkommen: Norden von Europa bis in die Breite von Norddeutschland. In Asien und Amerika in entsprechender Breite. Im Winter ist er in Mittel- und Südeuropa und Nordafrika. Dieser langschnäbelige Säger baut ein kunstloses Nest unter dem Schutz eines Busches, oder einer Bodensenkung, oft weit vom Wasser entfernt. Das ♀ begibt sich stets zu Fuß vom Nest aufs Wasser. Die 7-10 Eier sind graubräunlich oder olivenbräunlich (65,3 x 44,7). Sie brüten gern nahe beieinander. Die Dunenjungen ähneln denen des großen Sägers. Bei ihrem entenartigen Flug lassen sie ein zischendes Pfeifen hören. Sie schwimmen tief eingetaucht. Fische, besonders Aale, sind ihre Nahrung. Ihre Stimme ist ein lautschnarrendes: Körr.

Ruderfüßler

phalacrocorax, aus griech. phalakrós, Kahlkopf
und korax, Rabe = Kahlkopf
carbo lat. Kohle. Wegen der dunklen Farbe des
Kormorans, subcormoranus aus lat. sub, unter
und cormoranus dem Kormoran untergeordnet
(Fartöne dunkler)

Der gemeine Kormoran ca 75-80 cm
Spannweite 125-140 cm
Phalacrocórax carbo subcormoránus (Brehm)

Die Krähenscharbe ca 66 cm
Spannweite 100-108 cm
Phalacrocórax gráculus
graculus, lat. die Dohle.

Der gemeine Kormoran ♀ kleiner. Die Schmuckfedern im Nacken und an den Weichen sind nur über Winter vorhanden und verlieren sich schon wieder im April und Mai. Vorkommen: Mittel- und Südeuropa, Mittel- und Ostasien. Verwandte Formen im Norden der alten und neuen Welt, in Marokko, Südasien, Australien und auf einigen Inseln. Er ist Stand- und Strichvogel. Er nistet meist auf Bäumen, einige auch an den steilen Felsen des Meeres. Auf hohen Bäumen, in der Nähe von Flüssen oder Landseen bauen sie aus Prügeln, Reisig, Schilf, Gras u. dgl. ihr Nest. Sie nehmen gern Krähen- und Reiherhorste als Unterlage. Die Nester sind innen meist naß und sehr schmutzig. Die 4 Eier sind eigentlich hellblau, aber mit einem dicken Überzug überdeckt, der sie schwach grünlichweiß erscheinen läßt (62,8 X 39,3). Man findet sie vn April bis zum Juni. Beide Alten brüten abwechselnd 4 Wochen lang. Die erst ganz nackten Jungen bekommen bald ein dichtes braunschwarzes Dunenkleid bis auf die nackten Stellen an Gesicht und Kehle. Das Jugendkleid unterscheidet sich von dem der Alten durch die weiße Unterseite und die mehr braungraue glanzlose Oberseite. Erst im 3 Jahr ist das Alterskleid fertig. Die Kormorane sind große Fischräuber. Mit angelegten Flügeln rudern sie unter Wasser, nur mit den Füßen schlagend, pfeilschnell den flinken Fischen nach und fangen sie mit großer Sicherheit. Es wurde auch schon beobachtet, daß sie fast ganz untergetaucht dicht unter der Oberfläche Schwalben auflauerten und diese im Vorbeifliegen schnappten und verzehrten. Sie können ganz beliebig tief eingetaucht schwimmen, bei Gefahr so, daß nur der Kopf bis zu den Augen vorschaut. Ihr Gang ist watschelnd. Sie sitzen oft auf den Schwanz gestützt, fast senkrecht da. Auf den dicken Ästen der Bäume vermögen sie sich mit ihren Ruderfüßen gut festzuhalten. Sie breiten ihre nassen Flügel aus, um sie zu trocknen. Ihre Stimme ist ein rabenartiges: Krah.
In China richtet man die dortigen Kormorane zum Fischfang ab. Man züchtet sie sogar in Gefangenschaft zu diesem Zweck. Durch einen um den Hals gelegten Ring verhindert man sie

(Kormorane) am Schlucken des erbeuteten Fisches, den sie dann herbeibringen und sich abnehmen lassen. Gefüttert werden sie zu Hause.

<u>Die Krähenscharbe.</u> ♀ Kleiner. Vorkommen: Island, Nordeuropa, Britische Inseln, Westküste von Frankreich, Portugal und Spanien, gelegentlich auch an der deutschen Nordseeküste und Helgoland. Sie ist Stand- und Strichvogel und bewohnt meist nur die Meere, nur sehr selten Binnengewässer. Sie nistet in Kolonien an steilen Felswänden, nie auf Bäumen, oft mitten in einer anderen Seevogelkolonie, 40-50 m über dem Meeresspiegel. Das umfangreiche Nest ist, wie beim gemeinen Kormoran, innen stets naß und samt der Umgebung stark verschmutzt. Auch halbverfaulte Fische, die dort herumliegen, erhöhen nicht die Annehmlichkeit einer solchen Kolonie. Die 3-6 Eier findet man von März bis Juni. Sie sind denen des gemeinen Kormorans sehr ähnlich (63,7 x 38,4). Ebenso die Nestjungen. Im Jugendkleid ist Kinn und Kehle weiß, die Mitte der Unterseite weißlich, die Oberseite dunkelbraun. Auf dem Meere spielt die Fischnahrung dieser Vögel keine Rolle, während der gemeine Kormoran an den Binnenseen Schaden anrichtet.

<u>Die Zwergscharbe</u> ca 50-55 cm Fl 20 cm Spannweite 75-80 cm
Vorkommen: Südosteuropa, Kleinasien bis Persien und Algerien. Sie hat sich nur einige Male nach dem westlichen Europa und Deutschland verirrt.

Taucher.

Der große Haubentaucher ca 55 cm, Spannweite 85 cm — ♀ merklich kleiner. Pódiceps cristatus (podiceps, verkürzt aus podicipes, von lat. podex, podicis Steiß und pes Fuß = Steißfuß. cristatus, lat. mit einem Helmbusch geschmückt).

(Sommerkleider)

Der Zwergsteißfuß ca 24 cm Spw. 40 cm Podiceps ruficollis ruficollis, aus lat. rufus rot und collis Hals = Rothals

Der Schwarzhalssteißfuß ca 30 cm Spw. 56 cm Pódiceps nigricollis (Brehm) nigricollis aus lat. niger schwarz und collis Hals = Schwarzhals.

Der große Haubentaucher. Das ♀ ist merklich kleiner und der Federbusch am Kopf nicht so ausgebildet. Vorkommen: Europa bis zum 60. Grad, die gleichen Breiten Asiens, Nordafrika. Im übrigen Afrika, Australien, Tasmanien, Neuseeland sehr ähnliche Formen. In den nördlichen Teilen ist er Zugvogel, überwintert in Großbritanien und Deutschland, wo er Standvogel ist. Er bewohnt große schilfreiche Seen. Nur im Winter trifft man ihn auch an den Meeresküsten. Ihre Nester bauen sie oft kolonieweise in Schilf oder Rohr. Sie sind aus allerlei Stoffen gebaut, die sie in ihrer Umgebung finden. Meist ist ein flacher Bau, schwimmend, naß, oft nur durch etwas umgeknicktes Rohr festgehalten. Die Paarungsspiele dieser schönen Vögel sind sehr unterhaltend. Man findet meist 4 Eier, selten mehr. Wo bis 9 Eier angetroffen werden, dürften diese von 2 ♀ herstammen, was besonders in Brutkolonien vorkommen kann. Die Eier sind bläulichgrün und haben einen unregelmäßigen Kalküberzug. Durch die faulenden Neststoffe werden sie im Laufe der Bebrütung schmutziggelb oder bräunlich (55,5 X 36,7). Beim ungestörten Verlassen des Nestes bedecken die Alten die Eier mit Neststoffen. Die Dunenjungen sind oben hellbraunrötlich, hier und an den Halsseiten schwarz längsgestreift, unten weiß. Sie machen also einen völlig gestreiften Eindruck. Der Schnabel ist am Grunde rötlich, dann schwarz und hat eine weiße Spitze. Dieser große Steißfuß geht ungern an Land, wo er aufrecht auf den Füßen steht. Im und unterm Wasser zeigt er erst seine Fähigkeit. Zum Tauchen benutzt er nie die Flügel, die eng am Körper anliegen, sondern rudert nur mit den Füßen. Er versucht auch meist tauchend zu entkommen und erscheint oft recht weit davon wieder auf der Oberfläche. Während des Schwimmens trägt er den Hals leicht S-förmig gekrümmt, wenn er sich aber beobachtet glaubt, steif senkrecht aufgerichtet, wobei er einen stolzen Eindruck macht. Die verhält-

(Der große Haubentaucher) mäßig kleinen Flügel tragen den Körper nur in pfeilgerader Richtung dahin. Wendungen führen sie keine aus. Beim Niedergehen aufs Wasser macht es den Eindruck, als ob sie sich einfach fallen ließen. Ihre Nahrung besteht aus Wasserinsekten und Fischen. An Binnenseen werden diese selten schönen Vögel daher leider von Fischern stark verfolgt. Ihre Stimme ist ein lautes: Köck Köck und ein: Kraorrr. Ihr Balg wird zu einem kostbaren Pelzwerk verarbeitet. —

Auf einer Jagd bei Sternberg, in der weiteren Umgebung von Frankfurt a/O, neben der damaligen prinzlich hohenzollernschen Jagd, auf dem sogenannten kleinen Seechen, hat ein Jagdfreund von mir einen Haubentaucher, in meinem Beisein geschoßen. Ich habe den Taucher sofort ausgezogen (Därme), da alles Wassergeflügel sehr leicht anbrüchig (verdirbt) wird.

<u>Der Schwarzhals-Steißfuß.</u> Im Winterkleid sieht er dem Ohrensteißfuß sehr ähnlich. Der Schnabel ist aber bei diesem Steißfuß etwas aufwärts gerichtet, oder mindestens sehr gerade, und so ist er auch in diesem Kleide stets zu erkennen. Außerdem hat er weiße innere Handschwingen und ist kleiner als der Ohrensteißfuß. Vorkommen: Mittel- und Südeuropa und entsprechende Teile Asiens, vereinzelt in fast ganz Afrika. In den nördlichen Gegenden Zugvogel. In Deutschland brütet er nirgends häufig. Das Nest ist die bei Steißfüßen übliche Zusammenhäufung faulender Pflanzenstoffe. Die 4 Eier sind gelbgrünlichweiß, werden aber bald gelblich bis bräunlich (43,9 X 30,3). Die Dunenjungen ähneln denen des Zwergsteißfußes. Die Jungen gleichen den Alten im Winterkleid. Die Stimme ist ein heller Triller: bidewidwidewidewide. Außerdem noch ein: pie-pie und: wit wit.

(Der Schwarzhals-Steißfuß) Die Ohrecken tragen sie schön ausgebreitet, bei toten Vögeln liegen sie eng an.

Der Zwergsteißfuß. Im Winterkleid ist die Oberseite etwas heller, Körperseiten, Halsvorderseite Steiß graubraun bis rotbräunlich, Kropf und Unterseite glänzend weiß. Vorkommen: Britische Inseln, Mitteleuropa, von der Nord- und Ostsee ab südlich, Südeuropa, Nordwestafrika. Im südlichen Skandinavien und im mittleren und südlichen Rußland selten. In den nördlichen Gegenden Zugvogel, der aber höchstens bis zum Mittelmeer und Nordafrika fliegt. Asien, Südsee-Inseln, tropisches Afrika haben ähnliche Formen. Er bewohnt auch kleine Gewässer. Das Nest baut er ins Rohr, z.T. auch ganz frei schwimmend. Es enthält 4-6 Eier, die zuerst bläulichweiß sind, später bräunlich werden (38×26,3). Die Dunenjungen sind oben schwarz, die Stirn ist silbergrau, unten reinweiß. Oben und an den Seiten sind sie hell rostbraun längsgestreift. Diese gewandten Taucher suchen ihre Beute auf und im Wasser. Sie verzehren Würmer, Insekten und deren Larven, Kaulquappen, junge Frösche, kleine Fische und ähnliche tierische Nahrung. Pflanzliche Stoffe scheinen nur zufällig in ihren Magen zu gelangen. Die Jungen können von der ersten Zeit an schon gut tauchen, wozu stets nur die Füße benutzt werden. Die Stimme ist, besonders zur Paarungszeit ein: bibi das zu einem lieblichen Triller zusammengereimt wird: bibibibibibibibibibibibibibibibi.

Der Ohrensteißfuß. Sommerkleid: oben braunschwarz. Kopf und Kehle schwarz. Federn an den Kehlseiten verlängert, zusammen mit den braunroten Zügelfedern zu Ohren aufrichtbar. Hals bis weit hinunter rotbraun, dann wie die ganze Unterseite glänzend weiß. Vorkommen: nördliches Europa, Nordwestasien und nördliches Nordamerika. Als Zugvogel zieht er im März und Oktober. Er wird im Winter in Mittel- und Südeuropa angetroffen. Am Rhein ist er häufig zu beobachten. In Asien und Amerika geht er in die entsprechenden südlichen Teile. Zum Aufenthalt wählt er größere Seen mit Rohrdickichten. Das Nest ist nach Art der anderen Steißfußnester gebaut. Die 4 Eier sehen denen ihrer Gattungsgenossen recht ähnlich (44,5 X 30,7). Die Dunenjungen sind oben schwarz mit weißgrauen Längsstreifen, unten weiß, am Hals schwarzgestreift. An Kopfseiten und Kehle rosenroter Anflug. Die Streifung geht bald verloren. Die Jungen sind oben bräunlich, sonst ähneln den Alten im Winterkleid. Ihre Stimme ist ein helles Trillern: bibibibibibibi, ähnlich wie es die Zwergsteißfüße hören lassen. Außerdem noch kurze einsilbige Töne wie: güi, giau, oder: girt girt. Ein Warnruf klingt wie: grrr. Als nordische Vögel sind sie bei uns meist wenig scheu.

Taucher.

Der Ohrensteißfuß ca 34 cm. Fl 14,5 Spannweite: 54 cm.

Podiceps auritus

podiceps, verkürzt aus podiceps, von lat. podex, podicis Steiß und pes Fuß = Steisfuß
auritus, lat. langohrig.

Taucher

colymbus, aus griech. Kolymbus, der Schwimmer.

Der Nordseetaucher ca 60 cm
Fl. 29 cm Spannweite 100–110 cm
Colymbus stellatus

Der Polartaucher
ca 70 cm Fl 33 cm Spannweite 120 cm
Colymbus árticus

Sommerkleider.

stellatus, lat. mit Sternen besetzt mit
Rücksicht auf die weißen Flecken des Gefieders.

arcticus zu griech arktos, Bär
das Polargestirn arktisch.

Der Polartaucher. Im Winterkleid vieleinfacher, oben dunkelbraun, Kopf und Oberhals dunkelgrau. Vorkommen: Schottland, Skandinavien, Finnland, Nordrußland und Norddeutschland, also trotz des Namens nicht in der Arktis. Auf dem Zuge kommt er bis zum Mittelmeer und aufs Schwarze Meer, auch auf unsere Ströme, besonders den Rhein. Er brütet an Binnenseen oder tiefen Teichen. Er baut kein eigentliches Nest, sondern legt seine 2 Eier in eine Vertiefung des Bodens oder der Pflanzendecke, nie weit vom Wasser. Diese sind gelblich oliven= braun bis dunkelbraun mit einigen dunklen Punkten bezw. Flecken (84,5 X 57,7). Die Dunenjungen sind oben dunkelrußbraun unten heller bis bräunlichgrau. Das Jugendkleid ist dem Winterkleid der Alten ähnlich, nur haben die Federn der Oberseite hell aschgraue Säume. Die Stimme ist rauh: Kra-u. Die Nahrung besteht in größeren Wasserinsekten, Krebstieren, doch in der Hauptsache aus Fischen.

Der Nordseetaucher. Im Winterkleid unten vom Kinn bis zum After weiß, sodaß man von seiner roten Kehle nichts mehr sieht. Vorkommen: Irland, Schottland, Spitzbergen, Skandinavien, Nordrußland, Nordasien, Aleuten und Grönland, nördliches Nord= amerika. Im Winter kommt er an die Küsten von Großbritanien, Ostsee, Mittelmeer, Schwarzes und Kaspisches Meer

(Nordseetaucher) und entsprechende Teile von Asien und Amerika. Dieser rotkehlige Seetaucher, der in der Hauptsache ein Meeres-vogel ist, sucht zur Brutzeit Flüsse, Binnenseen oft sogar kleine und sumpfige Teiche auf. Das Nest ist gewöhnlich eine Vertiefung im Boden oder Pflanzenwuchs, manchmal mit Nistmaterial ausgelegt. Die 2 Eier ähneln denen des Polartauchers sind aber kleiner (75,5X46,4). Die Stimme ist ein kurzes tiefes: gagagak oder gackgack. Er frisst meist Fische.

Alken.

alca, latinisiert aus dem schwed.
Namen Alka
torda, latinisiert aus dem schwed.
Namen Tord
Álca tórda
Der Tordalk ca 43 cm, Fl: 21 cm, Spannweite 70 cm
Sommerkleid

Alcae, Alken.

Der Schnabel ist seitlich zusammengedrückt. Die Schnabelhaut mausert jährlich mit. Das Gefieder ist dicht. Die Flügel sehr kurz, haben 11 Hand- und 15-19 Armschwingen. Der sehr kurze Schwanz hat 12-18 Steuerfedern. Die kurzen Füße haben 3 durch Schwimmhäute verbundene Zehen. Eine 4. Hinterzehe fehlt, oder ist nur angedeutet.

Der Tordalk: Im Winterkleid fehlt der weiße Strich vom Schnabel zum Auge, und das Weiß der Unterseite dehnt sich auf Kinn, Kehle und Wangen aus, manchmal bis zum Genick reichend. Vorkommen: Der Norden zwischen dem 60. und 70 Grad, doch findet man ihn auch noch weiter südlich, so an den Steilküsten Großbritaniens, auf Helgoland, Bornholm und Gotland. Im Winter zieht er bis zum westlichen Mittelmeer. Der Zug findet im März und Oktober statt. Zur Brut wählt er sich unmittelbar aus dem Meer aufsteigende Felsen. In Felsnischen, bisweilen auch ganz frei, legen die Weibchen im Juni das einzige Ei, ohne jede Unterlage. Es ist meist weißlich, aber auch gelblich bis bräunlich, mit dunkelbraunen Zeichnungen mehr oder minder bedeckt (74,9 x 47,3). Wird das Ei geraubt, so legen sie ein zweites nach, auch noch ein drittes, aber dann nicht mehr. Beide Alten brüten abwechselnd ca 30 Tagelang. Die Dunenjungen sind oben dunkelbraun, unten weiß. Sie werden von beiden Alten mit kleinen Fischen gefüttert. Im Alter von ca 3 Wochen verlassen sie, halb ausgewachsen, ihren verschmutzten Platz und stürzen sich kopfüber ins Wasser, wobei manche verunglücken. Nun lernen sie von den Alten selbständig ihrer Nahrung nachgehen. Diese besteht fast nur aus kleinen Fischen, seltener aus Krebstieren. Die Stimme ist ein rauhes arrr oder orrr, das oft wie ein menschliches Stöhnen klingt. Sie lieben sehr die Gesellschaft der Lummen. Auf dem Lande sind diese Vögel ziemlich unbeholfen. Ihr Gang ist sehr schwerfällig. Sie watscheln auf Lauf und Zehen zugleich. Beim Ausruhen sitzen sie auf dem After. An den Felswänden aber klettern sie ziemlich geschickt herum. Auf dem Wasser sind sie Meister im Schwimmen und Tauchen. Sie heißen auch noch Klub-, Eis- oder Elsteralk. An ihren Brutplätzen lassen sie sich leicht mit Schlingen fangen oder auf den Eiern totschlagen.

<u>Die dumme Lumme (Troil-Lumme oder Trottellumme)</u>. Winterkleid: Unterseite ganz weiß, auch an Wangen und Halsseiten. Bei einigen „Ringel Lummen" ist der Augenrand und ein vom Auge nach hinten gehender Strich weiß. Diese Abart belegte man früher mit den verschiedensten Namen. Vorkommen: das nördliche Meer bis zum 70 Grad, die Küste Norwegens, Gotland, Bornholm, Helgoland, die Britischen Inseln, die Nordwestküste Frankreich und die portugiesische Küste. Im Winter bevölkern die Lummen aus den nördlichen Gegenden unsere Küsten, während zur Brutzeit nur einige auf Helgoland bleiben. Gegen Ende Mai, weiter im Norden erst im Juni, wird ein Ei ohne jede Unterlage auf Felsen gelegt. Die Grundfarbe ist ganz verschieden: weiß, gelblich-weiß, gelb, grünlich und dunkelgrün, ebenso wechselt die Zeichnung. Bald trifft man fleckenlose Eier, bald solche mit braunen, grünlichen oder schwärzlichen Flecken und Schnörkeln mehr und minder bedeckt. Die Schale ist glanzlos und rauh (80,7×49,5). Die Dunenjungen sind oben dunkelbraun mit schwarzbraunem Kopf und Hals, unten weiß. Das erste Jugendkleid ähnelt dem Winterkleid der Alten. Unter den Millionen, die die „Vogelberge" des Nordens bevölkern, dürften diese Lummen am zahlreichsten vertreten sein. Ihre Stimme ist verschieden: orr, aar, rö, wau usw. Von ferne klingt ihr Geschrei oft wie Hundegebell und verursacht einen ohrenbetäubenden Lärm. Die Jungen piepen. Während der Brutzeit lösen sich nicht nur die Alten regelmäßig ab, sondern auch ungepaarte Tiere, die in jeder Kolonie vorkommen, befriedigen ihren Bruttrieb. Sobald die Jungen halbwegs herangewachsen sind, herrscht große Aufregung in der Gesellschaft, denn nun kommt der große Augenblick, wo die Jungen kopfüber ins Meer stürzen. Die Alten schwimmen auf dem Wasser und locken unaufhörlich, während die Jungen lange ängstlich piepen, bis sie sich zum Sturz in die Tiefe entschließen. Viele gehen dabei durch Aufschlagen auf die Felsen zugrunde. Auf dem Wasser schwimmen sie geschickt, nicht sehr tief ein-

uria, aus griech. uria ein Wasservogel
aalge ein nordischer Name.

Die dumme Lumme (Troll-Lumme oder Trottel-Lumme)
ca 45 cm Fl: 21 cm Spannweite: 72 cm
Úria áalge áalge (Pontopp).

(Die dumme Lumme) tauchend, den Schwanz meist etwas erhoben. Sie tauchen vorzüglich ihrer Nahrung nach, die in Fischen und Krebstieren besteht. Auf dem Lande bewegen sie sich nicht sehr geschickt, Klettern jedoch gut. Beim Sitzen halten sie sich aufrecht und stützen sich auf ihren After, ihre weiße Unterseite stets dem Meere zugekehrt. Im Norden werden sie ~~sich~~ von den Eingeborenen stark verfolgt. Die Eier sind sehr wohlschmeckend; die Jungen werden für den Winter eingesalzen, und selbst die tranigen Alten bilden dort oben eine angenehme Abwechslung in der sonst einförmigen Fischnahrung. Die mit den Federn gegerbte Haut gibt eine warme Kleidung. Trotz der Verfolgung nehmen diese Vögel nicht ab, da zu vielen Brutplätzen kein Mensch gelangt. Kolkraben und Raubvögel stellen ihnen ebenfalls häufig nach.

Möven

Flußseeschwalbe ca 35-37 cm Spw. 73-77 cm
Sterna hirundo (Sommerkleid)

sandvicensis latinisiert der auf den
Sandwichinseln Vorkommende.

Die Brandseeschwalbe. Winterkleid: Stirn weiß, weiter hinten schwarze Flecken bis zum Nacken, wo das Schwarz fast ganz vorherrscht. Vorkommen: Küsten von Europa, mit Ausnahme des Nordens, ferner die des Mittelmeers des Schwarzen und Kaspischen Meeres. In Amerika eine verwandte Form. Überwintert in Afrika und in Südwestasien. Die Ostfriesischen Inseln sind fast alle verlassen. Auf Rottum, westlich von Borkum, noch eine große Kolonie. Auf Memmert und anderen Inseln starker Rückgang durch die eierraubenden Möwen. An der holländischen Küste und den vorgelagerten Inseln noch häufig. In ihren Brutkolonien legen sie ihre Eier ohne jede Unterlage einfach in natürliche oder selbstgescharrte Vertiefungen des Bodens, oft ein Gelege dicht neben das andere. Meist sind solche Brutplätze am Meere oder auf einsamen Inseln, seltener an Binnenseen in der Nähe des Meeres. Gewöhnlich sind 2 Eier in einem Nest. Das Gelege ist erst Ende Mai, bei uns oft nicht vor Mitte Juni fertig. Die weißlichen, rahmfarbigen bis braunen Eier sind mit dunkelbraunen kleineren oder größeren Flecken bedeckt (51,7 X 36,1). Die Dunenjungen sind oben hellgelblichgrau und haben schwarze Zeichnungen. Unten sind sie weiß. Der gelblichgraue Schnabel hat eine weiße Spitze. Sie sind in der Farbe recht verschieden. Das Jugendkleid ist oben grauweiß, dunkelbraun gefleckt, die schwarzen Federn der Kopfplatte sind hellbraun gesäumt. Wenn man sich in eine solche Kolonie begibt muß man sich vorsehen keine Eier zu zertreten, so dicht liegen sie beisammen. Die bis dicht über den Störenfried herumfliegenden Alten bespritzen ihn von oben bis unten mit Kot, wobei sie ihren lauten rauhen Ruf: Kirrik, Kerrek oder Kikiki hören lassen. Ihre Nahrung besteht fast nur aus Fischen. Sie hält sich an seichten Stellen des Meeres auf, und scheut weder Sturm noch Brandung.

Die Flußseeschwalbe. Winterkleid: Kopfplatte vorn weiß, dann weiß mit schwarz gemischt, hinten schwarz mit weißlichen Säumen. Oberflügeldecken längs des Unterarms schiefergrau. Unten weiß. Schnabel fast ganz ohne Rot. Vorkommen: Europa bis zum Polarkreis; Mittelmeergebiet, große Teile von Asien und Nordamerika. Im Winter sind sie in ganz Afrika, Südasien, den indischen Inseln und Südamerika. Kiesige Ufer von Flüssen und Binnenseen, auch solche in Meeresnähe, sind ihre Lieblingsplätze. Dort legen sie in eine Vertiefung im Kies oder auch auf kurzgrasigem Rasen oder im Sumpf 3 Eier. Bei uns gewöhnlich im Mai, im Norden natürlich entsprechend später. Diese sind sehr verschieden gefärbt, von gelblichbraun über braun bis olivenbraun, und sind von kleinen bis sehr großen Flecken bedeckt, die auch bisweilen fehlen (41,2 x 30,2). Die Dunenjungen sind oben fahl rostgelblich mit dunklen Flecken und Streifen, außer der dunkelbraunen Kehle ist die übrige Unterseite weiß. Die rötlichen Schnäbelchen haben eine schwarze Spitze. Im Jugendkleid ist die Kopfplatte bräunlich, die Oberseite grau mit bräunlichen Querbändern und helleren Punkten. Die bei den Alten im Winterkleid grauen Oberflügeldecken sind im Jugendkleid noch dunkler, fast schwarz. Dann kommt erst noch ein Kleid, das dem Winterkleid der Alten sehr ähnelt und erst im 2., manchmal sogar erst im 3. Jahr ist das fertige Alterskleid erreicht. Die „rotfüßige", „gemeine", „schwarzköpfige", „aschgraue" Seeschwalbe fliegt sehr elegant, streicht langsam und nicht hoch über dem Wasser hin oder rüttelt und stößt dann senkrecht herab, um ihre Beute, die meist aus Fischen besteht zu fangen. Ihre Stimme ist krähend: Kriääh, weshalb sie auch noch „Seekrähe" heißt. Ihr Angstgeschrei: Kreck, Kreck. ——

Es gibt noch eine „schwarze", eine „weißflüglige", eine „weißbärtige", eine Lachseeschwalbe, eine Raubseeschwalbe, eine Küstenseeschwalbe und eine Paradiesseeschwalbe.

Möven
marinus, von lat. mare Meer, der auf dem Meere Lebende.
Larus, von griech. Larós ein gefräßiger Seevogel bei den Alten.
Die Mantelmöve, ca 60–70 cm Sp.w. 750–770 cm ♀ kleiner
Lárus marinus Alter und junger Vogel (Sommerkleid)
argentatus, neulat., v. lat. argentum, Silber = mit Silber beschlagen.
Die Silbermöve, ca 58–65 cm Spannweite 730–750 cm ♀ kleiner
Sommerkleid ohne bräunliche Flecken an Kopf u. Hals
Lárus argentátus

Die Mantelmöve. Die ♀ sind meist die Kleineren, was sich besonders bei der Schnabelgröße bemerkbar macht. Im Winterkleid ist der Kopf und der Hinterhals braungrau gestrichelt. Vorkommen: Nordeuropa, selten an der Westküste Frankreichs, häufig an den Küsten der Ostseeprovinzen. Im Winter bleiben sie meist an den gleichen Plätzen. Einige gehen jedoch südlich, an unsere Küsten, selten bis zum Mittelmeer. Einige Junge bleiben gern auch über Sommer bei uns zurück, besonders im Wattenmeer der Nordsee, gehen aber auch gelegentlich an Binnenseen. In ihren Brutgebieten setzen sie ihr Nest auf Felsen und auf grüne Inseln. Es ist ein ziemlich umfangreicher Bau aus Seetang, Gras u. dgl., oft hochgelegen angebracht. Die 2-3 Eier sind bläulichgrau bis rötlich und mit zahlreichen rötlichgrauen Schalenflecken und dunkelbraunen Zeichnungen bedeckt (758x531). Die Dunenjungen sind oben gelblichgrauweiß mit schwarzen Zeichnungen am Kopf, oben und an der Kehle mit bräunlichen Flecken. Unterseite weißlich. Diese schöne große Möwe belebt unsere Küsten aufs angenehmste. Bei jedem Wetter sind sie zu beobachten, wie sie unermüdlich auf Nahrungssuche sind. Sie verstehen es gut, den Schutz der Wellen auszunützen und so auch gegen den stärksten Wind zu fliegen. Sie verzehren alles, was ihnen erreichbar ist, lebende und tote Fische, alle Arten Insekten, Würmer, Aas u. dgl. Zur Brutzeit sind sie arge Räuber, die nicht nur Eier und junge Vögel fressen, sondern auch alte Vögel, kleinere Säugetiere u. dgl. überfallen. Die unverdaulichen Reste werden als Gewöll ausgeworfen. Ihre Stimme ist ein tiefes agagag und ein kjauvihs.

Die Silbermöve. Sommerkleid ohne die bräunlichen Längsflecken an Kopf und Hals. Die ♀ sind meist etwas kleiner. Vorkommen: Nordeuropa, östlich bis zum Weißen Meer, südlich bis an die Westküste Frankreichs. An den Küsten der Nord- und Ostsee ist sie häufig zu treffen. Auf Island fehlt sie, dagegen kommt sie in Grönland und an der Ostküste von Nordamerika bis herunter zum 40. Grad vor. Im Winter gehen sie nicht sehr weit südlich, selten bis zum Mittelmeer. Sie nisten an den europäischen Küsten meist in zahlreichen Scharen beisammen auf grünen Inseln, am flachen Strande, zwischen Steinen und auch gern an flachen Vorsprüngen der Felsen. Im Norden auf den Vogelbergen nisten sie ziemlich weit oben unter den Mantelmöven und Larventauchern. Das umfangreiche Nest wird aus Tang, Gras, Reisern u. dgl. gebaut und gern erhöht angebracht. Die 2-3 Eier sind oft schon Ende April zu finden, meist im Mai und manchmal erst im Juni. Sie sind blaßgrünlichbraun bis hellolivengraugrün und haben neben grauen Schalenflecken dunkelbraune Zeichnungen (69 x 49,4). Die Dunenjungen sind gelblich grauweiß mit scharfen schwarzen Zeichnungen an Kopf und Hals, sonst oben und an den Seiten braun gefleckt, unten weißlicher. Im Jugendkleid sind sie oben rahmfarben mit schwarzbraunen Schwingen und Schwanzfedern, letztere mit weißen Spitzen, unten und an den Seiten weiß mit bräunlicher Färbung. Der Schnabel ist zuerst schwarz, an der Wurzel aber fleischfarben. Diese Farbe breitet sich mit zunehmendem Alter immer mehr aus und verdrängt das Schwarz. Später kommt dann die gelbliche Färbung. Auch die Füße sind erst bräunlich, dann fleischfarben, zuletzt gelblich. Bis das fertige Alterskleid da ist, dauert es 3-4 Jahre. In Lebensweise und Nahrung ähnelt sie der vorigen. Ihre Stimme ist tief, heiser hahahaha und kiauh.

Möven.
Sommerkleid
Die Heringsmöve ca 55-60 cm Fl. 42-45 cm.
Spannweite 130-140 cm.
Larus fuscus fuscus   Larus f. Mantelmöve
fuscus, a, um, lat., schwarzbraun.

Möven

Sommerkleid.

Die Sturmmöve ca. 45 cm Fl: 34-38 cm Spannweite: 110-120 cm

Lárus cánus canus

Larus g. Mantelmöve canus lat. grau, weißgrau.

Die Heringsmöve. ♀ Kleiner. Winterkleid: Kopf und Hals mit dunkelbraunen Längsflecken, sonst wie im Sommerkleid. Vorkommen: Nordeuropa, östlich bis zur Dwina. Im Winter zieht sie südlich und überwintert in großer Zahl auf der Ostsee, obwohl auch viele nach dem Mittelmeer ziehen und noch weiter südlich im tropischen Afrika gefunden werden. Einige sollen in Italien brüten.

Eine nah verwandte Form.
die westliche Heringsmöve. Larus fuscus affinis Ihr Rücken schiefergrau statt schieferschwarz, sie nistet auf den Britischen Inseln, den holländischen Inseln auch auf Memmert während auf der Ostsee nur die vorgenannte nordische Form vorkommt. Sie leben an der Meeresküste bewohnen aber auch Binnenseen. Ihre rauhe Stimme ist haha oder agagagag, agag, oder ag sonst noch heisere und krächzende Rufe. Auch die Möve ist sehr räuberisch.

Die Sturmmöve. Die ♀ sind wie bei den meisten Möven auch hier die Kleineren. Das Winterkleid ist am Kopf und Hals mit Ausnahme der Unterseite mit graubraunen Längsflecken versehen. Vorkommen: Irland, Schottland und die Inseln nördlich davon, friesische Inseln, Jütland, Skandinavien, Mecklenburg Nordrußland, Westsibirien, Transkaukasien und Transkaspien. In Ostsibirien und im westlichen Nordamerika verwandte Formen. Auf Mellum, Langeoog und Memmert z.B. kann sie sich nicht ausbreiten, weil ihnen

(Sturmmöve) die räuberischen Silbermöven immer wieder die Eier nehmen. Im Winter kommen sie bis zum Mittelmeer, selten einmal weiter südlich. Meist hält sich diese Möve am Meere auf kommt nur bei Sturm gelegentlich weit ins Land hinein. Ihre Nester bauen sie auf bewachsene Inseln, an Felswände u. dgl. Plätze. Es ist ein umfangreicher Bau aus Niststoffen, die der Umgebung entnommen sind, Gras Heidekraut, Zweige u. dgl. Die 3 Eier sind meist olivenbraun mit dunklen Zeichnungen. Man kennt auch fast weiße oder bläuliche Eier ohne Fleckung (58,4 x 41,3). Die Dunenjungen sind auf rahmgelbem Grunde am Kopf fein schwarz gefleckt, am Rücken mit größeren gröberen bräunlichen Flecken, unten weißlich ohne Flecken. Im Jugendkleid sind Stirn und Kehle weiß, ~~gefleckt~~ sonst braun mit helleren Federsäumen, unten braun und weiß gefleckt. Der gelbliche Schnabel ist oben und an der Spitze braun, die Füße bräunlich. Diese schöne Möve ist durch ihre schlankere Gestalt und geringe Größe von den anderen leicht zu unterscheiden. Sie ruft kurz kak kak kjak skak oder gnjiiah. In ihrer sonstigen Lebensweise ist sie den anderen sehr ähnlich.

Möven.

Die Eismöve ca 65-70 cm Fl 45-48 cm Spannweite: 145-160 cm. Winterkleid
Lárus hyperboréus   Larus s. Mantelmöve
hyperboreus, aus griech. hyperboreus, nördlich.

Die Elfenbein-Möve ca 48 cm Fl: 33–35 cm Spannweite: 95–105 cm
Pagóphila ebúrnea
Pagophila, aus griech. págos, Eis und philos, Freund = Eisfreundin.

Die Eismöve. ♀ fast stets kleiner, was sich besonders am kürzeren Schnabel bemerkbar macht. Im Sommerkleid fehlen die braunen Längsflecken an Kopf und Hals. Vorkommen: bewohnt als Brutvogel die Gegenden um den Nordpol und kommt im Winter südlich, auch recht zahlreich an die deutschen Küsten. Nur selten ziehen sie weiter südlich etwa bis zum Mittelmeer. In Asien und Amerika verhalten sie sich entsprechend. Sie bewohnen die Küsten der nordischen Meere, gehen aber zum Nisten auch auf kleine Inseln von Binnenseen, oft weit vom Meere entfernt. Das Nest ist ziemlich umfangreich, aus Land- und Seepflanzen gebaut, bisweilen unter Verwendung von Steinen und gelegentlich mit Federn ausgepolstert. In der Regel findet man 3 Eier, jedoch kommen auch Gelege von 2 und 4 Eiern vor. Man trifft sie erst im Juni an. Sie sind denen der Mantelmöve äußerst ähnlich (77,1 X 53,5). Die Dunenjungen sind oben hellbräunlichgrau bis weißlich mit schwarzen Zeichnungen am Kopf und schwächeren bräunlichen Flecken an der übrigen Oberseite. Unten sind sie fast ganz weiß ohne Flecken. Im Jugendkleid sind sie am Kopf bräunlich mit weißen Flecken, an der übrigen Oberseite weißlich mit bräunlicher Zeichnung, unten hellbräunlichgrau ohne Fleckung. Dieses Kleid wird mit jedem Jahr heller und im 4. Jahr ist dann das schöne Alterskleid vollständig. In der Lebensweise ähnelt sie den andern großen Möven. Ihre Stimme ist Kau-Kau-Kaw-Kaw, gagagak, gogogak, Kuija-Kuija-Kia, Kaea-Kaea, also sehr verschiedenartig.

Die Elfenbein-Möve. Das Sommerkleid gleicht dem Winterkleid. Vorkommen: der hohe Norden. Im Winter kommt sie an die britischen Küsten, an die deutschen Küsten und seltener auch an die Schweizer Seen. Sie brütet oft mit der Dreizehenmöve zusammen in großen Kolonien, an Felsen aber auch am Strande der nordischen Meere. Die Nester bestehen aus Moos, Laub, Treibholz u. dgl. Stoffe. Oft benutzen sie auch leere Eiderentennester. Die 1–3 Eier sind denen der Sturmmöve sehr ähnlich (60,5 × 43,3). Die Dunenjungen sind weißlichgrau, nach hinten zu etwas dunkler. Die Jungen haben an den Schwungfedern schwarze Spitzen, vor dem Schwanzende ein schwarzes Band, sonst sind sie weiß mit zahlreichen über die Oberseite verteilten schwarzen Flecken. Am Vorderkopf etwas grau. Sie ernähren sich von allerlei Abfällen, den Exkrementen der hochnordischen Säugetiere, von Aas, aber auch von Meerestieren. Stundenlang sitzen sie an den Eislöchern, um auf Nahrung zu warten. Ihre Stimme klingt rauh Kar.

Es gibt noch: Die Zwergmöve ca 28–30 cm. Schwarzer Kopf, rötlicher Schnabel und hintere Unterseite. Die Lachmöwe bräunlichen Vorderkopf roter Schnabel u. Füße. Die Dreizehenmöve. Die große und die mittlere Raubmöve.

Dieses Buch habe ich während der Blockade unter starker Anlehnung an die nachgenannten Bücher unter Überwindung von Schwierigkeiten erarbeitet.

Mein Bestreben war anfänglich, die wissenschaftlichen Taschenbücher:

I. Singvögel, II. Raben-Raub- und Hühnervögel und
III. Sumpf- und Wasservögel von Herrn Professor Fehringer im
Verlag Winter erschienen,

neu oder antiquarisch zu kaufen, dies ist mir trotz Bemühungen nicht gelungen.

Dadurch habe ich mich entschlossen dieses Buch anzufertigen. Ich muß daher Herrn Professor Fehringer und den Verlag Winter höflichst bitten, mir die Benutzung obiger Bücher zur Anfertigung dieses Buches zu entschuldigen.

Von Verwandten meines gefallenen Sohnes, denen ich vor dem Kriege ebenfalls diese Bücher, neben Anderen, geschenkt hatte, habe ich mir diese wieder ausgeliehen, da durch den Krieg meine Sammlung wissenschaftlicher Bücher verloren gegangen ist.

Karl Wenzel.

Inhalts-Verzeichnis.

Die bildliche Darstellung ist durch unterstrichene Zahlen gekennzeichnet.

H.

J.

F K.

L.

F K. s. umseitig.

Johann Friedrich Naumann in der **FAVORITENPRESSE**

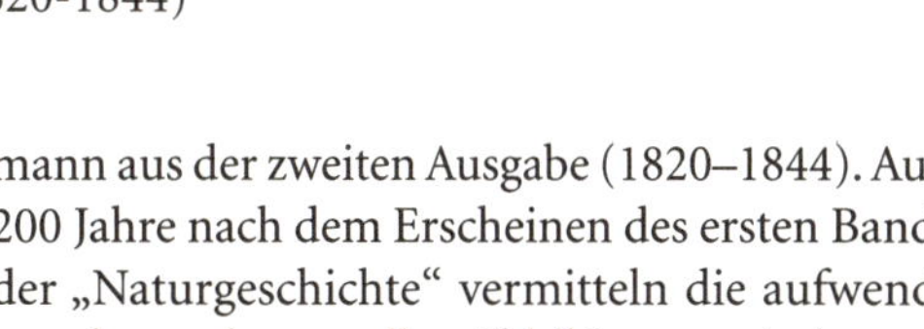

Johann Friedrich Naumann
DIE VÖGEL MITTELEUROPAS
1897–1905: Eine Auswahl

Mit Vorwort von Klaus Nottmeyer
Herausgegeben von Juliane Steinbrecher
Berlin, 2021

ISBN 978-3-96849-002-1
25 x 34 cm, 208 Seiten, ca. 200 Tafeln.

Johann Friedrich Naumanns
„NATURGESCHICHTE DER VÖGEL MITTELEUROPAS"
Erstmals als Gegenüberstellung von Kupferstichen (1820-1844) und Lithografien (1897-1905).

Johann Friedrich Naumann (1780–1856) war ein bedeutender deutscher Ornithologe und gilt als Begründer der Vogelkunde in Mitteleuropa. Für die 13-bändige Ausgabe der „Naturgeschichte der Vögel Deutschlands", die unter dem Namen seines Vaters Johann Andreas 1820–1844 erschien, zeichnete Johann Friedrich alle Vogeldarstellungen selbst nach der Natur.

Die Neubearbeitung von Naumanns Werk als „Naturgeschichte der Vögel Mitteleuropas" in der dritten Ausgabe 50 Jahre später wurde von namhaften Ornithologen übernommen. Die Texte Naumanns blieben unverändert, Irrtümer wurden in Fußnoten oder Zusätzen zu aktuellen Forschungen berichtigt. Außerdem wurden neue beobachtete Arten aufgenommen. Sämtliche Abbildungen wurden in neuem Format neu gezeichnet, da die Kupfertafeln verloren waren oder nicht mehr verwendet werden konnten: Die Vögel sollten nun in ihrem charakteristischen Lebensraum dargestellt werden. Der vorliegende Band präsentiert eine fachkundige Auswahl von mehr als 100 Tafeln aus der 12-bändigen dritten Ausgabe (1897–1905). Den Lithografien gegenübergestellt sind die ursprünglichen Kupferstiche von Johann Friedrich Naumann aus der zweiten Ausgabe (1820–1844). Auch 200 Jahre nach dem Erscheinen des ersten Bandes der „Naturgeschichte" vermitteln die aufwendig gestalteten, kunstvollen Abbildungen ein besseres Verständnis für die Vielfalt der Vogelwelt und der Natur.

Auch als handgebundene Vorzugsausgabe.
Mit Hahnemühle Fine Art Print „Waldrapp".
(Auflage 250)
ISBN 978-3-96849-009-0
erhältlich unter **www.favoritenpresse.de**

Editorische Notiz

Trotz intensiver Recherche war es uns nicht möglich, die genauen Lebensdaten von Karl Wenzel zu ermitteln. Leider wissen wir über ihn nicht mehr, als uns der Text dieses Buches verrät. Sollten sich durch diese Publikation Nachfahren des Vogelliebhabers aufmerksam werden, freuen wir uns, wenn sie sich bei uns melden.

Wir danken **Joachim Ratz** aus Grafenau für die Genehmigung, sein wundervolles Unikat vervielfältigen zu dürfen, um es einem größeren Kreis von Lesern zur Verfügung stellen zu können. Außerdem danken wir **Rolf Kittler** für die Digitalisierung.

Christiane Habermalz, geboren 1968, ist Kulturkorrespondentin des Deutschlandfunks und Buchautorin. Bekannt wurde sie zudem durch zahlreiche Beiträge und Veröffentlichungen im Bereich Naturschutz und Artenvielfalt. Gemeinsam mit anderen Journalist*innen betreibt sie das Online-Magazin „Die Flugbegleiter – Ihre Korrespondenten aus der Vogelwelt", das als Teil der Journalisten-Genossenschaft Riffreporter unter anderem mit dem Grimme Online Award ausgezeichnet wurde. Sie lebt in Berlin.

Impressum

ISBN: 978-3-96849-023-6

Es erscheint eine limitierte Sonderausgabe mit der
ISBN: 978-3-96849-004-5

Die Favoritenpresse ist ein Imprint der
Verlagsagentur Bodo von Hodenberg

Das Digitalisierung erfolgte durch
Fines Mundi GmbH | fines-mundi.de

Gestaltung
Christin Albert | calbert.de

Druck vermittelt durch
Couleurs Print & More Gmbh | couleurs-print.com

Information zum Verlagsprogramm
favoritenpresse.de

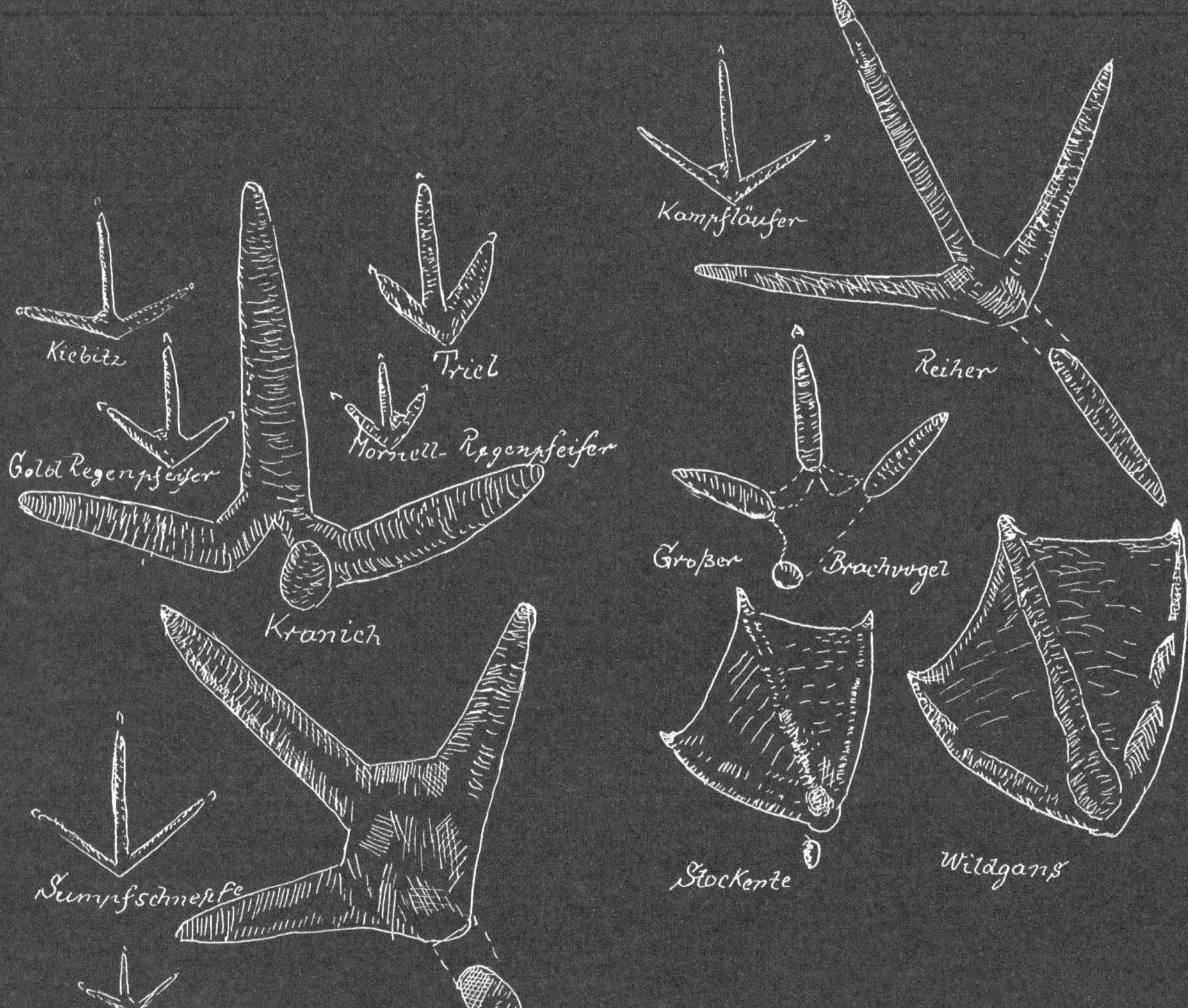
Kiebitz
Triel
Gold Regenpfeifer
Mornell-Regenpfeifer
Kranich
Sumpfschnepfe
Zwergstrandläufer
Storch (rechts)
Kampfläufer
Reiher
Großer Brachvogel
Stockente
Wildgans